高等职业教育"十三五"规划教材

建筑施工组织与资料管理

（第3版）

主　编　陈　俊　杨　光　曲媛媛

副主编　李　庚　张　超　张　琴　关　森

主　审　安德锋

北京理工大学出版社
BEIJING INSTITUTE OF TECHNOLOGY PRESS

内 容 提 要

本书根据高职高专院校人才培养目标以及专业教学改革的需要，依据建筑施工组织与资料管理最新标准规范进行编写。全书分为上篇和下篇两部分，主要内容包括建筑施工组织概论、流水施工原理与应用、网络计划技术、施工组织总设计、单位工程施工组织设计、建筑工程资料管理的基本知识、建筑工程准备阶段资料管理、建筑工程监理资料管理、施工资料管理、建筑工程资料组卷与归档管理等。

本书可作为高职高专院校建筑工程技术等相关专业的教材，也可作为建筑工程施工技术人员学习、培训的参考用书。

图书在版编目（CIP）数据

建筑施工组织与资料管理／陈俊，杨光，曲媛媛主编．—3版．—北京：北京理工大学出版社，2018.8（2018.9重印）

ISBN 978-7-5682-6250-7

Ⅰ.①建… Ⅱ.①陈… ②杨… ③曲… Ⅲ.①建筑工程－施工组织－高等学校－教材②建筑工程－技术档案－档案管理－高等学校－教材 Ⅳ.①TU721 ②G275.3

中国版本图书馆CIP数据核字（2018）第200559号

出版发行 ／ 北京理工大学出版社有限责任公司		
社　　址 ／ 北京市海淀区中关村南大街5号		
邮　　编 ／ 100081		
电　　话 ／ （010）68914775（总编室）		
（010）82562903（教材售后服务热线）		
（010）68948351（其他图书服务热线）		
网　　址 ／ http://www.bitpress.com.cn		
经　　销 ／ 全国各地新华书店		
印　　刷 ／ 北京紫瑞利印刷有限公司		
开　　本 ／ 787毫米×1092毫米　1/16		
印　　张 ／ 18	责任编辑 ／ 封　雪	
字　　数 ／ 471千字	文案编辑 ／ 封　雪	
版　　次 ／ 2018年8月第3版　2018年9月第2次印刷	责任校对 ／ 周瑞红	
定　　价 ／ 48.00元	责任印制 ／ 边心超	

建筑施工组织与资料管理对保证工程竣工验收、维护企业经济效益和社会信誉、保证工程规范化等具有重要意义。其中，建筑工程资料是构成整个建设工程完整历史的基础信息，是工程建设不可或缺的技术档案，是工程检查、管理、使用、改建、扩建的重要依据。

《建筑施工组织与资料管理》（第3版）根据高等职业技术教育培养目标和教学要求，针对高职高专院校土建学科工程造价等相关专业的教学要求进行编写。本书编写时对基本理论的讲授以应用为目的，教学内容以"必需、够用"为原则，以"讲清概念、强化应用"为主旨，力求体现高职高专、应用型教育注重职业能力培养的特点。

本书主要阐述了建筑施工组织概论、流水施工原理与应用、网络计划技术、施工组织总设计、单位工程施工组织设计、建筑工程资料管理的基本的知识、建筑工程准备阶段资料管理、建筑工程监理资料管理、施工资料管理、建筑工程资料组卷与归档管理等内容。

为更加突出教学重点，每章前均设置了【知识目标】与【能力目标】，对本章内容进行重点提示和教学引导；【本章小结】以学习重点为依据，对各章内容进行归纳总结；【思考与练习】以填空题、思考题和练习题的形式，使学生更深层次地对所学习的知识进行巩固。此外，本书的重点内容都设置了相应的例题，通过例题，可以巩固、拓展加深所学知识。

本书资料丰富、内容翔实，图文并茂，编写新颖，注重对施工现场工作人员能力和专业技术能力的培养，力求做到通俗易懂、易于理解，特别适合现场工作人员随查随用。

本书由江西科技学院陈俊、长春科技学院杨光、山东圣翰财贸职业学院曲媛媛担任主编，河北能源职业技术学院李庚、新疆生产建设兵团兴新职业技术学院张超、广安职业技术学院张琴、吉林铁道职业技术学院关森担任副主编。具体编写分工为：陈俊编写第一章、第二章，杨光编写第四章、第五章，曲媛媛编写第九章，李庚编写第三章，张超编写第六章、第十章，张琴编写第七章，关森编写第八章。全书由江苏省徐州技师学院安德锋审定。

本书在修订过程中参阅了大量的文献，在此向这些文献的作者致以诚挚的谢意！由于编写时间仓促，编者的经验和水平有限，书中难免有不妥和错误之处，恳请读者和专家批评指正。

编 者

第 2 版前言

建筑施工组织设计是以施工项目为对象编制的，用以指导施工的技术、经济和管理的综合性文件。具体来说，建筑施工组织设计是要对具体的拟建工程的施工准备工作和整个施工过程，在人力和物力、时间和空间、技术和组织上，做出统筹兼顾、全面合理的计划安排，实现科学管理，达到提高工程质量、加快工程进度、降低工程成本、预防安全事故的目的。

建筑工程资料管理是对建筑工程资料进行的填写、编制、审核、审批、收集、整理、组卷、移交及归档等工作。工程资料应与建筑工程建设过程同步形成，并应真实反映建筑工程的建设情况和实体质量。

近年来，国家颁布实施了一批与建筑工程施工组织设计与工程资料管理有关的标准规范，这对提高我国建筑工程施工组织设计与资料管理的水平发挥了很好的作用，如为规范建筑施工组织设计的编制与管理，提高建筑工程施工管理水平，中华人民共和国住房和城乡建设部组织有关单位，在总结近几十年来我国建筑工程应用施工组织设计的主要经验，充分考虑各地区、各企业的不同状况的基础上，编制了《建筑施工组织设计规范》（GB/T 50502—2009）；为提高建筑工程管理水平，规范建筑工程资料管理，中华人民共和国住房和城乡建设部发布了《建筑工程资料管理规程》（JGJ/T 185—2009）。本教材的修订即参照GB/T 50502—2009和JGJ/T 185—2009和进行，修订时主要结合规范对原教材中的部分内容进行了修改，并补充了一些新的知识点。本次修订主要做了如下工作：

（1）修订后的教材仍分上、下两篇，分别对建筑施工组织和建筑工程资料管理进行了系统的介绍，但对相关章节、内容，参照新规范进行了修改，修订后的教材共有十章，包括：建筑工程施工组织设计概论，施工准备工作，流水施工原理与应用，网络计划技术，施工组织总设计，单位工程施工组织设计，建筑工程技术资料管理，建筑工程施工质量验收，建筑工程资料形成、分类与编制，建筑工程文件归档管理等。

（2）本次修订对基本建设程序和建筑施工程序、施工现场测量控制网、网络图、双代号网络计划时间参数、单代号网络计划时间参数、施工组织总设计编制内容、单位工程施工组织设计、建筑工程技术资料的管理职责、建筑工程施工质量验收规定及术语、建筑工程资料分类的原则、建筑工程资料编制的总体要求、建筑工程技术资料归档范围与质量要求、工程文件的组卷、工程档案的验收与移交等知识点进行了重新编写，增强了内容的规范性和正确性。

（3）修订时对各章的"知识目标""能力目标""本章小结"重新进行了编写，明确了学习目标，便于师生对教学重点的把握。

（4）参照新规范，重新编写了部分例题，保证例题与正文讲解的一致性，有利于学生掌握相关知识点并灵活应用。

本教材由江西科技学院陈俊、长春科技学院杨光、潍坊工商职业学院盛金波担任主编，太原理工大学阳泉学院刘丽红、广安职业技术学院张琴、吉林铁道职业技术学院关森、河北能源职业技术学院李庚担任副主编。具体编写分工如下：陈俊编写第一章、第三章、第四章，杨光编写第二章、第五章，盛金波编写第六章，刘丽红编写第七章、第十章，张琴编写第八章，关森、李庚共同编写第九章。全书由江苏联合职业技术学院徐州技师分院安德锋老师主审定稿。

本教材在修订过程中参阅了国内同行多部著作，部分高职高专院校教师提出了很多宝贵意见供我们参考，在此表示衷心感谢！对于参与本教材第1版编写但不再参与本次修订的教师、专家和学者，本版教材所有编写人员向你们表示敬意，感谢你们对高等职业教育改革所做出的不懈努力，希望你们对本教材保持持续关注并多提宝贵意见。

限于编者的学识及专业水平和实践经验，修订后的教材仍难免有疏漏或不妥之处，敬请广大读者指正。

编　者

第1版前言

建筑产品所具有的固定性、多样性、复杂性和体积庞大性等特点，以及建筑施工所具有的生产的流动性、受自然条件影响大、生产周期长、施工复杂等特点，使得如何对拟建工程施工进行准备，以及如何在整个施工过程中对人力和物力、时间和空间、技术和组织做出一个全面而合理，符合好、快、省、安全要求的计划安排，成了工程建设从业人员需要面对和解决的问题。建筑施工组织设计则是解决这些问题的一门学科。依据施工组织设计，施工企业可以提前掌握人力、材料和机具使用上的先后顺序，全面安排资源的供应与消耗；可以合理地确定临时设施的数量、规模和用途，以及临时设施、材料和机具在施工场地上的布置方案等。

另外，建筑工程技术资料的管理对保证工程竣工验收、维护企业经济效益和社会信誉、保证工程规范化、开发利用企业资源具有重要意义。所谓建筑工程资料就是指在工程建设过程中形成的各种工程信息资料，并按一定原则分类、组卷，最后移交城建档案管理部门归档的整个工程建设的历史记录。建筑工程资料是构成整个建设工程完整历史的基础信息，是工程建设不可或缺的技术档案，是工程检查、维修、管理、使用、改建、扩建的重要依据，是保证工程建设实现"百年大计"的见证材料。

"建筑施工组织与资料管理"是高职高专教育土建类相关专业的一门重要课程。本教材根据全国高职高专教育土建类专业教学指导委员会制定的教育标准和培养方案及主干课程教学大纲，本着"必需、够用"的原则，以"讲清概念、强化应用"为主旨进行了组织编写。通过本课程的学习，学生应掌握建筑施工组织活动中常用的基本原理、方法、步骤和技术，以及建筑施工现场工程资料填写、收集的基本方法。

本教材分为上下两篇。上篇为建筑施工组织，主要包括建筑工程施工组织设计概论、施工准备工作、流水施工原理与应用、网络计划技术、施工组织总设计、单位工程施工组织设计等。下篇为建筑工程资料管理，主要包括建筑工程技术资料管理、建筑工程质量验收、建筑工程技术资料用表、建设工程文件归档管理等。本教材内容丰富、翔实，理论联系实际，以相关实例的方式指导学生进行学习，以便于学生掌握相关技能，做到活学活用。

为方便教学，本教材在各章前设置了【学习重点】和【培养目标】，【学习重点】以章节提要的形式概括了本章的重点内容，【培养目标】则对需要学生了解和掌握的知识要点进行了提示，对学生学习和老师教学进行引导；在各章后面设置了【本章小结】和【思考与练习】，【本章小结】以学习重点为框架，对各章知识作了归纳，【思考与练习】以问答题和应用题的形式，从更深的层次给学生提供思考和复习的切入点，从而构建一个"引导—学习—总结—练习"的教学全过程。

本教材的编写人员，一是来自具有丰富教学经验的教师，因此教材内容更加贴近教学实际需要，方便"老师的教"和"学生的学"，增强了教材的实用性；二是来自建筑工程施工组织与管理领域的工程师或专家学者，在编写内容上更加贴近建筑工程施工组织与资料管理的需要，使学生真正做到"学以致用"。

本教材既可作为高职高专土建类相关专业的教材，也可作为土建工程技术人员和管理人员学习、培训的参考用书。本教材在编写过程中参阅了国内同行多部著作，部分高职高专院校老师提出了很多宝贵意见供我们参考，在此向他们表示衷心的感谢！

本教材在编写过程中虽经推敲核证，但限于编者的专业水平和实践经验，仍难免有疏漏或不妥之处，恳请广大读者指正。

编　者

目录

Contents

上篇　建筑施工组织

第一章　建筑施工组织概论……………1

第一节　建设项目与基本建设程序………1

一、建设项目的概念、组成…………1

二、基本建设程序……………………2

三、建筑施工程序……………………4

第二节　建筑产品与建筑施工的特点………5

一、建筑产品的特点…………………5

二、建筑施工的特点…………………5

第三节　施工组织设计概述…………………6

一、施工组织设计的概念……………6

二、施工组织设计的任务和作用……6

三、施工组织设计的分类……………7

四、施工组织设计的内容……………7

五、施工组织设计的编制……………8

六、施工组织设计的贯彻……………9

七、施工组织设计的检查与调整……10

第四节　施工准备工作………………………10

一、施工准备工作概述………………10

二、原始资料的调查与收集…………13

三、技术资料准备……………………15

四、施工现场准备……………………17

五、物资准备…………………………19

六、其他施工准备……………………20

第二章　流水施工原理与应用………………26

第一节　流水施工的基本概念………………26

一、流水施工的概念…………………26

二、施工组织方式……………………26

三、组织流水施工的条件……………28

四、流水施工的表达方式……………28

第二节　流水施工的基本参数………………30

一、工艺参数…………………………30

二、空间参数…………………………31

三、时间参数…………………………35

第三节　流水施工参数的组织方式…………38

一、等节奏流水施工…………………38

二、异节奏流水施工…………………42

三、无节奏流水施工…………………45

第四节　流水施工实例………………………49

一、工程概况…………………………49

二、流水作业设计……………………50

第三章　网络计划技术………………………55

第一节　网络计划技术概述…………………55

一、网络计划的基本原理 ·············55

二、网络计划的分类 ·················56

三、基本符号 ·······················57

四、网络计划图的逻辑关系 ·········58

第二节　双代号网络计划图 ·········59

一、双代号网络计划图的绘制原则与

步骤 ···························59

二、双代号网络计划图的排列方法 ···63

三、双代号网络计划图的时间参数计算 ···66

第三节　单代号网络计划图 ·········72

一、单代号网络计划图的构成 ·······72

二、单代号网络计划图的绘制 ·······73

三、单代号网络计划图时间参数的计算 ···75

第四节　时标网络计划图 ···········79

一、时标网络计划的特点和适用范围 ···79

二、时标网络计划的编制 ···········79

三、关键线路和时间参数计算 ·······83

四、时标网络计划坐标体系 ·········85

第五节　网络计划优化 ·············85

一、工期优化 ·····················85

二、资源优化 ·····················87

三、费用优化 ·····················98

第六节　网络计划控制 ············102

一、网络计划的检查 ··············102

二、网络计划的调整 ··············103

第四章　施工组织总设计 ·········106

第一节　施工组织总设计概述 ······106

一、施工组织总设计的基本概念 ·····106

二、施工组织总设计的编制依据 ·····106

三、施工组织总设计的编制程序 ·····107

四、施工组织总设计的编制内容 ·····107

五、工程概况 ····················108

第二节　施工部署 ················109

一、工程开展程序 ················109

二、施工任务划分与组织安排 ······110

三、重点工程的施工方案 ··········110

四、主要工种的施工方法 ··········111

五、全场性施工准备工作计划 ······111

第三节　施工总进度计划 ··········112

一、施工总进度计划的编制原则和依据 ···112

二、施工总进度计划的编制步骤 ·····112

三、制订施工总进度计划保证措施 ···114

第四节　各项资源需用量计划 ······115

一、劳动力需用量计划 ············115

二、主要材料和预制品需用量计划 ···115

三、主要施工机具、设备需用量计划 ···116

第五节　施工总平面图设计 ········116

一、施工总平面图设计的原则 ······116

二、施工总平面图设计的依据 ······117

三、施工总平面图设计的内容 ······117

四、施工总平面设计的步骤 ········117

第五章　单位工程施工组织设计 ···126

第一节　单位工程施工组织设计概述···126

一、单位工程施工组织设计的作用 ···126

二、单位工程施工组织设计的编制依据···127

三、单位工程施工组织设计的编制原则···127

四、单位工程施工组织设计的编制程序···128

五、单位工程施工组织设计的编制内容···128

第二节　工程概况及施工方案的选择···129

一、工程概况 ····················129

二、施工方案的选择 ··············129

三、施工方案技术经济评价 ········137

第三节 单位工程施工进度计划编制……138

一、单位工程施工进度计划的作用与

分类……139

二、单位工程施工进度计划的编制依据和

程序……139

三、单位工程施工进度计划的编制步骤和

方法……139

第四节 施工准备工作与各项资源

需用量计划编制……144

一、施工准备工作计划……144

二、各项资源需用量计划……145

第五节 单位工程施工平面图设计……147

一、单位工程施工平面图设计的内容……147

二、单位工程施工平面图设计的依据……147

三、单位工程施工平面图设计的原则……148

四、单位工程施工平面图设计的布置……148

五、单位工程施工平面图的绘制……151

六、单位工程施工平面图的评价……151

下篇　建筑工程资料管理

第六章 建筑工程资料管理的基本

知识……153

第一节 工程资料的形成……153

一、工程资料的形成规定……153

二、工程资料的形成步骤……153

第二节 工程资料的分类及编号……156

一、建筑工程资料的分类……156

二、建筑工程资料的编号……156

第三节 工程资料管理规定、职责及

要求……163

一、工程资料管理规定……163

二、工程资料管理职责……163

三、资料员的工作要求……164

第七章 建筑工程准备阶段资料管理……167

第一节 工程准备阶段文件的形成和

管理要求……167

一、工程准备阶段文件的形成……167

二、工程准备阶段文件的管理要求……167

第二节 工程准备阶段文件的种类……168

一、决策立项文件……168

二、建设用地文件……171

三、勘察设计文件……176

四、招标投标及合同文件……180

五、开工文件……182

六、商务文件……186

第八章 建筑工程监理资料管理……189

第一节 监理资料的形成和管理要求……189

一、监理资料的形成……189

二、监理资料的管理要求……190

第二节 工程监理资料的分类……190

一、监理管理资料……190

二、进度控制资料……197

三、质量控制资料……199

四、造价控制资料……201

五、合同管理资料……206

第九章 施工资料管理……209

第一节 施工资料的形成和管理要求……209

一、施工资料的形成……209

二、施工资料的管理要求……209

第二节 施工管理与控制资料……211

一、施工管理资料 …………………… 211

二、施工技术资料 …………………… 216

三、进度造价资料 …………………… 221

第三节 施工物资资料 ………………… 223

一、出厂质量证明文件及检测报告 …… 223

二、进场检验通用表格 ……………… 225

三、进场复试报告 …………………… 228

第四节 施工记录 ……………………… 230

一、施工记录通用表格资料 ………… 230

二、施工记录专用表格资料 ………… 233

第五节 施工试验记录及检测报告 …… 240

一、施工试验记录及检测报告通用表格

资料 ……………………………… 240

二、施工试验记录及检测报告专用表格

资料 ……………………………… 244

第六节 施工质量验收记录与竣工验收

资料 ……………………………… 255

一、施工质量验收记录 ……………… 255

二、竣工验收资料 …………………… 259

第十章 建筑工程资料组卷与归档

管理 ……………………………… 269

第一节 建筑工程资料收集、整理与

组卷 ……………………………… 269

一、工程资料收集、整理与组卷的基本

规定 ……………………………… 269

二、工程资料组卷的规定与要求 …… 269

三、卷内文件的排列 ………………… 270

四、案卷的编目 ……………………… 270

五、案卷规格与装订 ………………… 273

第二节 工程资料的验收、移交与

归档 ……………………………… 274

一、建筑工程资料的验收 …………… 274

二、建筑工程资料的移交 …………… 275

三、建筑工程文件的归档 …………… 276

参考文献 ………………………………… 278

上篇 建筑施工组织

第一章 建筑施工组织概论

知识目标

1. 了解建设项目的概念、组成；掌握基本建设程序、建筑施工程序。

2. 了解建筑产品与建筑施工的特点，了解施工组织设计的概念、任务、作用、分类；掌握施工组织设计的内容和编制原则。

3. 了解施工准备工作的分类、要求、内容；掌握原始资料的调查与收集、技术资料准备、施工现场准备、物资准备。

能力目标

1. 根据建设项目的概念、组成，能编写基本建设计划书。

2. 根据施工组织设计的内容、编制原则、编制步骤等，能编制施工组织设计。

3. 根据工程的情况，能进行前期准备工作。

第一节 建设项目与基本建设程序

一、建设项目的概念、组成

1. 建设项目的概念

建设项目是指在一定数量的投资下，具有独立计划和总体设计文件，在一定约束条件下，按照总体设计要求组织施工，工程竣工后具有完整的系统，可以形成独立生产能力或使用功能的工程项目，如一座桥梁、一幢大厦、一所学校等。

建设项目的管理主体是建设单位。其约束条件是时间约束、资源约束和质量约束，即一个建设项目应具有合理的建设工期目标，特定的投资总量目标和预期的生产能力、技术水平和使用效益目标。

2. 建设项目的组成

各个建设项目的规模和复杂程度不尽相同，为便于分解管理，一般情况下，人们可将建设项目按其组成内容从大到小分解为单项工程、单位工程、分部工程和分项工程等。

（1）单项工程。单项工程也称工程项目，是指具有独立的设计文件，完工后可以独立发挥生产能力或效益的工程。一个建设项目可由一个单项工程组成，也可由若干个单项工程组成，如一所学校中包括办公楼、教学楼和体育馆等单项工程。单项工程体现了建设项目的主要建设内容，其施工条件往往具有相对的独立性。

(2)单位工程。单位工程是指具有单独设计图纸，可以独立施工，但完工后一般不具有独立发挥生产能力和经济效益的工程。一个单项工程一般由若干个单位工程组成。

一般情况下，单位工程是一个单体的建筑物或构筑物。对规模较大的单位工程，可将其中能形成独立使用功能的部分作为一个子单位工程。

(3)分部工程。组成单位工程的若干个分部称为分部工程。分部工程的划分应按专业性质、建筑部位确定。如一幢大厦的建筑工程，可以划分为土建工程分部和安装工程分部，而土建工程分部又可划分为地基与基础、主体结构、屋面和装修等分部工程。

当分部工程较大或较复杂时，可按材料种类、施工特点、施工程序、专业系统及类别等将其划分为若干子分部工程。如主体结构分部工程可划分为钢筋混凝土结构、混合结构、砌体结构、钢结构、木结构等子分部工程。

(4)分项工程。组成分部工程的若干个施工过程称为分项工程。分项工程应按主要工种、材料、施工工艺、设备类别等进行划分。如主体混凝土结构可以划分为模板、钢筋、混凝土等几个分项工程。

《建筑工程施工质量验收统一标准》(GB 50300—2013)规定，建筑工程质量验收时，可将分项工程进一步划分为检验批。检验批是指按同一生产条件或按规定方式汇总起来供检验用的，由一定数量样本组成的检验体。一个分项工程可由一个或若干个检验批组成，检验批可根据施工及质量控制和专业验收的需要，按楼层、施工段、变形缝等进行划分。

二、基本建设程序

基本建设程序是建设项目从设想、选择、评估、决策、设计、施工到竣工、投入生产或交付使用的整个建设过程中各项工作必须遵循的先后顺序。我国的基本建设程序可划分为编制项目建议书、可行性研究、勘察设计、施工准备(包括招标投标)、建设实施、竣工验收、后评价七个阶段。这七个阶段基本上反映了基本建设工作的全过程，是几十年来我国基本建设工程实践经验的总结，是项目建设客观规律的正确反映，是科学决策和顺利进行项目建设的重要保证。

1. 编制项目建议书

项目建议书是建设单位向主管部门提出要求建设某一项目的建议性文件，是对拟建项目的轮廓设想，是从拟建项目的必要性及大方面的可能性加以考虑的。

项目建议书经批准后，才能进行可行性研究，也就是说，项目建议书并不是项目的最终决策，而仅仅只是为可行性研究提供依据和基础。

项目建议书的内容一般包括以下五个方面：

(1)建设项目提出的必要性和依据；

(2)拟建工程规模和建设地点的初步设想；

(3)资源情况、建设条件、协作关系等的初步分析；

(4)投资估算和资金筹措的初步设想；

(5)经济效益和社会效益的估计。

项目建议书按要求编制完成后，报送有关部门审批。

2. 可行性研究

项目建议书经批准后，应紧接着进行可行性研究工作。可行性研究是项目决策的核心，是对建设项目在技术上、工程上和经济上是否可行进行全面的科学分析论证工作。在技术经济的深入论证阶段，可行性研究能为项目决策提供可靠的技术经济依据。其研究的主要内容包括：

(1)建设项目提出的背景、必要性、经济意义和依据；

(2)拟建项目规模、产品方案、市场预测；

(3)技术工艺、主要设备、建设标准；

(4)资源、材料、燃料供应和运输及水、电条件；

(5)建设地点、场地布置及项目设计方案；

(6)环境保护、防洪、防震等要求与相应措施；

(7)劳动定员及培训；

(8)建设工期和进度建议；

(9)投资估算和资金筹措方式；

(10)经济效益和社会效益分析。

可行性研究的主要任务是对多种方案进行分析、比较，提出科学的评价意见，推荐最佳方案。在可行性研究的基础上，编制可行性研究报告。

3. 勘察设计

勘察设计文件是安排建设项目和进行建筑施工的主要依据。勘察设计文件一般由建设单位通过招标投标或直接委托有相应资质的设计单位进行编制。编制设计文件是一项复杂的工作，设计之前和设计之中都要进行大量的调查和勘测工作，在此基础之上，根据批准的可行性研究报告，将建设项目的要求逐步具体化为指导施工的工程图纸及其说明书。

设计是分阶段进行的。一般项目进行两阶段设计，即初步设计阶段和施工图设计阶段。技术上比较复杂和缺少设计经验的项目采用三阶段设计，即初步设计阶段、技术设计阶段、施工图设计阶段。

(1)初步设计阶段：根据批准的可行性研究报告和比较准确的设计基础资料所做的具体实施方案。目的是阐明在指定的地点、时间和投资控制数额内，拟建工程在技术上的可能性和经济上的合理性，并通过工程项目所作出的基本技术经济规定，编制项目总概算。

(2)技术设计阶段：根据初步设计和更详细的调查研究资料，进一步解决初步设计中的重大技术问题，如工艺流程、建筑结构、设备选型及数量确定等，并修正总概算。

(3)施工图设计阶段：根据批准的扩大初步设计或技术设计的要求，结合现场实际情况，完整地表现建筑物外形、内部空间分割、结构体系、构造状况及建筑群的组成和周围环境的配合。施工图设计还包括各种运输、通信、管道系统、建筑设备的设计，在工艺方面，还应具体确定各种设备的型号、规格及各种非标准设备的制造加工过程。在施工图设计阶段应编制施工图预算。

4. 施工准备

在项目建议书、可行性研究报告、初步设计批准后可向主管部门申请列入投资计划，经招标确定具有相应资质的承建单位。承建单位根据工程的特点，首先编制施工组织总设计，再根据批准的施工组织总设计编制单位工程施工组织设计。施工组织设计中必须明确工程所选施工方案、施工技术措施、施工准备工作计划、施工进度计划、物资资源需求计划、施工平面布置等内容，并落实执行施工组织设计的责任人和组织机构。

5. 建设实施

建设项目完成各项准备工作，具备开工条件，建设单位及时向主管部门和有关单位提出开工报告，开工报告经批准后即可进行项目施工。

在项目建设施工过程中，务必加强工程全过程的安全、质量、进度和成本控制与管理，全面落实经批准的施工组织设计，针对具体施工进程进行协调、检查、监督、控制等指挥调度工作，从施工现场全局出发，加强各单位、各部门的配合与协作，确保工程建设顺利进行，严格执行安全、质量检查制度，全面落实施工单位经济责任制，做好经济核算工作。

6. 竣工验收

根据国家有关规定，建设项目按批准的内容完成建设后，符合验收标准，须及时组织验收，办理交付使用和资产移交手续。竣工验收是全面考核工程项目建设成果，检查设计和施工质量的重要环节。竣工验收的准备工作主要有整理技术资料、绘制竣工图纸、编制竣工决算三方面。

竣工验收前，施工单位应主动进行工程预验收工作，根据各分部、分项工程的质量检查、评定，整理各项竣工验收的技术经济资料，积极配合由建设单位组织的竣工验收工作，验收合格后办理竣工验收证书，将工程交付建设单位使用。

7. 后评价

建设项目投资后评价是工程竣工投产、生产运营一段时间后，对项目的立项决策、设计施工、竣工投产、生产运营等全过程进行系统评价的一种技术经济活动。投资后评价是工程建设管理的一项重要内容，也是工程建设程序的最后一个环节。其可以使投资主体达到总结经验、吸取教训、改进工作、不断提高项目决策水平和投资效益的目的。目前，我国的投资后评价一般分建设单位的自我评价、项目所属行业（地区）主管部门的评价及各级计划部门（或主要投资主体）的评价三个层次进行。

三、建筑施工程序

建筑施工程序是拟建工程在整个施工过程中各项工作必须遵循的先后顺序，反映了整个施工阶段中必须遵循的客观规律。其一般可划分为以下几个阶段。

1. 承接施工任务，签订承包合同

施工单位承接任务的方式一般有三种：国家或上级主管部门直接下达；受建设单位委托；通过招标投标而中标承揽任务。无论通过哪一种方式承接任务，施工企业都要检查该项目工程是否具有经过上级批准的正式文件，投资是否落实等。之后，施工企业应与建设单位签订承包合同，合同中应明确规定承包范围、供料方式、工期、合同价、工程付款和结算方法、甲乙双方责任义务以及奖励处罚等条例。

在这一阶段，施工企业要做好技术调查工作，包括建设项目功能、规模、要求；建设地区自然情况；施工现场情况等。

2. 全面统筹安排，做好施工规划

签订施工合同后，施工单位在技术调查的基础上，拟订施工规划，收集有关资料，编制施工组织设计。

3. 落实施工准备，提出开工报告

工程开工前，施工单位要积极做好施工前的准备工作。准备工作内容一般包括熟悉和会审图纸，编制和审查施工组织设计，落实劳动力、材料、机具、构件、成品、半成品等的准备工作，组织机械设备进场，搭建临时设施，建立现场管理机构。在做好各项准备工作的基础上，具备开工条件后，提交开工报告并经审查批准，即可正式开工。

4. 组织施工

施工过程应严格按照施工组织设计精心组织施工。在施工中提倡科学管理，文明施工，严格履行经济合同，合理安排施工顺序，组织好均衡连续的施工。一般情况下，各项目施工应按照先主体、后辅助，先重点、后一般，先地下、后地上，先结构、后装修，先土建、后安装的原则进行。

5. 竣工验收、交付使用

工程完工后，在竣工验收前，施工单位应根据施工质量验收规范逐项进行预验收，检查各分部、分项工程的施工质量，整理各项竣工验收的技术经济资料。在此基础上，由建设单位、设计单位、监理单位等有关部门组成验收小组进行验收。验收合格后，双方签订交接验收证书，办理工程移交，并根据合同规定办理工程竣工结算。

某建设项目施工程序

第二节　建筑产品与建筑施工的特点

建筑产品是指通过建筑安装等生产活动所完成的符合设计要求和质量标准，能够独立发挥使用价值的各种建筑物或构筑物。与一般工业产品相比，建筑产品在产品本身及其生产过程中都具有独特的特点。

一、建筑产品的特点

(1)建筑产品的固定性。由于建筑产品必须建造于固定地点，且对基础和地基均应设计计算，所以建成后直至拆迁均不再移动。因此，建筑产品在空间上是固定的。

(2)建筑产品的多样性及复杂性。

1)因为建筑物要满足不同的使用功能，所以设计出来的建筑物也就千差万别，这就决定了建筑产品的多样性。

2)建筑产品不仅要满足其使用要求，且应美观、坚固，所以就其建筑构造、结构做法及装饰要求而言，也是比较复杂的。其使用的材料种类有上百种，其施工过程也错综复杂。

(3)建筑产品体积的庞大性。由于建筑物的基本功能是为人们提供生产和生活的空间，这就决定了建筑产品的体积比人们平时使用的一般产品体积要大得多。

(4)建筑产品的综合性。建筑产品是一个完整的实物体系，它不仅综合了土建工程的艺术风格、建筑功能、结构构造、装饰做法等多方面的技术成就，而且综合了工艺设备、采暖通风、供水供电、通信网络、安全监控、卫生设备等各类设施，具有较强的综合性。

二、建筑施工的特点

(1)生产的流动性。生产的流动性是由建筑产品固着于地上不能移动和整体难以分解所造成的。其表现在两个方面：一是施工机构(包括施工人员和机具设备)随建筑物或构筑物坐落位置的变化而转移生产地点；二是在一个产品的生产过程中施工人员和机具设备要随着施工部位的不同而沿施工对象上下、左右流动，不断地转换操作场所。因此，在生产中，各生产要素的空间位置和相互间的空间配合关系经常处于变化的过程之中。

人机的流动，操作条件和工作面的不断变化，无疑会影响劳动的效率甚至劳动的组织。除此之外，生产的流动性又与施工的顺序性紧密地联系在一起。考虑到产品整体性的要求，建筑生产中，其"零部件"(各分部分项工程)的生产常常是与"装配"工作结合进行的，一经建造即成一体，而不可能随便再行"拆装"。故施工必须按严格的顺序进行，也就是人机必须按照客观要求的顺序流动。

(2)建筑施工受自然条件影响较大。由于建筑产品体积的庞大性，其施工必须在露天条件下进行，这就免不了日晒雨淋，且由于建筑的施工工期较长，短则数月，长则两年以上，四季变化也会对建筑物施工带来极大影响，如冬、雨期施工，必须按特殊的施工技术措施进行。这就要求在组织施工时要充分考虑自然条件给建筑物质量、安全、工期带来的影响。

(3)生产周期长。由于建筑产品的固定性和体积庞大性，决定了建筑产品在生产过程中需耗费大量的人力、物力和财力，同时其生产过程要受到工艺施工程序和工艺流程的约束，其生产周期少则几个月，多则几年，甚至数十年，因此，建筑产品具有生产周期长、占有流动资金大、生产成本易受市场波动影响等特点。

(4)建筑施工的复杂性。建筑产品的多样性和复杂性，决定了建造建筑产品的过程——建筑施工的复杂性。由于建筑物功能各异，结构类型不同，装饰要求不同，没有完全相同的两个建筑产品，即使上部做法套用别的建筑物，下部基础多半也会不同，故必须根据每件产品的特点单独设计，单独组织施工。另外，建筑施工涉及部门很广，使用材料规格品种繁多，各专业工种必须协同工作，这也决定了建筑施工的复杂性。

第三节　施工组织设计概述

一、施工组织设计的概念

施工组织设计是指根据施工预期目标和实际施工条件，选择最合理的施工方案，指导拟建工程施工全过程中各项活动的技术、经济和组织的基础性综合文件。其任务是要对具体的拟建工程(建筑群或单个建筑物)的施工准备工作和整个施工过程，在人力和物力、时间和空间、技术和组织上，做出统筹兼顾、全面合理的计划安排，实现科学管理，达到提高工程质量、加快工程进度、降低工程成本、预防安全事故的目的。

二、施工组织设计的任务和作用

1. 施工组织设计的任务

施工组织设计的任务是对具体的拟建工程(建筑群或单个建筑物)施工准备工作和整个施工过程，在人力和物力、时间和空间、技术和组织上，做出一个全面、合理且符合好、快、省、安全要求的计划安排。

2. 施工组织设计的作用

施工组织设计的作用是为拟建工程施工的全过程实行科学管理提供重要手段。通过施工组织设计的编制，可以全面考虑拟建工程的各种具体条件，扬长避短地拟订合理的施工方案，确定施工顺序、施工方法、劳动组织和技术经济的组织措施，合理地统筹安排拟订的施工进度计划，保证拟建工程按期投产或交付使用；也为拟建工程的设计方案在经济上的合理性、技术上的科学性和实施过程中的可能性进行论证提供依据；还为建设单位编制基本建设计划和施工企业编制施工计划提供依据。依据施工组织设计，施工企业可以提前掌握人力、材料和机具使用上的先后顺序，全面安排资源的供应与消耗，还可以合理地确定临时设施的数量、规模和用途，以及临时设施、材料和机具在施工场地上的布置方案。

施工组织设计是施工准备工作的一项重要内容，同时又是指导各项施工准备工作的重要依据。

三、施工组织设计的分类

施工组织设计是一个总的概念，根据建设项目的类别、工程规模、编制阶段、编制对象和范围的不同，在编制的深度和广度上也有所不同。

1. 按编制阶段的不同分类

施工组织设计按编制阶段的不同进行分类，如图 1-1 所示。

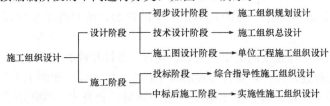

图 1-1　施工组织设计的分类

2. 按编制对象范围的不同分类

施工组织设计按编制对象范围的不同可分为施工组织总设计、单项（位）工程施工组织设计、分部分项工程施工组织设计三种。

（1）施工组织总设计。施工组织总设计是以一个建设项目或建筑群为编制对象，用以指导其施工全过程各项活动的技术、经济的综合性文件。其范围较广，内容比较概括，是在初步设计或扩大初步设计批准后，由总承包单位牵头，会同建设、设计和其他分包单位共同编制的。其是施工组织规划设计的进一步具体化的设计文件，也是单项（位）工程施工组织设计的编制依据。

（2）单项（位）工程施工组织设计。单项（位）工程施工组织设计是以一个单项或其中一个单位工程为对象编制的，用以指导其施工全过程各项施工活动的技术、经济、组织、协调和控制的综合性文件。其是在签订相应工程施工合同之后，在项目经理组织下，由项目工程师负责编制，是编制分部（项）工程施工组织设计的依据。

（3）分部分项工程施工组织设计。分部分项工程施工组织设计是以一个分部工程或其中一个分项工程为对象编制的，用以指导其各项作业活动的技术、经济、组织、协调和控制的综合性文件。其是在编制单项（位）工程施工组织设计的同时，由项目主管技术人员负责编制的，作为该项目专业工程具体实施的依据。

四、施工组织设计的内容

施工组织设计的内容，就是根据不同工程的特点和要求，以及现有的和可能创造的施工条件，从实际出发，决定各种生产要素（材料、机械、资金、劳动力和施工方法等）的结合方式。

不同类型施工组织设计的内容各不相同，但一个完整的施工组织设计一般应包括以下基本内容：

（1）工程概况；

（2）施工方案；

（3）施工进度计划；

（4）施工准备工作计划；

建筑施工组织设计规范

(5)各项资源需用量计划;

(6)施工平面布置图;

(7)主要技术组织保证措施;

(8)主要技术经济指标;

(9)结束语。

五、施工组织设计的编制

1. 施工组织设计的编制原则

由于施工组织设计是指导建筑施工的纲领性文件,对搞好建筑施工起到巨大的作用,所以必须十分重视并做好此项工作。根据我国几十年的经验,编制施工组织设计应遵循以下几项原则:

(1)认真贯彻国家工程建设的法律、法规、规程、方针和政策。

(2)严格执行工程建设程序,坚持合理的施工程序、施工顺序和施工工艺。

(3)采用现代建筑管理原理、流水施工方法和网络计划技术,组织有节奏、均衡和连续的施工。

(4)优先选用先进施工技术,科学确定施工方案;认真编制各项实施计划,严格控制工程质量、工程进度、工程成本,确保安全施工。

(5)充分利用施工机械和设备,提高施工机械化、自动化程度,改善劳动条件,提高生产率。

(6)扩大预制装配范围,提高建筑工业化程度;科学安排冬期和雨期施工,保证全年施工的均衡性和连续性。

(7)坚持"安全第一,预防为主"原则,确保安全生产和文明施工;认真做好生态环境和历史文物保护,严防建筑振动、噪声、粉尘和垃圾污染。

(8)合理布置施工平面图,尽量减少临时工程,减少施工用地,降低工程成本;尽量利用正式工程、原有或就近已有设施,做到暂设工程与既有设施相结合、与正式工程相结合。同时,要注意因地制宜、就地取材以求尽量减少消耗,降低生产成本。

(9)优化现场物资储存量,合理确定物资储存方式,尽量减少库存量和物资损耗。

2. 施工组织设计的编制依据

(1)国家计划或合同规定的进度要求。

(2)工程设计文件,包括说明书、设计图纸、工程数量表、施工组织方案意见、总概算等。

(3)调查研究资料,包括工程项目所在地区自然经济资料、施工中可配备劳动力、机械及其他条件。

(4)有关定额(人工定额、材料消耗定额、机械台班定额等)及参考指标。

(5)现行有关技术标准、施工规范、规则及地方性规定等。

(6)本单位的施工能力、技术水平及企业生产计划。

(7)有关其他单位的协议、上级指示等。

3. 施工组织设计的编制步骤

(1)计算工程量。通常可以利用工程预算中的工程量。工程量计算准确,才能保证劳动力和资源需用量的正确计算和分层分段流水作业的合理组织,故工程量必须根据图纸和较为准确的定额资料进行计算。如工程的分层分段按流水作业方法施工时,工程量也应相应地分层分段计算。同时,许多工程量在确定了方法以后可能还需修改,如土方工程的施工由利用挡土板改为放坡以后，土方工程量即相应增加，而支撑工料则将全部取消。这种修改可在施工方法确定后一次进行。

（2）确定施工方案。如果施工组织总设计已有原则规定，则该项工作的任务就是进一步具体化，否则应加以全面考虑。需要特别加以研究的是主要分部分项工程的施工方法和施工机械的选择，因为它们对整个单位工程的施工起到决定性的作用。具体施工顺序的安排和流水段的划分，也是需要考虑的重点。与此同时，还要很好地研究和决定保证质量、安全和缩短技术性中断的各种技术组织措施。这些都是单位工程施工中的关键，对施工能否做到好、快、省和安全具有重大的影响。

（3）组织流水作业，排定施工进度。根据流水作业的基本原理，按照工期要求、工作面的情况、工程结构对分层分段的影响以及其他因素，组织流水作业，决定劳动力和机械的具体需要量以及各工序的作业时间，编制网络计划，并按工作日安排施工进度。

（4）计算各种资源的需要量并确定供应计划。依据采用的劳动定额和工程量及进度可以确定劳动量（以工日为单位）和每日的工人需要量。依据有关定额和工程量及进度，就可以计算确定材料和加工预制品的主要种类和数量及其供应计划。

（5）平衡人工、材料物资和施工机械的需要量并修正进度计划。根据对人工和材料物资需要量的计算就可绘制出相应的曲线以检查其平衡状况。如果发现有过大的高峰或低谷，即应将进度计划作适当的调整与修改，使其尽可能趋于平衡，以使人工的利用和物资的供应更为合理。

（6）设计施工平面图，使生产要素在空间上的位置合理、互不干扰，加快施工进度。

六、施工组织设计的贯彻

1. 做好施工组织设计的技术交底

经过批准的施工组织设计，在开工前，一定要召开各级生产、技术会议并逐级执行交底，详细地讲解其意图、内容、要求、目标和施工的关键与保证措施，组织施工人员广泛讨论，拟定完成任务的技术组织措施，作出相应的决策。同时，责成计划部门制订出切实可行的、严密的施工计划；责成技术部门拟定科学合理的具体技术实施细则，保证施工组织设计的贯彻执行。

2. 制定各项管理制度

施工组织设计能否顺利贯彻，还取决于施工企业的技术水平和管理水平。体现企业管理水平的标志，在于企业各项管理制度健全与否。施工实践证明，只有施工企业有了科学、健全的管理制度，企业的正常生产活动才能顺利开展，才能保证工程质量，提高劳动生产率，防止可能出现的漏洞或事故。因此，为了保证施工组织设计顺利贯彻执行，必须建立和健全各项管理规章制度。

3. 实行技术经济承包责任制

技术经济承包责任制是用经济的手段和方法，明确承发包双方的责任。该制度便于加强监督和相互促进，是保证承包目标实现的重要手段。为了更好地贯彻施工组织设计，应该推行技术经济承包责任制度，开展劳动竞赛，把施工过程中的技术经济责任同职工的物质利益结合起来，如开展评比先进，推行全优工程综合奖、节约材料奖、提前工期奖和技术进步奖等。

4. 搞好施工的统筹安排和综合平衡

在贯彻施工组织设计时，一定要合理安排人力、财力、材料、机械、施工方法、时间和空间等方面的统筹，综合平衡各方面因素，优化施工计划，对施工中出现的不平衡因素应及时分析和研究，进一步完善施工组织设计，保证施工的节奏性、均衡性和连续性。

5. 切实做好施工准备工作

施工准备工作是保证均衡和连续施工的重要前提，也是顺利贯彻施工组织设计的重要保证。"不打无准备之仗，不搞无准备之工程。"开工之前，不仅要做好一切人力、物力、财力和现场的准备，而且在施工过程中的不同阶段也要做好相应的施工准备工作。

七、施工组织设计的检查与调整

1. 施工组织设计的检查

（1）施工总平面图的检查。施工现场必须按施工总平面图要求建造临时设施，敷设管网和运输道路，合理地存放机具，堆放材料；施工现场要符合文明施工的要求；施工现场的局部断电、断水、断路等，必须事先得到有关部门批准；施工的每个阶段都要有相应的施工总平面图；施工总平面图的任何改变都必须经有关部门批准。如果发现施工总平面图存在不合理性，要及时制订改进方案，报请有关部门批准，不断地满足施工进展的需要。施工总平面图的检查应按建筑主管部门的规定执行。

（2）主要指标完成情况的检查。施工组织设计的主要指标的检查，一般采用比较法，即把各项指标的完成情况同计划规定的指标相对比。检查的内容应该包括工程进度、工程质量、材料消耗、机械使用和成本费用等。应把主要指标数值检查同其相应的施工内容、施工方法和施工进度的检查结合起来，查找和发现问题，为进一步分析原因提供依据。

2. 施工组织设计的调整

施工组织设计的调整就是针对检查中发现的问题，通过分析原因，拟定改进措施或修订方案；对实际进度偏离计划进度的情况，在分析其影响工期和后续工作的基础上，调整原计划以保证工期；对施工（总）平面图中不合理的地方进行修改。通过调整，使施工组织设计更切合实际，更趋于合理，以便在新的施工条件下，达到施工组织设计的目标。

第四节　施工准备工作

一、施工准备工作概述

(一)施工准备工作的意义

施工准备工作是为了保证工程顺利开工和施工活动正常进行而必须事先做好的各项准备工作。它是施工程序中的重要环节，不仅存在于开工之前，而且贯穿于整个施工过程。为了保证工程项目顺利地进行施工，必须做好施工准备工作。做好施工准备工作具有以下意义。

1. 确保建筑施工程序

现代建筑工程施工大多是十分复杂的生产活动，其技术规律和社会主义市场经济规律要求工程施工必须严格按照建筑施工程序进行。只有认真做好施工准备工作，才能取得良好的建设效果。

2. 降低施工的风险

做好施工准备工作，是取得施工主动权、降低施工风险的有力保障。就工程项目施工的特点而言，其生产受外界干扰及自然因素的影响较大，因而施工中可能遇到的风险就多。只有根据周密的分析和多年积累的施工经验，采取有效的防范控制措施，充分做好施工准备工作，加强应变能力，才能有效地降低风险损失。

3. 创造工程开工和顺利施工的条件

工程项目施工中不仅涉及广泛的社会关系，而且还要处理各种复杂的技术问题，协调各种配合关系，因而只有统筹安排和周密准备，才能使工程顺利开工，也才能提供各种条件，保证开工后的顺利施工。

4. 提高企业的综合效益

做好施工准备工作，是降低工程成本、提高企业综合效益的重要保证。只有认真做好工程项目施工准备工作，才能充分调动各方面的积极因素，合理组织资源，加快施工进度，提高工程质量，降低工程成本，增加企业经济效益，赢得企业社会信誉，实现企业管理现代化，从而提高企业的经济效益和社会效益。

5. 推行技术经济责任制

施工准备工作是建筑施工企业生产经营管理的重要组成部分。现代企业管理的重点是生产经营，而生产经营的核心是决策。因此，施工准备工作作为生产经营管理的重要组成部分，主要对拟建工程目标、资源供应和施工方案及其空间布置和时间排列等方面进行选择和施工决策，有利于施工企业搞好目标管理，推行技术经济责任制。

实践证明，施工准备工作的好与坏，将直接影响建筑产品生产的全过程。凡是重视并做好施工准备工作，积极为工程项目创造有利施工条件的，就能顺利开工，取得施工的主动权；同时，还可以避免工作的无序性和资源的浪费，有利于保证工程质量和施工安全，提高效益；反之，如果违背施工程序，忽视施工准备工作，使工程仓促开工，必然在工程施工中受到各种矛盾掣肘，处处被动，以致造成重大的经济损失。

（二）施工准备工作的分类

1. 按工程所处施工阶段分类

按工程所处施工阶段分类，施工准备工作可分为开工前的施工准备和开工后的施工准备。

（1）开工前的施工准备。开工前的施工准备是指在拟建工程正式开工前所进行的一切施工准备，目的是为工程正式开工创造必要的施工条件，具有全局性和总体性。若没有这个阶段则工程不能顺利开工，更不能连续施工。

（2）开工后的施工准备。开工后的施工准备是指开工之后，为某一单位工程、某个施工阶段或某个分部（分项）工程所做的施工准备工作，具有局部性和经常性。一般来说，冬、雨期施工准备都属于这种施工准备。

2. 按准备工作范围分类

按准备工作范围分类，施工准备工作可分为全场性施工准备、单位工程施工条件准备、分部（分项）工程作业条件准备。

（1）全场性施工准备。全场性施工准备指以整个建设项目或建筑群为对象所进行的统一部署的施工准备工作。它不仅要为全场性的施工活动创造有利条件，而且要兼顾单位工程施工条件的准备。

（2）单位工程施工条件准备。单位工程施工条件准备是指以一个建筑物或构筑物为施工对象而进行的施工条件准备，不仅要为该单位工程做好开工前的一切准备，而且要为分部（分项）工程的作业条件做好施工准备工作。

单位工程的施工准备工作完成，具备开工条件后，项目经理部应申请开工，递交开工报告，报审批后方可开工。实行建设监理的工程，企业还应将开工报告送监理工程师审批，由监理工程师签发开工通知书，在限定时间内开工，不得拖延。

单位工程应具备的开工条件如下：

1)施工图纸已经会审并有记录。

2)施工组织设计已经审核批准并已进行交底。

3)施工图预算和施工预算已经编制并审定。

4)施工合同已签订，施工证件已经审批齐全。

5)现场障碍物已清除。

6)场地已平整，施工道路、水源、电源已接通，排水沟渠畅通，能够满足施工的需要。

7)材料、构件、半成品和生产设备等已经落实并能陆续进场，保证连续施工的需要。

8)各种临时设施已经搭设，能够满足施工和生活的需要。

9)施工机械、设备的安排已落实，先期使用的已运入现场，已试运转并能正常使用。

10)劳动力安排已经落实，可以按时进场。现场安全守则、安全宣传牌已建立，安全、防火的必要设施已具备。

(3)分部(分项)工程作业条件准备。分部(分项)工程作业条件准备是指以一个分部(分项)工程为施工对象而进行的作业条件准备。由于对某些施工难度大、技术复杂的分部(分项)工程，需要单独编制施工作业设计，应对其所采用的施工工艺、材料、机具、设备及安全防护设施等分别进行准备。

(三)施工准备工作的要求

1. 施工准备应该有组织、有计划、有步骤地进行

(1)建立施工准备工作的组织机构，明确相应的管理人员。

(2)编制施工准备工作计划表，保证施工准备工作按计划落实。

将施工准备工作按工程的具体情况划分为开工前、地基基础工程、主体工程、屋面与装饰装修工程等时间区段，分期分阶段、有步骤地进行，可为顺利进行下一阶段的施工创造条件。

2. 建立严格的施工准备工作责任制及相应的检查制度

由于施工准备工作项目多、范围广、时间跨度长，因此，必须建立严格的责任制，按计划将责任落实到相关部门及个人，明确各级技术负责人在施工准备中应负的责任，使各级技术负责人认真做好施工准备工作。在施工准备工作实施过程中，应定期进行检查，可按周、半月、月度进行检查，主要检查施工准备工作计划的执行情况。

3. 坚持按基市建设程序办事，严格执行开工报告制度

根据《建设工程监理规范》(GB/T 50319—2013)的有关规定，总监理工程师应组织专业监理工程师审查施工单位报送的工程开工报审表及相关资料；同时具备下列条件时，应由总监理工程师签署审核意见，并应报建设单位批准后，总监理工程师签发工程开工令：

(1)设计咨询和图纸会审已完成。

(2)施工组织设计已由总监理工程师签认。

(3)施工单位现场质量、安全生产管理体系已建立，管理及施工人员已到位，施工机械具备使用条件，主要工程材料已经落实。

(4)进场道路及水、电、通信等已满足开工要求。

4. 施工准备工作必须贯穿于施工全过程

施工准备工作不仅要在开工前集中进行，而且工程开工后，也要及时全面地做好各施工阶段的准备工作，贯穿于整个施工过程中。

5. 施工准备工作要取得各协作单位的友好支持与配合

由于施工准备工作涉及面广，因此除施工单位自身努力做好外，还要取得建设单位、监理单位、设计单位、供应单位、银行、行政主管部门、交通运输等的协作及相关单位的大力支持，以缩短施工准备工作的时间，争取早日开工。做到步调一致，分工负责，共同做好施工准备工作。

(四)施工准备工作的内容

施工准备工作的内容，视该工程本身及其具备的条件而异，有的比较简单，有的却十分复杂。例如，只有一个单项工程的施工项目和包含多个单项工程的群体项目，一般小型项目和规模庞大的大、中型项目，新建项目和改扩建项目，在未开发地区兴建的项目和在已开发地区兴建的项目等，都因工程的特殊需要和特殊条件而对施工准备工作提出各不相同的具体要求。

施工准备工作要贯穿整个施工过程的始终，根据施工顺序的先后，有计划、有步骤、分阶段进行。按准备工作的性质，施工准备工作大致归纳为六个方面：建设项目的调查研究、资料收集，劳动组织的准备，施工技术资料的准备，施工物资的准备，施工现场的准备，季节性施工的准备。

(五)施工准备工作的重要性

工程项目建设总的程序是按照计划、设计和施工三大阶段进行的，而施工阶段又分为施工准备、土建施工、设备安装、竣工验收等阶段。

施工准备工作的基本任务是为拟建工程的施工准备必要的技术和物质条件，统筹安排施工力量和合理布置施工现场。施工准备工作是施工企业搞好目标管理，推行技术经济承包的重要前提，同时，施工准备工作还是土建施工和设备安装顺利进行的根本保证。因此，认真做好施工准备工作，对于发挥企业优势、合理供应资源、加快施工速度、提高工程质量、降低工程成本、增加企业经济效益等具有重要的意义。

二、原始资料的调查与收集

原始资料是工程设计及施工组织设计的重要依据之一。原始资料的调查主要是对工程条件、工程环境特点和施工条件等施工技术与组织的基础资料进行调查，以此作为施工准备工作的依据。原始资料调查工作应有计划、有目的地进行，事先要拟定明确、详细的调查提纲。调查的范围、内容、要求等，应根据拟建工程的规模、性质、复杂程度、工期及对当地的熟悉了解程度而定。

原始资料调查的内容一般包括建设场址勘察和技术经济资料调查。

(一)建设场址勘察

建设场址勘察主要是了解建设地点的地形、地貌、地质、水文、气象以及场址周围环境和障碍物情况等。勘察结果一般可作为确定施工方法和技术措施的依据。

1. 地形、地貌勘察

地形、地貌勘察要求提供工程的建设规划图、区域地形图(1/25 000～1/10 000)、工程位置地形图(1/2 000～1/1 000)，该地区城市规划图、水准点及控制桩的位置、现场地形地貌特征、勘察高程及高差等。对地形简单的施工现场，一般采用目测和步测；对场地地形复杂的，可用测量仪器进行观测，也可向规划部门、建设单位、勘察单位等进行调查。这些资料可作为选择施工用地、布置施工总平面图、场地平整及土方量计算、了解障碍物及其数量的依据。

2. 工程地质勘察

工程地质勘察的目的是查明建设地区的工程地质条件和特征，包括地层构造、土层的类别及厚度、承载力及地震级别等。应提供的资料有：钻孔布置图；工程地质剖面图；土层类别、厚度；土壤物理力学指标，包括天然含水量、孔隙比、塑性指数、渗透系数、压缩试验及地基土强度等；地层的稳定性、断层滑块、流沙；最大冻结深度；地基土破坏情况等。工程地质勘察资料可为选择土方工程施工方法、地基土的处理方法以及基础施工方法提供依据。

3. 水文地质勘察

水文地质勘察所提供的资料主要有以下两个方面：

（1）地下水文资料：地下水最高、最低水位及时间，水的流速、流向、流量；地下水的水质分析及化学成分分析；地下水对基础有无冲刷、侵蚀影响等。所提供资料有助于选择基础施工方案、选择降水方法以及拟定防止侵蚀性介质的措施。

（2）地面水文资料：临近江河湖泊距工地的距离；洪水、平水、枯水期的水位、流量及航道深度；水质分析；最大最小冻结深度及结冻时间等。调查目的是为确定临时给水方案、施工运输方式提供依据。

4. 气象资料调查

气象资料一般可向当地气象部门进行调查，调查资料作为确定冬、雨期施工措施的依据。气象资料包括以下几个方面：

（1）降雨、降水资料：全年降雨量、降雪量；日最大降雨量；雨期起止日期；年雷暴日数等。

（2）气温资料：年平均、最高、最低气温；最冷、最热月及逐月的平均温度。

（3）风向资料：主导风向、风速、风的频率；大于或等于8级风全年天数，并应将风向资料绘成风玫瑰图。

5. 周围环境及障碍物调查

周围环境及障碍物调查包括施工区域现有建筑物、构筑物、沟渠、水井、树木、土堆、电力架空线路、地下沟道、人防工程、上下水管道、埋地电缆、煤气及天然气管道、地下杂填积坑、枯井等。

这些资料要通过实地踏勘，并向建设单位、设计单位等调查取得，可作为布置现场施工平面的依据。

（二）技术经济资料调查

技术经济调查的目的是查明建设地区地方工业、资源、交通运输、动力资源、生活福利设施等地区经济因素，获取建设地区技术经济条件资料，以便在施工组织中尽可能利用地方资源为工程建设服务，同时，也可作为选择施工方法和确定费用的依据。

1. 建设地区的能源调查

能源一般指水源、电源、气源等。能源资料可向当地城建、电力、燃气供应部门及建设单位等进行调查，主要用作选择施工用临时供水、供电和供气的方式，提供经济分析比较的依据。

能源调查内容主要有：施工现场用水与当地水源连接的可能性、供水距离、接管距离、地点、水压、水质及水费等资料；利用当地排水设施排水的可能性、排水距离、去向等；可供施工使用的电源位置、引入工地的路径和条件，可以满足的容量、电压及电费；建设单位、施工单位自有的发变电设备、供电能力；冬期施工时附近蒸汽的供应量、接管条件和价格；建设单位自有的供热能力；当地或建设单位提供煤气、压缩空气、氧气的能力和它们至工地的距离等。

2. 建设地区的交通调查

交通运输方式一般有铁路、公路、水路、航空等。交通资料可向当地铁路、交通运输和民航等管理局的业务部门进行调查。收集交通运输资料是为了调查主要材料及构件运输通道的情况，包括道路、街巷、途经的桥涵宽度、高度，允许载重量和转弯半径限制等资料。

有超长、超高、超宽或超重的大型构件、大型起重机械和生产工艺设备需整体运输时还要调查沿途架空电线、天桥的高度，并与有关部门商议避免大件运输对正常交通产生干扰的路线、时间及解决措施。所收集资料主要用作组织施工运输业务、选择运输方式、提供经济分析比较的依据。

3. 主要材料及地方资源调查

主要材料及地方资源调查的内容包括：三大材料（钢材、木材和水泥）的供应能力、质量、价格、运费情况；地方资源如石灰石、石膏石、碎石、卵石、河砂、矿渣、粉煤灰等能否满足建筑施工的要求；开采、运输和利用的可能性及经济合理性。这些资料可向当地计划、经济等部门进行调查，作为确定材料的供应计划、加工方式、储存和堆放场地及建造临时设施的依据。

4. 建筑基地情况调查

建筑基地情况调查主要调查建设地区附近有无建筑机械化基地、机械租赁站及修配站；有无金属结构及配件加工；有无商品混凝土搅拌站和预制构件等。这些资料可用来确定构配件、半成品及成品等货源的加工供应方式、运输计划和规划临时设施。

5. 社会劳动力和生活设施情况调查

社会劳动力和生活设施情况调查内容包括：当地能提供的劳动力人数、技术水平、来源和生活安排；建设地区已有的可供施工期间使用的房屋情况；当地主副食、日用品供应、文化教育、消防治安、医疗单位的基本情况以及能为施工提供的支援能力。这些资料是制定劳动力安排计划、建立职工生活基地、确定临时设施的依据。

6. 参与施工的各单位能力调查

参与施工的各单位能力调查内容包括：主要调查施工企业的资质等级、技术装备、管理水平、施工经验、社会信誉等有关情况。这些可作为了解总包单位、分包单位的技术及管理水平与选择分包单位的依据。

在编制施工组织设计时，为弥补原始资料的不足，有时还可借助一些相关的参考资料来作为编制依据，如冬、雨期参考资料，机械台班产量参考指标，施工工期参考指标等。这些参考资料可利用现有的施工定额、施工手册、施工组织设计实例或通过平时的施工实践活动来获得。

三、技术资料准备

技术资料准备即通常所说的室内准备（内业准备），是施工准备工作的核心，指导着现场施工准备工作，对于保证建筑产品质量、实现安全生产、加快工程进度、提高工程经济效益具有十分重要的意义。任何技术的差错或隐患都可能引起人身安全和质量事故，造成生命、财产和经济的巨大损失。因此，必须认真地做好技术资料准备工作。

（一）熟悉与审查设计图纸

熟悉与审查图纸可以保证能够按照设计图纸的要求进行施工；使从事施工和管理的工程技术人员充分了解和掌握设计图纸的设计意图、构造特点和技术要求；通过审查发现图纸中存在的问题和错误，为拟建工程的施工提供一份内容准确、齐全的设计图纸。

（1）熟悉图纸工作的组织。施工单位项目经理部收到拟建工程的设计图纸和有关技术文件后，应尽快组织有关的工程技术人员熟悉和自审图纸，写出自审图纸的记录。自审图纸的记录应包括对设计图纸的疑问和对设计图纸的有关建议，以便于图纸会审时提出。

(2)熟悉图纸的要求。

1)基础部分：核对建筑、结构、设备施工图中关于留口、留洞的位置及标高；地下室排水方向；变形缝及人防出口做法；防水体系的包圈与收头要求；特殊基础形式做法等。

2)主体部分：弄清建筑物、墙、柱与轴线的关系；主体结构各层所用的砂浆、混凝土强度等级；梁、柱的配筋及节点做法；悬挑结构的锚固要求；楼梯间的构造；卫生间的构造；对标准图有无特别说明和规定等。

3)屋面及装修部分：屋面防水节点做法；结构施工时应为装修施工提供的预埋件和预留洞；内外墙和地面等材料及做法；防火、保温、隔热、防尘、高级装修等的类型和技术要求。

4)设备安装工程部分：弄清设备安装工程各管线型号、规格及布置走向，各安装专业管线之间是否存在交叉和矛盾，建筑设备的型号、规格、尺寸是否正确，设备的位置及预埋件做法与土建是否存在矛盾。

(3)审查拟建工程的地点、建筑总平面图同国家、城市或地区规划是否一致，以及建筑物或构筑物的设计功能和使用要求是否符合环境卫生、防火及美化城市等方面的要求。

(4)审查设计图纸与说明书在内容上是否一致，以及设计图纸与其各组成部分之间有无矛盾和错误。

(5)审查设计图纸是否完整、齐全，以及是否符合国家有关工程建设的设计、施工方面的方针和政策。

(6)审查建筑总平面图与其他结构图在几何尺寸、坐标、标高、说明等方面是否一致，技术要求是否正确。

(7)审查地基处理与基础设计同拟建工程地点的工程水文、地质等条件是否一致，以及建筑物或构筑物与地下建筑物或构筑物、管线之间的关系。

(8)审查工业项目的生产工艺流程和技术要求，掌握配套投产的先后顺序和相互关系，以及设备安装图纸与其相配套的土建施工图纸上的坐标、标高是否一致；掌握土建施工质量是否满足设备安装的要求。

(9)明确拟建工程的结构形式和特点，复核主要承重结构的强度、刚度和稳定性是否满足设计要求，审查设计图纸中复杂、施工难度大和技术要求高的分部分项工程或新结构、新材料、新工艺。

(10)明确主要材料、设备的数量、规格、来源和供货日期，以及建设期限、分期分批投产或交付使用的顺序和时间。

(11)明确建设、设计和施工等单位之间的协作、配合关系，以及建设单位可以提供的施工条件。

(二)编制施工图预算和施工预算

在设计交底和图纸会审的基础上，施工组织设计已被批准，预算部门即可着手编制单位工程施工图预算和施工预算，以确定人工、材料和机械费用的支出，并确定人工数量、材料消耗数量及机械台班使用量等。

施工图预算是由施工单位主持，在拟建工程开工前的施工准备工作期间所编制的确定建筑安装工程造价的经济文件，是施工企业签订工程承包合同，工程结算，银行拨、贷款，进行企业经济核算的依据。

施工预算是根据施工图预算、施工图样、施工组织设计和施工定额等文件综合企业和工程实际情况所编制的，在工程确定承包关系以后进行，是施工单位内部经济核算和班组承包的依据。

（三）编制施工组织设计

施工组织设计是指导施工现场全过程的、规划性的、全局性的技术、经济和组织的综合性文件，是施工准备工作的重要组成部分。通过施工组织设计，能为施工企业编制施工计划及实施施工准备工作计划提供依据，保证拟建工程施工的顺利进行。

四、施工现场准备

施工现场是施工的全体参与者为了夺取优质、高速、低耗的目标，而有节奏、均衡、连续地进行建筑施工的活动空间。施工现场的准备即通常所说的室外准备(外业准备)，为工程创造有利于施工条件的保证，是保证工程按计划开工和顺利进行的重要环节，其工作应按照施工组织设计的要求进行。其主要内容有清除障碍物、三通一平、测量放线、搭设临时设施等。

（一）建设单位施工现场的准备工作

建设单位应按合同条款中约定的内容和时间完成以下工作：

(1)办理土地征用、拆迁补偿、平整施工场地等工作，使施工场地具备施工条件，在开工后继续负责解决以上事项遗留问题。

(2)将施工所需水、电、电信线路从施工场地外部接至专用条款约定地点，保证施工期间的需要。

(3)开通施工场地与城乡公共道路的通道，以及专用条款约定的施工场地内的主要道路，满足施工运输的需要，保证施工期间的畅通。

(4)向承包人提供施工场地的工程地质和地下管线资料，对资料的真实准确性负责。

(5)办理施工许可证及其他施工所需证件、批件和临时用地、停水、停电、中断道路交通、爆破作业等的申请批准手续(证明承包人自身资质的文件除外)。

(6)确定水准点与坐标控制点，以书面形式交给承包人，进行现场交验。

(7)协调处理施工场地周围地下管线和邻近建筑物、构筑物(包括文物保护建筑)、古树名木的保护工作，承担有关费用。

（二）施工单位现场的准备工作

施工单位现场准备工作即通常所说的室外准备，施工单位应按合同条款中约定的内容和施工组织设计的要求完成以下工作。

(1)根据工程需要，提供和维护非夜间施工使用的照明、围栏设施，并负责安全保卫。

(2)按专用条款约定的数量和要求，向发包人提供施工场地办公和生活的房屋及设施，发包人承担由此发生的费用。

(3)遵守政府有关主管部门对施工场地交通、施工噪声以及环境保护和安全生产等的管理规定，按规定办理有关手续，并以书面形式通知发包人，发包人承担由此发生的费用，因承包人责任造成的罚款除外。

(4)按条款约定做好施工场地地下管线和邻近建筑物、构筑物(包括文物保护建筑)、古树名木的保护工作。

(5)保证施工场地清洁，符合环境卫生管理的有关规定。

(6)建立测量控制网。

(7)工程用地范围内的"七通一平"，其中平整场地工作应由其他单位承担，但建设单位也可要求施工单位完成，费用仍由建设单位承担。

(8)搭设现场生产和生活用地临时设施。

(三)施工现场准备的主要内容

1. 清除障碍物

施工场地内的一切障碍物，无论是地上的还是地下的，都应在开工前清除。这一工作通常由建设单位完成，有时也委托施工单位完成。拆除时，一定要摸清情况，尤其是在老城区内，由于原有建筑物和构筑物情况复杂，而且资料不全，在清除前应采取相应的措施，防止事故发生。

对于房屋，一般只要把水源、电源切断后即可进行拆除。若房屋较大、较坚固，则有可能采用爆破的方法，这需要由专业的爆破作业人员来承担，并且须经有关部门批准。

架空电线(电力、通信)、埋地电缆(包括电力、通信)、自来水管、污水管、煤气管道等的拆除，都要与有关部门取得联系办好手续，一般最好由专业公司拆除。场内的树木需报请园林部门批准方可砍伐。

拆除障碍物后，留下的渣土等杂物都应清除出场外。运输时，应遵守交通、环保部门的有关规定，运土的车辆要按指定的路线和时间行驶，并采取封闭运输车辆或在渣土上直接洒水等措施，以免渣土飞扬而污染环境。

2. 做好"七通一平"

在工程用地范围内，接通施工用水、用电、道路和平整场地的工作，简称三通一平。其实，工地上实际需要的往往不只是水通、电通、路通，有的工地还需要供应蒸汽、架设热力管线，称为"热通"；通煤气，称为"气通"；通电话作为联络通信工具，称为"电信通"；还可能因为施工中的特殊要求，还有其他的"通"，通常，把"路通""给水通""排水通""排污通""电通""电信通""蒸汽及煤气通"称为七通。一平指的是场地平整。一般而言，最基本的还是三通一平。

3. 测量放线

按照设计单位提供的建筑总平面图及接收施工现场时建设方提交的施工场地范围、规划红线桩、工程控制坐标桩和水准基桩进行施工现场的测量与定位。这一工作是确定拟建工程平面位置的关键，施测中必须保证精度、杜绝错误。

施工时应根据建设单位提供的由规划部门给定的永久性坐标和高程，按建筑总图上的要求，进行现场控制网点的测量，妥善设立现场永久性标准，为施工全过程的投测创造条件。

在测量放线前，应做好检验校正仪器、校核红线桩(规划部门给定的红线，在法律上起着控制建筑用地的作用)与水准点，制定测量放线方案(如平面控制、标高控制、沉降观测和竣工测量等)等工作。如发现红线桩和水准点有问题，应提请建设单位处理。

施工测量放线简介

建筑物应通过设计图中的平面控制轴线来确定其轮廓位置，测定后提交有关部门和建设单位验线，以保证定位的准确性。沿红线的建筑物，还要由规划部门验线，以防止建筑物压红线或超红线，为正常顺利施工创造条件。

4. 搭建临时设施

现场生活和生产用地临时设施，在布置安装时，要遵照当地有关规定进行规划布置，如房屋的间距、标准是否符合卫生和防火要求，污水和垃圾的排放是否符合环境的要求等。因此，临时建筑平面图及主要房屋结构图都应报请城市规划、市政、消防、交通、环境保护等有关部门审查批准。

为了施工方便和行人的安全，对于指定的施工用地的周界，应用围墙围护起来。围墙的形式和材料应符合市容管理的有关规定和要求，并在主要出入口设置标牌，标明工地名称、施工单位、工地负责人等。各种生产、生活用的临时设施，均应按批准的施工组织设计规定的数量、标准、面积、位置等要求组织搭建，不得乱搭乱建，并尽可能利用原有建筑物，减少临时设施的搭设，以便节约用地，节约投资。

各种生产、生活用的临时设施，包括各种仓库、混凝土搅拌站、预制构件场、机修站、各种生产作业棚、办公用房、宿舍、食堂、文化生活设施等，均应按批准的施工组织设计规定的数量、标准、面积、位置等要求组织修建。大、中型工程可分批分期修建。

5. 组织施工机具进场、安装和调试

按照施工机具需要量计划，分期分批组织施工机具进场，根据施工总平面布置图，将施工机具安置在规定的地点或存储的仓库内。对于固定的机具要进行就位、搭设防护棚、接电源、保养和调试等工作。对所有施工机具，都必须在开工前进行检查和试运转。

6. 组织材料、构配件制品进场存储

按照材料、构配件、半成品的需要量计划组织物资、周转材料进场，并依据施工总平面图规定的地点和指定的方式进行储存和定位堆放。同时，按进场材料的批量，依据材料试验、检验要求，及时采样并提供建筑材料的试验申请计划，严禁不合格的材料存储在现场。

五、物资准备

施工物资准备是指施工中必须有的劳动手段（施工机械、工具、临时设施）和劳动对象（材料、配件、构件）等的准备，是一项较为复杂而又细致的工作，建筑施工所需的材料、构（配）件、机具和设备品种多且数量大，能否保证按计划供应，对整个施工过程的工期、质量和成本，起着举足轻重的作用。各种施工物资只有运到现场并有必要的储备后，才具备必要的开工条件。因此，要将这项工作作为施工准备工作的一个重要方面来抓。施工管理人员应尽早计算出各阶段对材料、施工机械、设备、工具等的需用量，并说明供应单位、交货地点、运输方式等，特别是对预制构件，必须尽早从施工图中摘录出构件的规格、质量、品种和数量，制表造册，向预制加工厂订货并确定分笔交货清单、交货地点及时间，对大型施工机械、辅助机械及设备要精确计算工作日，并确定进场时间，做到进场后立即使用，用毕立即退场，提高机械利用率，节省机械台班费及停留费。

物资准备的具体内容有建筑材料的准备、预制构件和商品混凝土的准备、施工机具的准备、模板和脚手架的准备、生产工艺设备的准备等。

（一）基本建筑材料的准备

基本建筑材料的准备包括"三材"、地方材料和装饰材料的准备。准备工作应根据材料的需用量计划，组织货源，确定物资加工、供应地点和供应方式，签订物资供应合同。材料的储备应根据施工现场分期分批使用材料的特点，按照以下原则进行材料的储备：

首先，应按工程进度分期、分批进行，现场储备的材料多了会造成积压，增加材料保管的负担，同时也占用过多流动资金，储备少了又会影响正常生产，所以材料的储备应合理、适宜。

其次，做好现场保管工作，以保证材料的数量和原有的使用价值。

再次，现场材料的堆放应合理，现场储备的材料，应严格按照施工平面布置图的位置堆放，以减少二次搬运，且应堆放整齐，标明标牌，以免混淆，另外，也应做好防水、防潮、易碎材料的保护工作。

最后，应做好技术试验和检验工作，对于无出厂合格证明和没有按规定测试的原材料，一律不得使用，不合格的建筑材料和构件，一律不准出厂和使用，特别对于没有把握的材料或进口原材料、某些再生材料的储备更要严格把关。

（二）拟建工程所需构（配）件、制品的加工准备

工程项目施工中需要大量的预制构（配）件、门窗、金属构件、水泥制品以及卫生洁具等，

这些构件、配件必须事先提出订制加工单。对于采用商品混凝土现浇的工程，则先要到生产单位签订供货合同，注明品种、规格、数量、需要时间及送货地点等。

(三)施工机具的准备

根据采用的施工方案，安排施工进度，确定施工机械的类型、数量和进场时间。确定施工机具的供应办法和进场后的存放地点和方式，编制建筑安装机具的需要量计划，为组织运输、确定堆场面积等提供依据。其主要内容如下：

(1)根据施工进度计划及施工预算所提供的各种构配件及设备数量，做好加工翻样工作，并编制相应的需用量计划。

(2)根据需用量计划，向有关厂家提出加工订货计划要求，并签订订货合同。

(3)对施工企业缺少且需要的施工机具，应与有关部门签订订购和租赁合同，以保证施工需要。

(4)对于大型施工机械(如塔式起重机、挖土机、桩基设备等)的需求量和时间，应向有关方面(如专业分包单位)联系，提出要求，在落实后签订有关分包合同，并为大型机械按期进场做好现场有关准备工作。

(5)安装、调试施工机具，按照施工机具需要量计划，组织施工机具进场，根据施工总平面图将施工机具安置在规定的地方或仓库。对施工机具要进行就位、搭棚、接电源、保养、调试工作。对所有施工机具都必须在使用前进行检查和试运转。

(四)模板和脚手架的准备

模板和脚手架是施工现场使用量大、堆放占地最大的周转材料。模板及其配件规格多、数量大，对堆放场地要求比较高，一定要分规格、型号整齐码放，便于使用及维修；大钢模一般要求立放，并防止倾倒，在现场也应规划出必要的存放场地；钢管脚手架、桥脚手架、吊篮脚手架等都应按指定的平面位置堆放整齐，扣件等零件还应防雨，以防锈蚀。

(五)生产工艺设备的准备

订购生产用的生产工艺设备，要注意交货时间与土建施工进度密切配合，因为某些庞大设备的安装往往要与土建施工穿插进行，土建施工全部完成或封顶后，安装会有困难，故各种设备的交货时间要与安装时间密切配合，以免影响建设工期。准备时按照拟建工程生产工艺流程及工艺设备的布置图提出工艺设备的名称、型号、生产能力和需要量，确定分期分批进场时间和保管方式，编制工艺设备需要量计划，为组织运输、确定堆场面积提供依据。

六、其他施工准备

(一)资金准备

施工项目的实施需要耗费大量的资金，在施工过程中可能会遇到资金不到位的情况，包括资金的时间不到位和数量不到位，这就要求施工企业认真进行资金准备。资金准备工作具体内容主要有：编制资金收入计划；编制资金支出计划；筹集资金；掌握资金贷款、利息、利润、税收等情况。

(二)做好分包工作

大型土石方工程、结构安装工程以及特殊构筑物工程的施工等，若需实行分包的，则需在施工准备工作中依据调查中了解的有关情况，选定理想的协作单位。根据欲分包工程的工程量、完工日期、工程质量要求和工程造价等内容，签订分包合同。进行工程分包必须按照有关法规执行。

(三)向主管部门提交开工申请报告

在进行相应施工准备工作的同时，若具备开工条件，应该及时填写开工申请报告，并上报主管部门以获得批准。

(四)冬期施工各项准备工作

1. 合理安排冬期施工项目

为了更好地保证工程施工质量、合理控制施工费用，从施工组织安排上要综合研究，明确冬期施工的项目，做到冬期不停工，而冬期采取的措施费用增加较少。

2. 落实各种热源供应和管理

热源供应和管理包括各种热源供应渠道、热源设备和冬期用的各种保温材料的存储和供应，司炉工培训等工作。

3. 做好测温工作

冬期施工昼夜温差较大，为保证施工质量，在整个冬期施工过程中项目部要组织专人进行测温工作，每日实测室外最低温度、最高温度、砂浆温度，并负责把每天测温情况通知工地负责人。出现异常情况立即采取措施，测温记录最后由技术员归入技术档案。

4. 做好保温防冻工作

冬期来临前，为保证室内其他项目能顺利施工，应做好室内的保温施工项目，如先完成供热系统，安装好门窗玻璃等项目；室外各种临时设施要做好保温防冻，如防止给水排水管道冻裂；防止道路积水结冰，及时清扫道路上的积雪，以保证运输顺利。

5. 加强安全教育，严防火灾发生

为确保施工质量，避免事故发生，要做好职工培训及冬期施工的技术操作和安全施工的教育，要有防火安全技术措施，并经常检查落实，保证各种热源设备完好。

(五)雨期施工各项准备工作

1. 防洪排涝，做好现场排水工作

施工现场雨期来临前，应做好防洪排涝准备，做好排水沟渠的开挖，准备好抽水设备，防止因场地积水和地沟、基槽、地下室等浸水而造成损失。

2. 做好雨期施工安排，尽量避免雨期窝工造成的损失

一般情况下，在雨期到来前，应多安排完成基础、地下工程，土方工程，室外及屋面工程等不宜在雨期施工的项目；多留些室内工作在雨期施工。将不宜在雨期施工的工程提前或延后安排，对必须在雨期施工的工程制定有效措施，晴天抓紧室外作业，雨天安排室内工作。注意天气预报，做好防汛准备，遇到大雨、大雾、雷击和6级以上大风等恶劣天气，应当停止进行露天高处、起重吊装和打桩等作业。

3. 做好道路维护，保证运输畅通

雨期前检查道路边坡排水，适当提高路面，防止路面凹陷，保证运输畅通。

4. 做好物资的存储

雨期到来前，材料、物资应多存储，减少雨期运输量，以节约费用。要准备必要的防雨器材，库房四周要有排水沟渠，以防物资淋雨浸水而变质。

5. 做好机具设备等防护

雨期施工，对现场的各种设施、机具要加强检查，特别是脚手架、垂直运输设施等，要采取防倒塌、防雷击、防漏电等一系列技术措施。

6. 加强施工管理，做好雨期施工的安全教育

要认真编制雨期施工技术措施，并认真组织贯彻实施。加强对职工的安全教育，防止各种事故发生。

7. 加固整修临时设施及其他准备工作

(1)施工现场的大型临时设施在雨期前应整修加固完毕，保证不漏、不塌、不倒和周围不积水，严防水冲入设施内。选址要合理，避开易发生滑坡、泥石流、山洪、坍塌等灾害的地段。大风和大雨后，应当检查临时设施地基和主体结构情况，发现问题及时处理。

(2)雨后应及时对坑槽沟边坡和固壁支撑结构进行检查，深基坑应当派专人进行认真测量，观察边坡情况，如果发现边坡有裂缝、疏松，支撑结构折断、移动等危险征兆，应当立即采取处理措施。

(3)雨期施工中遇到气候突变，如暴雨造成水位暴涨、山洪暴发或因雨发生坡道打滑等。

(4)雷雨天气不得进行露天电力爆破土石方工作，如中途遇到雷电，应迅速将雷管的脚线、电线主线两端连成短路。

(5)大风、大雨后作业应检查起重机械设备的基础、塔身的垂直度、缆风绳和附着结构以及安全保险装置，并先试吊，确认无异常后方可作业。

(6)落地式钢管脚手架底部应当高于自然地坪 50 mm，并夯实整平，留一定的散水坡度在周围设置排水措施，防止雨水浸泡。

(7)遇到大雨、大雾、高温、雷击和 6 级以上大风等恶劣天气，应停止搭设和拆除作业。

(8)大风、大雨后要组织人员检查脚手架是否牢固，如有倾斜、下沉、松扣、崩扣和安全网脱落、开绳等现象，要及时进行处理。

(六)夏期施工各项准备工作

夏期施工最显著的特点就是环境温度高、相对湿度较小、雨水较多，所以要认真编制夏期施工的安全技术施工预案，认真做好各项准备工作。

1. 编制夏期施工项目的施工方案，并认真组织贯彻实施

根据施工生产的实际情况，积极采取行之有效的防暑降温措施，充分发挥现有降温设备的功能，添置必要的设施，并及时做好检查维修工作。

2. 现场防雷装置的准备

(1)防雷装置设计应取得当地气象主管机构核发的《防雷装置设计核准意见书》。

(2)待安装的防雷装置应符合国家有关标准和国务院气象主管机构规定的使用要求，并具备出厂合格证等证明文件。

(3)从事防雷装置的施工单位和施工人员应具备相应的资质证或资格证书，并按照国家有关标准和国务院气象主管机构规定进行施工作业。

(七)施工人员防暑降温的准备

(1)关心职工的生产、生活，确保职工劳逸结合，严格控制加班时间。入暑前，抓紧做好高温、高空作业工人的体检，对不适合高温、高空作业者，应适当调换其工作。

(2)施工单位在安排施工作业任务时，要根据当地的天气特点尽量调整作息时间，避开高温时段，采取各种措施保证职工得到良好的休息，保持良好的精神状态。

(3)施工单位要确保施工现场的饮用水供应，适当提供部分含盐饮料或绿豆汤，必须保证饮品的清洁卫生，保证施工人员有足量的饮用水供应。及时发放藿香正气水、人丹、十滴水、清凉油等防暑药物，防止中暑和传染疾病的发生。

（4）密闭空间作业，要避开高温时段进行，必须进行时要采取通风等降温措施，采取轮换作业方式，每班作业 15～20 分钟，并设立专职监护人。长时间露天作业，应采取搭设防晒棚及其他防晒措施。

（5）对患有高温禁忌证的人员要适当调整其工作时间或岗位，避开高温环境和高空作业。

（八）劳动组织的准备

1. 建立施工项目的组织机构

施工项目组织机构的建立应遵循的原则：根据工程规模、结构特点和复杂程度，确定施工组织的领导机构名额和人选；坚持合理分工与密切协作相结合的原则；把有施工经验、有创新精神、工作效率高的人选入领导机构；认真执行因事设职、因职选人。

对于一般单位工程，可设一名工地负责人，再配施工员、质检员、安全员及材料员等；对大型的单位工程或群体项目，则需配备一套班子，包括技术、材料、计划等管理人员。

2. 建立精干的施工队伍

施工队伍的建立要认真考虑专业、工种的合理配合，技工、普工的比例要满足合理的劳动组织及流水施工组织方式的要求，建立施工队组（专业施工队组，或混合施工队组）要坚持合理、精干高效的原则；人员配置要从严控制二、三线管理人员，力求一专多能、一人多职，同时，制定出该工程的劳动力需要量计划。

3. 集结施工力量，组织劳动力进场

工地领导机构确定之后，按照开工日期和劳动力需要量计划，组织劳动力进场。同时，要进行安全、防火和文明施工等方面的教育，并安排好职工的生活。

4. 建立健全各项管理制度

由于工地的各项管理制度直接影响其各项施工活动的顺利进行，因此必须建立健全工地的各项管理制度。一般管理制度包括：工程质量检查与验收制度；工程技术档案管理制度；建筑材料（构件、配件、制品）的检查验收制度；技术责任制度；施工图纸学习与会审制度；技术交底制度；职工考勤、考核制度；工地及班组经济核算制度；材料出入库制度；安全操作制度；机具使用保养制度。

5. 基市施工班组的确定

基本施工班组应根据工程的特点、现有的劳动力组织情况及施工组织设计的劳动力需要量计划来确定选择。各有关工种工人的合理组织，一般有以下几种参考形式：

（1）砖混结构的房屋。砖混结构的房屋采用混合班组施工的形式较好。在结构施工阶段，主要是砌筑工程。应以瓦工为主，配备适量的架子工、木工、钢筋工、混凝土工以及小型机械工等。装饰阶段则以抹灰工、油漆工为主，配备适当的木工、管道工和电工等。

这些混合施工队的特点是：人员配备较少，工人以本工种为主兼做其他工作，工序之间的衔接比较紧凑，因而劳动效率较高。

（2）全现浇结构房屋。全现浇结构房屋采用专业施工班组的形式较好。主体结构要浇灌大量的钢筋混凝土，故模板工、钢筋工、混凝土工是其主要工种。装饰阶段须配备抹灰工、油漆工、木工等。

（3）预制装配式结构房屋。预制装配式结构房屋采用专业施工班组的形式较好。这种结构的施工以构件吊装为主，故应以吊装起重工为主。因焊接量较大，电焊工要充足，并配以适当的木工、钢筋工、混凝土工，同时，根据填充墙的砌筑量配备一定数量的瓦工。装修阶段须配备抹灰工、油漆工、木工等专业班组。

6. 做好分包或劳务安排

由于建筑市场的开放，用工制度的改革，施工单位仅仅靠自身的基本队伍来完成施工任务已非常困难，因此往往要联合其他建筑队伍(一般称外包施工队)共同完成施工任务。

(1)外包施工队独立承担单位工程的施工。对于有一定的技术管理水平、工种配套并拥有常用的中、小型机具的外包施工队伍，可独立承担某一单位工程的施工。在经济上，可采用包工、包材料消耗的方法，企业只需抽调少量的管理人员对工程进行管理，并负责提供大型机械设备、模板、架设工具及供应材料。

(2)外包施工队承担某个分部(分项)工程的施工。外包施工队承担某个分部(分项)工程的施工，实质上只是单纯提供劳务，而管理人员以及所有的机械和材料，均由本企业负责提供。

(3)临时施工队伍与本企业队伍混编施工。临时施工队伍与本企业队伍混编施工，是指将本身不具备施工管理能力，只拥有简单的手动工具，仅能提供一定数量的个别工种的施工队伍，编排在本企业施工队伍之中，指定一批技术骨干带领他们操作，以保证质量和安全，共同完成施工任务。

使用临时施工队伍时，要进行技术考核，达不到技术标准、质量没有保证的不得使用。

7. 做好施工队伍的教育

施工前，企业要对施工队伍进行劳动纪律、施工质量和安全教育，要求本企业职工和外包施工队人员必须做到遵守劳动时间，坚守工作岗位，遵守操作规程，保证产品质量，保证施工工期及安全生产，服从调动，爱护公物。同时，企业还应做好职工、技术人员的培训和技术更新工作，只有不断提高职工、技术人员的业务技术水平，才能从根本上保证建筑工程质量，不断提高企业的竞争力。另外，对于某些采用新工艺、新结构、新材料、新技术的工程，应该先将有关的管理人员和操作工人组织起来培训，使之达到标准后再上岗操作。这也是施工队伍准备工作的内容之一。

本章小结

本章主要介绍了建设项目与基本建设程序、建筑产品与建筑施工的特点、施工组织概述、施工准备工作，通过本章的学习使学生对课程的研究对象、任务、作用、分类等有一个清晰的认识。并且在介绍建筑工程施工准备工作的重要性、分类及要求的基础上，主要介绍了原始资料的调查与收集、技术资料准备、施工现场准备及物资准备等，所准备内容必须责任落实到部门和个人，实行检查制度，做到万无一失，使施工顺利进行。

思考与练习

一、填空题

1. 建设项目按其组成内容从大到小分解为 _____、_____、_____ 和_____ 等。

2. 项目建议书是_____向主管部门提出的要求建设某一项目的建议性文件。

3. 技术上比较复杂和缺少设计经验的项目采用三阶段设计，即_____、_____、_____ 。

4. 施工组织设计按编制对象范围的不同可分为_____、_____、_____ 三种。

5. 按工程所处施工阶段分类，施工准备工作可分为_____和_____。

二、选择题

1. 关于基本建设程序的顺序，正确的是( )。
   A. 项目建议书→勘察设计→可行性研究→施工准备→建设实施→竣工验收→后评价
   B. 项目建议书→可行性研究→施工准备→勘察设计→建设实施→竣工验收→后评价
   C. 项目建议书→可行性研究→勘察设计→施工准备→建设实施→竣工验收→后评价
   D. 项目建议书→可行性研究→勘察设计→施工准备→建设实施→后评价→竣工验收

2. 下列不是建筑产品的特点的是( )。
   A. 建筑产品的固定性
   B. 建筑产品的统一性
   C. 建筑产品体积的庞大性
   D. 建筑产品的综合性

3. 单项(位)工程施工组织设计是以( )为对象编制的。
   A. 一个单项工程
   B. 一个单位工程
   C. 一个单项或一个单位工程
   D. 一个单项和一个单位工程

4. 关于施工组织设计的编制步骤，正确的是( )。
   A. 计算工程量→确定施工方案→组织流水作业，排定施工进度→计算各种资源的需要量和确定供应计划→平衡人工、材料物资和施工机械的需要量并修正进度计划→设计施工平面图
   B. 确定施工方案→计算工程量→组织流水作业，排定施工进度→计算各种资源的需要量和确定供应计划→平衡人工、材料物资和施工机械的需要量并修正进度计划→设计施工平面图
   C. 计算工程量→组织流水作业，排定施工进度→确定施工方案→计算各种资源的需要量和确定供应计划→平衡人工、材料物资和施工机械的需要量并修正进度计划→设计施工平面图
   D. 计算工程量→确定施工方案→组织流水作业，排定施工进度→平衡人工、材料物资和施工机械的需要量并修正进度计划→计算各种资源的需要量和确定供应计划→设计施工平面图

三、简答题

1. 我国的基本建设程序可分为哪几个阶段？
2. 项目建议书的内容一般包括哪几个方面？
3. 建筑施工程序一般可划分为哪几个阶段？
4. 简述施工组织设计的任务和作用。
5. 技术资料需准备哪些？

第二章　流水施工原理与应用

1. 了解流水施工的组织方式、表达方式；了解组织流水施工的条件；掌握流水施工的基本参数及其计算方法。

2. 了解等节奏流水施工、异节奏流水施工、无节奏流水施工的施工特点；掌握等节奏流水施工、异节奏流水施工、无节奏流水施工主要参数的确定和施工组织方法。

1. 根据收集到的资料，进行小组探讨，能合理划分分部分项工程、施工段数目，确定班组人数，计算施工工期。

2. 能够将流水施工原理应用在实际工程中，熟练绘出横道计划图。

第一节　流水施工的基本概念

一、流水施工的概念

流水施工方法是组织施工的一种科学方法。它来源于工业生产中的"流水作业"，但两者又有所区别。工业生产中，原料、配件或工业产品在生产线上流动，工人与生产设备的位置保持相对固定；而建筑产品生产过程中，工人与生产机具在建筑物的空间上进行移动，而建筑产品的位置是固定不动的。

流水施工即建筑施工流水作业，是指由固定组织的施工人员，在若干个工作性质相同的施工区域中依次连续地工作的一种施工组织方式。流水施工能使工地的各种业务组织安排比较合理，充分利用工作时间和操作空间，保证工程连续和均衡施工，缩短工期，还可以降低工程成本和提高经济效益。它是施工组织设计中编制施工进度计划、调配劳动力、提高建筑施工组织与管理水平的理论基础。

二、施工组织方式

工程项目的施工组织方式根据其工程特点、平面及空间布置、工艺流程等要求，可以采用依次施工、平行施工、流水施工等方式组织施工。

1. 依次施工

依次施工组织方式是将拟建工程项目中的每一个施工对象分解为若干个施工过程，按施工工艺要求依次完成每一个施工过程；当一个施工对象完成后，再按同样的顺序完成下一个施工对象，依次类推，直至完成所有施工对象。它是一种最基本、最原始的施工组织方式。

拟兴建四幢相同的建筑物，其编号分别为 A、B、C、D。它们的基础工程量都相等，而且均由挖土方、做垫层、砌基础和回填土等四个施工过程组成，每个施工过程在每幢建筑物中的施工天数均为 5 天。其中，挖土方时，工作队由 8 人组成；做垫层时，工作队由 6 人组成；砌基础时，工作队由 14 人组成；回填土时，工作队由 5 人组成。按依次施工组织方式施工，其施工进度计划如图 2-1 中"依次施工"栏所示。

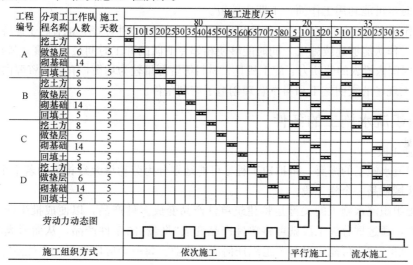

图 2-1　施工组织方式

由图 2-1 可以看出，依次施工组织方式具有以下特点：

(1)施工时没有充分利用工作面，工期长。

(2)如果按专业成立工作队，则各专业队不能连续作业，有时间间隙，劳动力及施工机具等资源无法均衡使用。

(3)如果由一个工作队完成全部施工任务，则不能实现专业化施工，不利于提高劳动生产率和工程质量。

(4)单位时间内投入的劳动力、施工机具、材料等资源量较少，有利于资源供应的组织。

(5)施工现场的组织、管理比较简单。

2. 平行施工

平行施工组织方式是组织几个劳动组织相同的工作队，在同一时间、不同的空间按施工工艺要求完成各施工对象。

在前面例子中，如果采用平行施工组织方式，其施工进度计划如图 2-1 中"平行施工"栏所示。由图 2-1 可以看出，平行施工组织方式具有以下特点：

(1)施工时充分利用工作面，工期短。

(2)如果每一个施工对象均按专业成立工作队，则各专业队不能连续作业，劳动力及施工机具等资源无法均衡使用。

（3）如果由一个工作队完成一个施工对象的全部施工任务，则不能实现专业化施工，不利于提高劳动生产率和工程质量。

（4）单位时间内投入的劳动力、施工机具、材料等资源量成倍增加，不利于资源供应的组织。

（5）施工现场的组织、管理比较复杂。

3. 流水施工

流水施工组织方式是将拟建工程项目中的每一个施工对象分解为若干个施工过程并按照施工过程成立相应的专业工作队，各专业工作队按照施工顺序依次完成各个施工对象的施工过程，同时保证施工在时间和空间上连续、均衡和有节奏地进行，使相邻两专业队能最大限度地搭接作业。在前面例子中，如果采用流水施工组织方式，其施工进度计划如图 2-1 中"流水施工"栏所示。由图 2-1 可以看出，流水施工方式具有以下特点：

（1）施工时尽可能利用工作面，工期比较短。

（2）各工作队实现了专业化施工，有利于提高技术水平和劳动生产率，也有利于提高工程质量。

（3）专业工作队能够连续施工，同时能够使相邻专业队的开工时间最大限度地搭接。

（4）单位时间内投入的劳动力、施工机具、材料等资源量较为均衡，有利于资源供应的组织。

（5）为施工现场的文明施工和科学管理创造了有利条件。

三、组织流水施工的条件

1. 划分施工段

根据组织流水施工的需要，将拟建工程尽可能地划分为劳动量大致相等的若干个施工区域，每一个施工区域就是一个施工段。

建筑工程组织流水施工的关键是将建筑单件产品变成多件产品，以便成批生产。由于建筑产品体型庞大，通过划分施工段就可将单件产品变成"批量"的多件产品，从而形成流水作业的前提。没有"批量"就不可能也没必要组织任何流水作业。每一个区段就是一个假定"产品"。

2. 划分施工过程

划分施工过程是把拟建工程的整个建造过程分解为若干个施工过程。划分施工过程的目的是对施工对象的建造过程进行分解，以便逐一实现局部对象的施工，从而使施工对象整体施工得以实现。

3. 每一个施工过程组织独立的施工班组

在一个流水分部中，每个施工过程尽可能组织独立的施工班组，其形式可以是专业班组，也可以是混合班组，这样可使每个施工班组按施工顺序，依次、连续、均衡地从一个施工段转移到另一个施工段进行相同的操作。

4. 主要的施工过程必须连续、均衡地施工

主要施工过程是指工程量较大、作业时间长的施工过程。对于主要的施工过程必须连续、均衡地施工；对其他次要施工过程，可考虑与相邻的施工过程合并，若不能合并，为缩短工期，可安排间断施工。

5. 不同施工过程之间尽可能组织平行搭接施工

不同施工过程之间在工作时间和工作空间上有搭接。在有工作面的条件下，除必要的技术和组织间歇时间外，应尽可能组织平行搭接。

四、流水施工的表达方式

流水施工的表示方法一般有横道图、垂直图和网络图三种，其中最直观且易于接受的是横

道图。网络图表示方法可参看本书后面的有关章节，这里仅介绍前两种方法。

1. 横道图

（1）横道图表示方法。横道图也称甘特图，它是以图示的方式来表示各项工作的活动顺序和持续时间。在横道图中，横坐标表示施工过程的持续时间，纵坐标表示各施工过程的名称或编号，一条横线条代表一个施工过程，横线条的长度表示作业时间的长短，横线条上的数字表示施工段。如某一混凝土工程，划分为绑扎钢筋、支设模板、浇筑混凝土三个施工过程，每一施工过程划分为四个施工段，其流水施工的进度横道图如图2-2所示。

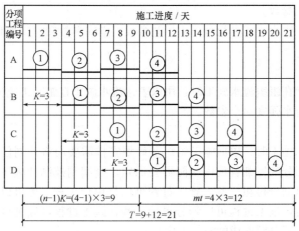

图 2-2 流水施工的横道图表示方法

T—流水施工的计算总工期；n—施工段的数目；

m—施工过程或专业工作队的数目；t—流水节拍；

K—流水步距，此图 $K=t$

（2）横道图表示法的优缺点。由于横道图绘图简单，施工过程及其先后顺序表达清楚，时间和空间状况形象直观，使用方便，因而被广泛用来表达施工进度计划。但其不容易分辨计划内部工作之间的逻辑关系，一项工作的变动对其他工作或整个计划的影响不能清晰地反映出来，因而其一般直接运用于一些简单的较小项目的施工进度计划。

2. 垂直图

（1）垂直图表示方法。某工程流水施工的垂直图表示方法如图2-3所示。图中的横坐标表示流水施工的持续时间；纵坐标表示流水施工所处的空间位置，即施工段的编号。n 条斜向线段表示 m 个施工过程或专业工作队的施工进度。

（2）垂直图表示法的优缺点。垂直图施工过程及其先后顺序表达清楚，时间和空间状况形象直观，斜向进度线的斜率可以直观地表示出各施工过程的进展速度，但编制实际工程进度计划不如横道图方便。

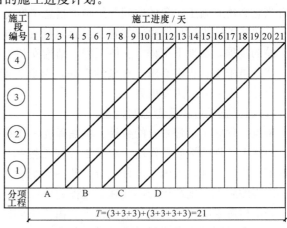

图 2-3 流水施工的垂直图表示方法

T—流水施工的计算总工期

第二节 流水施工的基本参数

在组织流水施工时，用以表达流水施工在工艺流程、空间布置和时间排列等方面开展状态的数据，称为流水施工参数。

按其性质的不同，流水施工参数可分为工艺参数、空间参数和时间参数三种。

一、工艺参数

工艺参数主要是指在组织流水施工时，用以表达流水施工在施工工艺方面进展状态的参数，通常包括施工过程和流水强度两个参数。

1. 施工过程

组织建设工程流水施工时，根据施工组织及计划安排需要而将计划任务划分成的子项称为施工过程。施工过程划分的粗细程度因实际需要而定。当编制控制性施工进度计划时，组织流水施工的施工过程可以划分得粗一些，施工过程可以是单位工程，也可以是分部工程；当编制实施性施工进度计划时，施工过程可以划分得细一些，施工过程可以是分项工程，甚至是将分项工程按照专业工种不同分解而成的施工工序。

(1)施工过程的划分。施工过程的数目一般用 n 表示，它是流水施工的主要参数之一。根据其性质和特点的不同，施工过程一般分为三类，即制备类施工过程、运输类施工过程和建造类施工过程。

1)制备类施工过程。制备类施工过程是指为了提高建筑产品的装配化、工厂化、机械化和生产能力而形成的施工过程，如砂浆、混凝土、构配件、制品和门窗框扇等的制备过程。

2)运输类施工过程。运输类施工过程是指将建筑材料、构配件、(半)成品、制品和设备等运到项目工地仓库或现场操作使用地点而形成的施工过程。

上述两类施工过程一般不占用施工对象的空间，不影响项目总工期，在进度表上不反映；只有当它们用有施工对象的空间并影响项目总工期时，才列入项目施工进度计划中。

3)建造类施工过程。建造类施工过程是指在施工对象的空间上，直接进行加工最终形成建筑产品的过程，如地下工程、主体工程、结构安装工程、屋面工程和装饰工程等施工过程。

建造类施工过程占有施工对象的空间，影响工期的长短，必须列入项目施工进度表，而且是项目施工进度表的主要内容。

(2)划分施工过程需考虑的因素。

单位工程施工过程划分的数目、粗细程度、合并或分解，主要考虑以下因素：

1)施工计划的性质及作用。对于工程施工控制计划、长期计划及建筑群体施工工期长的工程的施工进度计划，其施工过程划分可粗些、综合性大些；对中、小型单位工程及施工工期不长的工程的施工实施性计划，其施工过程划分可细些，一般划分至分项工程。

2)工程对象的建筑类型和结构体系。由于不同的建筑类型和结构体系，其施工的难易程度和工序多少不同，因而不同类型的建筑物的施工过程数会有所差异。例如，砖混结构工程，一般可划分为 20 个施工过程，单层工业厂房可划分为 30～40 个施工过程。同时，不同的结构体系，划分施工过程的项目也不一样。例如，砖混结构房屋的主体工程，可分为砌砖、吊装梁板等施工过程；而单层装配式排架结构厂房的主体工程，可分为现浇钢筋混凝土柱与屋架预制、构件吊装等施工过程。

3）施工方案。建筑物的施工方案也会影响到施工过程的划分。如厂房的柱基础与设备基础的开挖，若同时施工，可合并为一个施工过程；若先后施工，可分为两个施工过程。工业厂房的结构吊装方案若采用综合吊装法，则可作为一个"节间结构吊装"工程；如果采用分件吊装法，则应划分为柱、吊车梁、屋盖体系吊装三个施工过程。

4）劳动组织及劳动量大小。如现浇钢筋混凝土结构的施工，若工程量较大，组织专业班组施工时，可分为支模板、绑扎钢筋、浇筑混凝土三个施工过程；若工作量较小，为组织流水施工方便，可合并成一个施工过程，组成混合班组施工。同样的道理，挖土与垫层的施工、玻璃与油漆的施工，根据工程大小与流水施工组织需要，可合并成一项，也可划分为两项，但劳动班组的组织形式也要作相应调整。

2. 流水强度

流水强度是指流水施工的某施工过程（专业工作队）在单位时间内所完成的工程量，也称为流水能力或生产能力。

（1）机械施工过程的流水强度。

$$V_i = \sum_{i=1}^{x} R_i S_i \tag{2-1}$$

式中　V_i——某施工过程 i 的机械操作流水强度；

R_i——投入施工过程 i 的某种主要施工机械台数；

S_i——投入施工过程 i 的某种主要施工机械产量定额；

x——投入施工过程 i 的主要施工机械种类数。

（2）人工施工过程的流水强度。

$$V_i = R_i S_i \tag{2-2}$$

式中　V_i——某施工过程 i 的人工操作流水强度；

R_i——投入施工过程 i 的班组人数；

S_i——投入施工过程 i 的班组平均产量定额。

二、空间参数

空间参数是指在组织流水施工时，用以表达流水施工在空间布置上开展状态的参数，通常包括工作面、施工段和施工层。

1. 工作面

工作面是指供某专业工种的工人或某种施工机械进行施工的活动空间。工作面的大小，决定了能安排施工人数或机械台数的多少。每个作业的工人或每台施工机械所需工作面的大小，取决于单位时间内其完成的工程量和安全施工的要求。工作面确定得合理与否，直接影响专业工作队的生产效率。因此，必须合理确定工作面。有关工种的工作面可参考表2-1。

表 2-1　主要工种工作面参考数据表

工作项目	每个技工的工作面	说　　明
砖基础	7.6 m/人	以 1.5 砖计 2 砖乘以 0.8 3 砖乘以 0.55

工作项目	每个技工的工作面	说　明
砌砖墙	8.5 m/人	以1砖计 1.5砖乘以0.71 2砖乘以0.57
毛石墙基	3 m/人	以60 cm计
毛石墙	3.3 m/人	以40 cm计
混凝土柱、墙基础	8 m³/人	机拌、机捣
混凝土设备基础	7 m³/人	机拌、机捣
现浇钢筋混凝土柱	2.45 m³/人	机拌、机捣
现浇钢筋混凝土梁	3.20 m³/人	机拌、机捣
现浇钢筋混凝土墙	5 m³/人	机拌、机捣
现浇钢筋混凝土楼板	5.3 m³/人	机拌、机捣
预制钢筋混凝土柱	3.6 m³/人	机拌、机捣
预制钢筋混凝土梁	3.6 m³/人	机拌、机捣
预制钢筋混凝土屋架	2.7 m³/人	机拌、机捣
预制钢筋混凝土平板、空心板	1.91 m³/人	机拌、机捣
预制钢筋混凝土大型屋面板	2.62 m³/人	机拌、机捣
混凝土地坪及面层	40 m²/人	机拌、机捣
外墙抹灰	16 m²/人	
内墙抹灰	18.5 m²/人	
卷材屋面	18.5 m²/人	
防水水泥砂浆屋面	16 m²/人	
门窗安装	11 m²/人	

2. 施工段

将施工对象在平面或空间上划分成若干个劳动量大致相等的施工段落,称为施工段或流水段。施工段数一般用 m 表示,它是流水施工的主要参数之一。

(1)划分施工段的目的。划分施工段的目的就是组织流水施工。由于建筑工程的形体庞大,可以将其划分成若干个施工段,从而为组织流水施工提供足够的空间。在组织流水施工时,专业工作队完成一个施工段上的任务后,遵循施工组织顺序又到另一个施工段上作业,产生连续流动施工的效果。在一般情况下,一个施工段在同一时间内,只安排一个专业工作队施工,各专业工作队遵循施工工艺顺序依次投入作业,同一时间内在不同的施工段上平行施工,使流水施工均衡地进行。组织流水施工时,可以划分足够数量的施工段,充分利用工作面,避免窝工,尽可能缩短工期。

(2)划分施工段的要求。

1)主要专业工种在各个施工段所消耗的劳动量要大致相等,其相差幅度不宜超过 $10\%\sim15\%$。

2)在保证专业工作队劳动组合优化的前提下，施工段大小要满足专业工种对工作面的要求。

3)施工段数要满足合理流水施工组织要求，即 $m \geqslant n$。

4)施工段分界线应尽可能与结构自然界线相吻合，如温度缝、沉降缝或单元界线等处；如果必须设在墙体中间，可将其设在门窗洞口处，以减少施工留槎。

5)多层施工项目既要在平面上划分施工段，又要在竖向上划分施工层，以组织有节奏、均衡、连续的流水施工。

(3)施工段数(m)与施工过程数(n)之间的关系。为了便于讨论施工段数(m)与施工过程数(n)之间的关系，特以如下例题说明。

【例2-1】 某二层现浇结构混凝土工程，施工过程数 $n=3$，各施工班组在各施工段上的工作时间 $t=2$，则施工段数(m)与施工过程数(n)之间会出现三种情况，即 $m>n$、$m=n$ 和 $m<n$，如图2-4～图2-6所示。

【解】 如图2-4所示，当 $m>n$ 时，各施工班组能够连续作业，但施工段有空闲，利用这种空闲，可以弥补由于技术间歇、组织管理间歇和备料等要求所必需的时间。

如图2-5所示，当 $m=n$ 时，各施工班组能连续施工，施工段没有空闲，这是理想化的流水施工方案。此时要求项目管理者提高管理水平，只能进取，不能回旋、后退。

如图2-6所示，当 $m<n$ 时，各专业工作队不能连续施工，施工段没有空闲，出现停工窝工现象。这种流水施工是不适宜的，应加以杜绝。

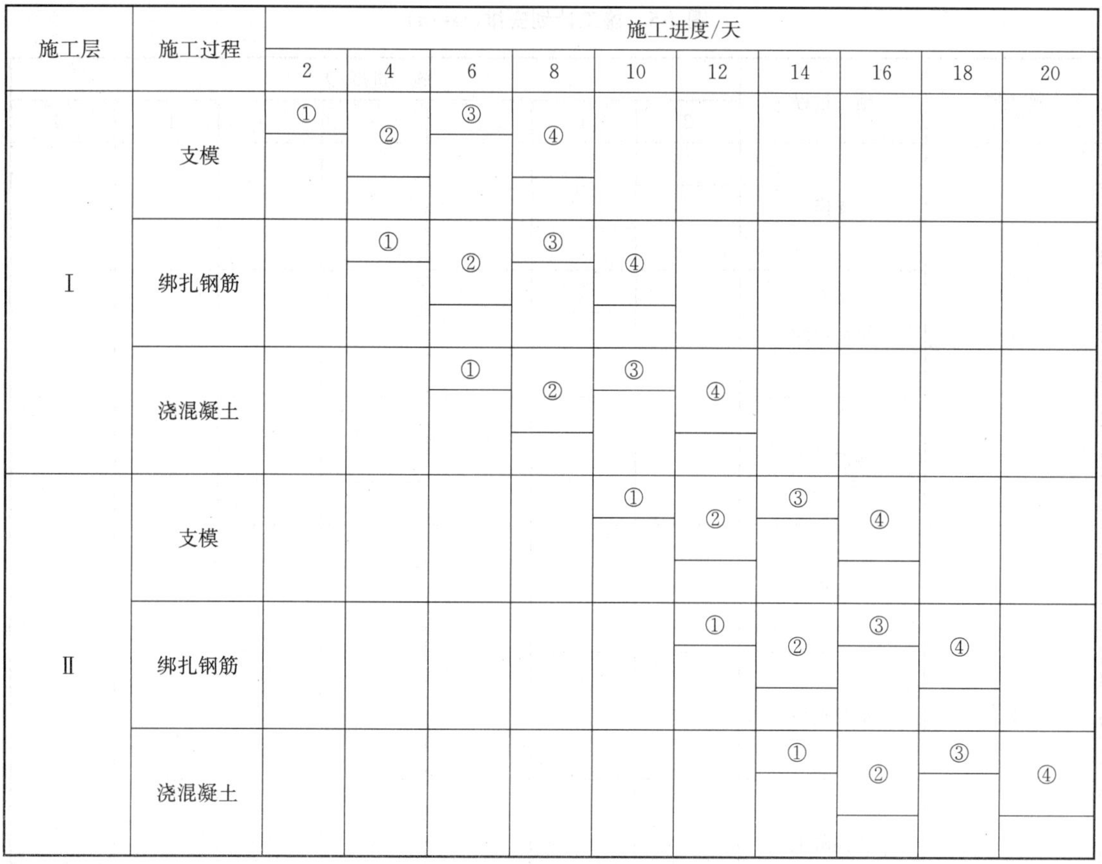

施工层	施工过程	施工进度/天									
		2	4	6	8	10	12	14	16	18	20
Ⅰ	支模	①	②	③	④						
	绑扎钢筋		①	②	③	④					
	浇混凝土			①	②	③	④				
Ⅱ	支模					①	②	③	④		
	绑扎钢筋						①	②	③	④	
	浇混凝土							①	②	③	④

图2-4　施工计划安排($m>n$)

施工层	施工过程	施工进度/天							
		2	4	6	8	10	12	14	16
I	支模	①	②	③					
	绑扎钢筋		①	②	③				
	浇混凝土			①	②	③			
II	支模				①	②	③		
	绑扎钢筋					①	②	③	
	浇混凝土						①	②	③

图 2-5　施工计划安排（$m=n$）

施工层	施工过程	施工进度/天						
		2	4	6	8	10	12	14
I	支模	①	②					
	绑扎钢筋		①	②				
	浇混凝土			①	②			
II	支模				①	②		
	绑扎钢筋					①	②	
	浇混凝土						①	②

图 2-6　施工计划安排（$m<n$）

34

3. 施工层

在组织流水施工时，为满足专业工种对操作高度的要求，通常将施工项目在竖向上划分为若干个作业层，这些作业层均称为施工层。如砌砖墙施工层高为 1.2 m，装饰工程施工层多以楼层为准。

施工层划分

三、时间参数

时间参数是指在组织流水施工时，用以表达流水施工在时间排列上所处状态的参数，主要包括流水节拍、流水步距、平行搭接时间、技术间歇时间、组织间歇时间和流水施工工期等。

1. 流水节拍

流水节拍是指在组织流水施工时，每个专业工作队在各个施工段上完成相应的施工任务所需要的工作持续时间。通常以 t_i 表示，它是流水施工的基本参数之一。

流水节拍的大小，可以反映出流水施工速度的快慢、节奏感的强弱和资源消耗量的多少。

影响流水节拍数值大小的因素主要有：项目施工时所采取的施工方案，各施工段投入的劳动力人数或施工机械台数、工作班次，以及该施工段工程量的多少。为避免工作队转移浪费工时，流水节拍在数值上最好是半个班的整倍数。其数值的确定，可按以下各种方法进行：

（1）定额计算法。定额计算法是根据各施工段的工程量、能够投入的资源量（工人数、机械台数和材料量等），按下式进行计算：

$$t_i^j = \frac{Q_i^j}{S_j R_j N_j} = \frac{P_i^j}{R_j N_j} \tag{2-3}$$

式中　t_i^j——专业工作队 j 在某施工段 i 上的流水节拍；

　　　Q_i^j——专业工作队 j 在某施工段 i 上的工程量；

　　　S_j——专业工作队 j 的计划产量定额；

　　　R_j——专业工作队 j 的工人数或机械台数；

　　　N_j——专业工作队 j 的工作班次；

　　　P_i^j——专业工作队 j 在某施工段 i 上的劳动量。

（2）经验估算法。根据以往的施工经验进行估算。为提高准确度，往往需要先估算出该流水节拍的最长、最短和正常（即最可能）三种时间，然后根据下式计算期望时间作为专业工作队的流水节拍：

$$t = \frac{a + 4c + b}{6} \tag{2-4}$$

式中　t——某施工过程在某施工段上的流水节拍；

　　　a——某施工过程在某施工段上的最短估算时间；

　　　b——某施工过程在某施工段上的最长估算时间；

　　　c——某施工过程在某施工段上的正常估算时间。

（3）工期计算法。对某些施工任务在规定日期内必须完成的工程项目，往往采用倒排进度法。具体步骤如下：

1）根据工期倒排进度，确定某施工过程的工作持续时间。

2）确定某施工过程在某施工段上的流水节拍。若同一施工过程的流水节拍不等，则用估算法；若流水节拍相等，则按下式进行计算：

$$t = \frac{T}{m} \tag{2-5}$$

式中　t——流水节拍；

$\qquad$ T——某施工过程的工作持续时间；

$\qquad$ m——某施工过程划分的施工段数。

2. 流水步距

流水步距是指两个相邻的施工过程的施工队组相继投入同一施工段施工的时间间隔，以 $K_{i,i+1}$ 表示（i 表示前一个施工过程，$i+1$ 表示后一个施工过程）。流水步距是流水施工的基本参数之一。

（1）确定流水步距要考虑以下几个因素：

1）尽量保证各主要专业工作队都能连续作业。

2）要满足相邻两个施工过程在施工工艺顺序上的相互制约关系。

3）要保证相邻两个专业工作队在开工时间上最大限度地、合理地搭接。

4）流水步距 K 取整数或半天的整数倍。

5）保持施工过程之间有足够的技术、组织和层间间歇时间。

（2）通常采用累加数列法确定流水步距，该法在确定两相邻施工过程的流水步距时，计算步骤如下：

1）将两相邻施工过程，在各施工段上的持续时间（流水节拍）分别排成两行。

2）将已排好的两排数，分别求流水节拍累加数列。

3）将两行流水节拍累加数列错位相减，其结果中最大者便是流水步距。

【例 2-2】 某项目包括安装楼板、地前（指地面施工前在楼板上铺设管线、安装预埋件、浇筑板缝混凝土等）、地面、抹灰四个施工过程，分别由四个专业工作队完成，在平面上划分成四个施工段，每个施工过程在各个施工段上的流水节拍见表 2-2。试确定相邻专业工作队之间的流水步距。

表 2-2　某工程流水节拍

施工段　　　施工过程	Ⅰ	Ⅱ	Ⅲ	Ⅳ
安装楼板	6	6	6	6
地前	3	3	3	3
地面	3	3	3	3
抹灰	6	6	6	6

【解】 （1）求流水节拍的累加数列。

安装楼板　6　　12　　18　　24

地前　　　3　　6　　9　　12

地面　　　3　　6　　9　　12

抹灰　　　6　　12　　18　　24

（2）累加数列错位相减，确定流水步距。

1）安装楼板—地前。

$$
\begin{array}{rrrrr}
 & 6 & 12 & 18 & 24 \\
-) & & 3 & 6 & 9 & 12 \\
\hline
 & 6 & 9 & 12 & 15 & -12
\end{array}
$$

2)地前—地面。

```
       3    6    9    12
—)         3    6    9    12
       3    3    3    3   —12
```

3)地面—抹灰。

```
       3    6    9    12
—)         6   12   18    24
       3    0   —3   —6   —24
```

（3）确定流水步距。因流水步距等于错位相减所得结果中数值最大者，故有

$K_{安装楼板,地前}=\max\{6, 9, 12, 15, -12\}=15$（天）

$K_{地前,地面}=\max\{3, 3, 3, 3, -12\}=3$（天）

$K_{地面,抹灰}=\max\{3, 0, -3, -6, -24\}=3$（天）

在用累加错位法计算流水步距后，将各施工过程流水步距流水节拍分别画出来的流水进度图如图2-7所示。

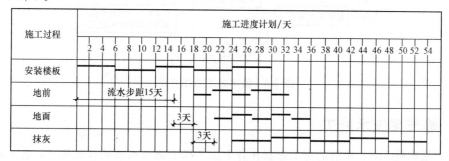

图2-7　局部流水施工横道图

3. 平行搭接时间

在组织流水施工时，有时为了缩短工期，在工作面允许的条件下，如果前一个施工班组完成部分施工任务后，能够提前为后一个施工班组提供工作面，使后者提前进入前一个施工段，两者在同一施工段上平行搭接施工，这个搭接时间称为平行搭接时间或插入时间，通常以$C_{j,j+1}$表示。

4. 技术间歇时间

在组织流水施工时，除要考虑相邻施工班组之间的流水步距外，有时根据建筑材料或现浇构件等的工艺性质，还要考虑合理的工艺等待间歇时间，这个等待时间称为技术间歇时间。如混凝土浇筑后的养护时间、砂浆抹面和油漆面的干燥时间等。技术间歇时间以$Z_{j,j+1}$表示。

5. 组织间歇时间

组织间歇时间是指在流水施工中，由于施工技术或施工组织的原因，造成在流水步距以外增加的间歇时间。如墙体砌筑前的墙身位置弹线，施工人员、机械转移，回填土前的地下管道检查验收等。组织间歇时间以$C_{j,j+1}$表示。

6. 流水施工工期

流水施工工期是指从第一个专业施工队投入流水施工开始，到最后一个专业施工队完成流水施工为止的整个持续时间。由于一项建设工程往往包含有许多流水组，故流水施工工期一般均不是整个工程的总工期。

第三节　流水施工参数的组织方式

流水施工必须有一定的节拍才能步调和谐、配合得当。流水施工的节奏特征也就是节拍特征。由于建筑装饰工程的多样性和各分部工程工程量的差异性，要想使所有的流水施工都形成统一的流水节拍是很困难的。因此，在大多数情况下，各施工过程的流水节拍不一定相等，有的甚至同一施工过程本身在不同的施工段上流水节拍也不相同，这样就形成了不同节奏特征的流水施工。按流水节拍的特征将流水施工进行分类，如图 2-8 所示。

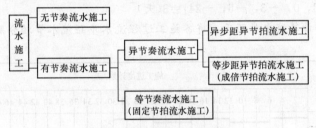

图 2-8　流水施工组织方式

一、等节奏流水施工

在组织流水施工时，所有的施工过程在各个施工段上的流水节拍彼此相等，这种流水施工组织方式称为等节奏流水施工，也称为固定节拍流水施工、全等节拍流水施工或同步距流水施工。

1. 等节奏流水施工的特点

(1)所有施工过程在各个施工段上的流水节拍均相等。

$$t_1 = t_2 = t_3 = \cdots = t_n = t(\text{常数}) \tag{2-6}$$

(2)相邻施工过程的流水步距相等，且等于流水节拍。

$$K_{1,2} = K_{2,3} = \cdots = K_{n-1,n} = K_n = t(\text{常数}) \tag{2-7}$$

(3)施工班组数等于施工过程数，即每一个施工过程成立一个班组，由该班组完成相应施工过程所有施工段上的任务。

(4)各个专业工作队在各施工段上能够连续作业，施工段之间没有空闲时间。

2. 等节奏流水施工主要参数的确定

(1)施工段数 m 的确定。

1)无层间关系或无施工层时，取 $m = n$。

2)有层间关系或有施工层时，施工段数 m 分下面两种情况确定：

①无技术和组织间歇时，取 $m = n$。

②有技术和组织间歇时，为了保证各施工班组能连续施工，应取 $m \geq n$。此时，每层施工段空闲数为 $m - n$，一个空闲施工段的时间为 t，则每层的空闲时间为

$$(m-n) \cdot t = (m-n) \cdot K \tag{2-8}$$

若一个楼层内各施工过程间的技术、组织间歇时间之和为 $\sum Z_1$，则楼层间技术、组织间

歇时间为 Z_2。如果每层的 $\sum Z_1$ 均相等，Z_2 也相等，而且为了保证连续施工，施工段上除 $\sum Z_1$ 和 Z_2 外无空闲，则

$$(m-n) \cdot K = \sum Z_1 + Z_2 \tag{2-9}$$

所以，每层的施工段数 m 可按下式确定：

$$m = n + \frac{\sum Z_1}{K} + \frac{Z_2}{K} \tag{2-10}$$

式中　m——施工段数；

　　　n——施工过程数；

　　　$\sum Z_1$——一个楼层内各施工过程间技术、组织间歇时间之和；

　　　Z_2——楼层间技术、组织间歇时间；

　　　K——流水步距。

如果每层的 $\sum Z_1$ 不完全相等，Z_2 也不完全相等，应取各层中最大的 $\sum Z_1$ 和 Z_2，并按下式确定施工段数：

$$m = n + \frac{\max \sum Z_1}{K} + \frac{\max Z_2}{K} \tag{2-11}$$

式中符号意义同上。

（2）流水节拍的确定。此时，$t_i^j = t$。

（3）流水步距的确定。此时，$K_{j,j+1} = K = t$。

（4）计算流水施工工期。

1）有间歇时间的固定节拍流水施工。所谓间歇时间，是指相邻两个施工过程之间由于工艺或组织安排需要而增加的额外等待时间，包括组织间歇时间（$G_{j,j+1}$）和技术间歇时间（$Z_{j,j+1}$）。对于有间歇时间的固定节拍流水施工，其流水施工工期 T 可按下式计算：

$$T = (n-1)t + \sum G + \sum Z + m \cdot t$$
$$= (m+n-1)t + \sum G + \sum Z \tag{2-12}$$

式中　$\sum G$——各施工过程之间组织间歇时间之和；

　　　$\sum Z$——各施工过程之间技术间歇时间之和；

　　　其他符号意义同前所述。

2）有平行搭接时间的固定节拍流水施工。所谓平行搭接时间（$G_{j,j+1}$），是指相邻两个施工班组在同一施工段上共同作业的时间。在工作面允许和资源有保证的前提下，施工班组平行搭接施工，可以缩短流水施工工期。对于有平行搭接时间的固定节拍流水施工，其流水施工工期 T 可按下面的公式计算：

$$T = (n-1)t + \sum G + \sum Z - \sum C + m \cdot t$$
$$= (m+n-1)t + \sum G + \sum Z - \sum C \tag{2-13}$$

式中　$\sum C$——施工过程中平行搭接时间之和；

　　　其他符号意义同前所述。

（5）绘制流水施工指示图表。

3. 等节奏流水的组织方法

(1)划分施工过程，将工程量较小的使用过程合并到相邻的施工过程中去，目的是使各过程的流水节拍相等。

(2)根据主要施工过程的工程量以及工程进度要求，确定该施工过程的施工班组人数，从而确定流水节拍。

(3)根据已确定的流水节拍，确定其他施工过程的施工班组人数。

(4)检查按此流水施工方式组织的流水施工是否符合该工程工期以及资源等的要求，如果符合，则按此计划实施；如果不符合，则通过调整主导施工过程的班组人数，使流水节拍发生改变，从而调整工期以及资源消耗情况，使计划符合要求。

4. 等节奏流水施工应用实例

【例 2-3】 某工程由 A、B、C、D 四个分项工程组成，它在平面上划分为四个施工段，各分项工程在各个施工段上的流水节拍均为 3 天。试编制流水施工方案。

【解】 根据题设条件和要求，该题只能组织等节奏流水施工。

(1)确定流水步距：

$$K=t=3（天）$$

(2)确定计算总工期：

$$T=(4+4-1)\times3=21（天）$$

(3)绘制流水施工指示图，如图 2-9 所示。

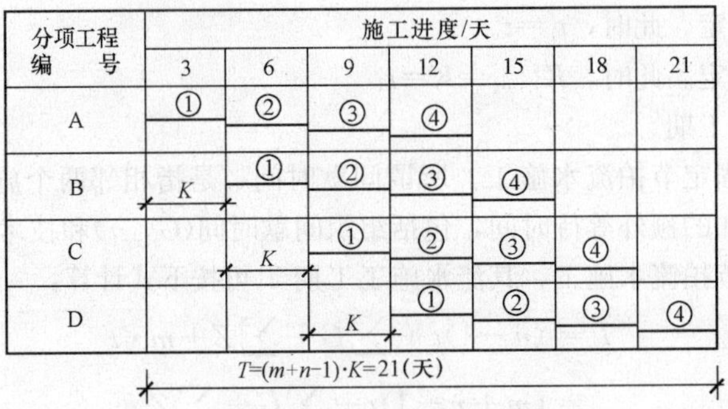

分项工程编号	施工进度/天						
	3	6	9	12	15	18	21
A	①	②	③	④			
B	K	①	②	③	④		
C		K	①	②	③	④	
D			K	①	②	③	④

$$T=(m+n-1)\cdot K=21（天）$$

图 2-9 等节奏专业流水施工进度

【例 2-4】 某项目由 I、II、III、IV 四个施工过程组成，划分两个施工层组织流水施工，施工过程 II 完成后需养护 1 天下一个施工过程才能施工，且层间技术间歇为 1 天，流水节拍均为 1 天。为了保证工作队连续作业，试确定施工段数，计算工期，绘制流水施工进度图。

【解】 (1)确定流水步距：

因为 $t_i=t=1（天）$，所以 $K=t=1（天）$。

(2)确定施工段数。因项目施工时分两个施工层，其施工段数可按式(2-10)确定：

$$m=n+\frac{\sum Z_1}{K}+\frac{Z_2}{K}$$

$$=4+\frac{1}{1}+\frac{1}{1}$$

$$=6（段）$$

(3)计算工期。因项目施工时分两个施工层，可按式(2-13)计算工期：

$$T=(6\times2+4-1)\times1+1-0=16\text{（天）}$$

（4）绘制流水施工进度图，如图2-10所示。

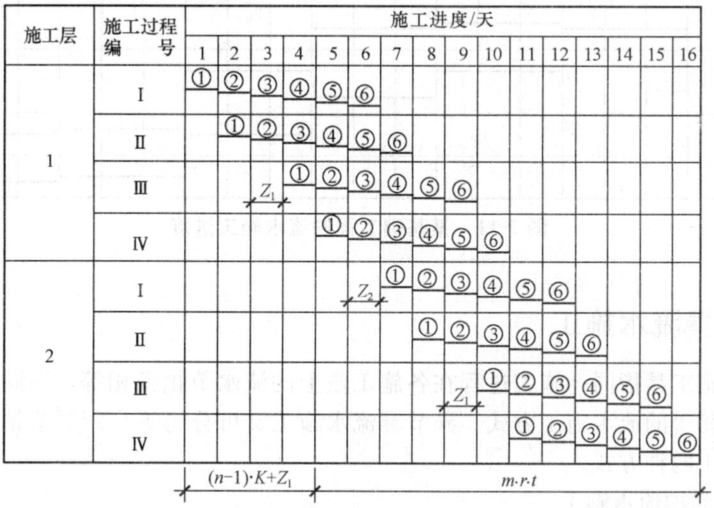

施工层	施工过程编号	施工进度/天															
		1	2	3	4	5	6	7	8	9	10	11	12	13	14	15	16

图 2-10　分层并有技术、组织间歇时的等节奏专业流水施工进度

【例 2-5】　某五层三单元砖混结构住宅的基础工程，每一单元的工程量分别为：挖土 187 m³，垫层 11 m³，绑扎钢筋 2.53 t，浇筑混凝土基础 50 m³，砌基础墙 90 m³，回填土 130 m³。各施工过程的每工产量见表 2-3，并考虑浇筑混凝土后应养护 2 天才能进行基础砌筑，试组织全等节拍的流水施工。

【解】　（1）划分施工段：为组织全等节拍流水施工，每一单元为一施工段，故划分为三个施工段。

（2）划分施工过程：通过在表 2-3 中比较，由于垫层工作量较小，若按一个独立的施工过程参与流水，则很难满足劳动组织的要求，故可考虑将其合并到挖土的施工过程中，形成混合班组。同样，绑扎钢筋与浇筑混凝土合并，成为混合班组，这样施工过程数 $n=4$。

（3）确定主要施工过程的施工人数并计算流水节拍，考虑砌基础墙为主导工程，施工班组人数为 24 人，则：$t=\dfrac{72}{24}=3$（天）。

（4）确定其他施工过程的施工班组人数，见表 2-3。

（5）绘出该分部工程的流水施工进度图，如图2-11所示。

表 2-3　各施工过程工程量、流水节拍及施工人数

施工过程	工程量		每工产量	劳动量/工日	施工班组人数	流水节拍
	数量	单位				
挖　土	187	m³	3.5	53	21	3
垫　层	11	m³	1.2	9		
绑扎钢筋	2.53	t	0.45	6	2	3
浇筑混凝土基础	50	m³	1.5	33	11	
砌基础墙	90	m³	1.25	72	24	3
回填土	130	m³	4	33	11	3

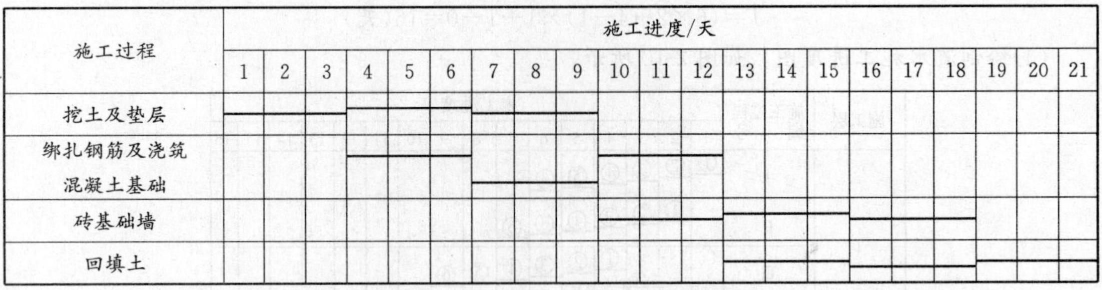

施工过程	施工进度/天																				
	1	2	3	4	5	6	7	8	9	10	11	12	13	14	15	16	17	18	19	20	21
挖土及垫层																					
绑扎钢筋及浇筑混凝土基础																					
砖基础墙																					
回填土																					

图 2-11　某基础工程的流水施工进度

二、异节奏流水施工

异节奏流水施工是指同一施工过程在各施工段上的流水节拍都相等,不同施工过程之间的流水节拍不一定相等的流水施工方式。异节奏流水施工又可分为等步距异节拍流水施工和异步距异节拍流水施工两种方式。

1. 等步距异节拍流水施工

等步距异节拍流水施工,也称成倍节拍流水施工。在组织流水施工时,如果同一施工过程在各个施工段上的流水节拍彼此相等,而不同施工过程在同一施工段上的流水节拍之间存在一个最大公约数,为加快流水施工速度,可按最大公约数的倍数确定每个施工过程的施工班组,这样便构成了一个工期最短的等步距异节拍流水施工方案。

(1)等步距异节拍流水施工的特点。

1)同一施工过程在其各个施工段上的流水节拍均相等;不同施工过程的流水节拍不等,但其值为倍数关系。

2)相邻施工过程的流水步距相等,且等于流水节拍的最大公约数。

3)施工班组数大于施工过程数,即有的施工过程只成立一个专业工作队,而对于流水节拍大的施工过程,可按其倍数增加相应专业工作队数目。

4)各个施工班组在施工段上能够连续作业,施工段之间没有空闲时间。

(2)等步距异节拍流水施工主要参数的确定。

1)流水步距的确定。

$$K_b = 最大公约数\{各过程流水节拍\} \tag{2-14}$$

式中　K_b——等步距异节拍流水的流水步距。

2)每个施工过程的施工队组数的确定。

$$\left. \begin{aligned} b_j &= t_i^i / K_b \\ n_1 &= \sum_{j=1}^{n} b_j \end{aligned} \right\} \tag{2-15}$$

式中　b_j——施工过程 j 的专业班组数目,$n \geqslant j \geqslant 1$;

n_1——等步距异节拍流水的专业班组总和;

其他符号意义同前。

3)施工段数目 m 的确定。

①无层间关系时,可按划分施工段的基本要求确定施工段数目(m),一般取 $m = n_1$。

②有层间关系时,每层最少施工段数目可按下式确定:

$$m = n_1 + \frac{\sum Z_1}{K_b} + \frac{Z_2}{K_b} \tag{2-16}$$

式中　　$\sum Z_1$——一个楼层内各施工过程间的技术与组织间歇时间；

Z_2——楼层间技术与组织间歇时间；

其他符号含义同前。

4)计算流水施工工期。

①无层间关系时：

$$T = (m + n_1 - 1)K_b + \sum Z_{i,i+1} - \sum C_{i,i+1} \tag{2-17}$$

②有层间关系时：

$$T = (m \cdot r + n_1 - 1)K_b + \sum Z_1 - \sum C_1 \tag{2-18}$$

式中　　r——施工层数；

其他符号含义同前。

(3)等步距异节拍流水的组织要点。

1)首先根据工程对象和施工要求，将工程划分为若干个施工过程。

2)根据工程量，计算每个过程的劳动量，再根据最小劳动量的施工过程班组人数确定出最小流水节拍。

3)确定其他各过程的流水节拍，通过调整班组人数，使各过程的流水节拍均为最小流水节拍的整数倍。

4)为了充分利用工作面，加快施工进度，各过程应根据其节拍为节拍最大公约数的整数倍关系相应调整施工班组数，每个施工过程所需的班组数可按下式计算：

$$b_j = t_i^j / K_b \tag{2-19}$$

5)检查按此流水施工方式确定的流水施工是否符合该工程工期以及资源等的要求，如果符合，则按此计划实施，如果不符合，则通过调整使计划符合要求。

(4)等步距异节拍流水施工应用实例。

【例 2-6】　某项目由Ⅰ、Ⅱ、Ⅲ三个施工过程组成，流水节拍分别为 $t^{\text{I}} = 2$ 天，$t^{\text{II}} = 6$ 天，$t^{\text{III}} = 4$ 天，试组织等步距异节拍流水施工，并绘制流水施工进度图。

【解】　(1)按式(2-14)确定流水步距：$K_b = $ 最大公约数$\{2，6，4\} = 2$(天)。

(2)由式(2-15)求施工班组数：

$$b_{\text{I}} = \frac{t^{\text{I}}}{K_b} = \frac{2}{2} = 1(\text{个})$$

$$b_{\text{II}} = \frac{t^{\text{II}}}{K_b} = \frac{6}{2} = 3(\text{个})$$

$$b_{\text{III}} = \frac{t^{\text{III}}}{K_b} = \frac{4}{2} = 2(\text{个})$$

$$n_1 = \sum_{j=1}^{3} b_j = 1 + 3 + 2 = 6(\text{个})$$

(3)求施工段数：为了使各施工班组都能连续工作，取

$$m = n_1 = 6 \text{ 段}$$

(4)计算总工期：

$$T = (6 + 6 - 1) \times 2 = 22(\text{天})$$

（5）绘制流水施工进度图，如图 2-12 所示。

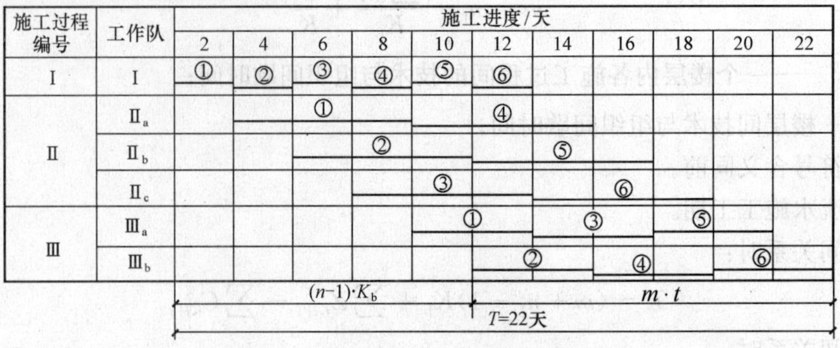

施工过程编号	工作队	施工进度/天										
		2	4	6	8	10	12	14	16	18	20	22
I	I	①	②	③	④	⑤	⑥					
II	II_a			①			④					
	II_b				②			⑤				
	II_c					③			⑥			
III	III_a					①		③		⑤		
	III_b						②		④			⑥

图 2-12　等步距异节拍流水施工进度

2. 异步距异节拍流水施工

异步距异节拍流水施工是指同一施工过程在各个施工段的流水节拍相等，不同施工过程之间的流水节拍不完全相等的流水施工方式。

（1）异步距异节拍流水施工的特点。

1）同一施工过程流水节拍相等，不同施工过程之间的流水节拍不一定相等。

2）各个施工过程之间的流水步距不一定相等。

3）各施工班组能够在施工段上连续作业，但有的施工段之间可能有空闲。

4）施工班组数（n_1）等于施工过程数（n）。

（2）异步距异节拍流水施工主要参数的确定。

1）流水步距的确定。

$$K_{i,i+1} = \begin{cases} t_i & (t_i \leqslant t_{i+1}) \\ mt_i - (m-1)t_{i+1} & (t_i > t_{i+1}) \end{cases} \tag{2-20}$$

式中　t_i——第 i 个施工过程的流水节拍；

　　　　t_{i+1}——第 $i+1$ 个施工过程的流水节拍。

2）计算流水施工工期。

$$T = \sum K_{i,i+1} + mt_n + \sum Z_{i,i+1} - \sum C_{i,i+1} \tag{2-21}$$

式中　t_n——最后一个施工过程的流水节拍；

　　　　其他符号含义同前。

（3）异步距异节拍流水施工的组织方式。

1）根据工程对象和施工要求，将工程划分为若干个施工过程。

2）根据各施工过程的工程量，计算每个过程的劳动量，然后根据各施工过程班组人数，确定出各自的流水节拍。

3）组织同一施工班组连续均衡地施工，相邻施工过程尽可能平行搭接施工。

4）在工期要求紧张情况下，为了缩短工期，可以间断某些次要工序的施工，但主导工序必须连续、均衡地施工，且决不允许发生工艺顺序颠倒的现象。

（4）异步距异节拍流水施工应用实例。

【例 2-7】　某工程划分为 A、B、C、D 四个施工过程，分三个施工段组织施工，各施工过程的流水节拍分别为 $t_A = 3$ 天，$t_B = 4$ 天，$t_C = 5$ 天，$t_D = 3$ 天；施工过程 B 完成后有 2 天的技术间歇时间，施工过程 D 与 C 搭接 1 天。试求各施工过程之间的流水步距及该工程的工期，并绘制流水施工进度图。

【解】 (1)确定流水步距：

根据题中所述条件及式(2-20)，各流水步距计算如下：

因为 $t_A < t_B$，所以 $K_{A,B} = t_A = 3$ 天；

因为 $t_B < t_C$，所以 $K_{B,C} = t_B = 4$ 天；

因为 $t_C > t_D$，所以 $K_{C,D} = mt_C - (m-1)t_D = 3 \times 5 - (3-1) \times 3 = 9$（天）。

(2)计算流水工期：

$$T = \sum K_{i,i+1} + mt_n + \sum Z_{i,i+1} - \sum C_{i,i+1}$$
$$= (3+4+9) + 3 \times 3 + 2 - 1 = 26（天）$$

(3)绘制施工进度图，如图 2-13 所示。

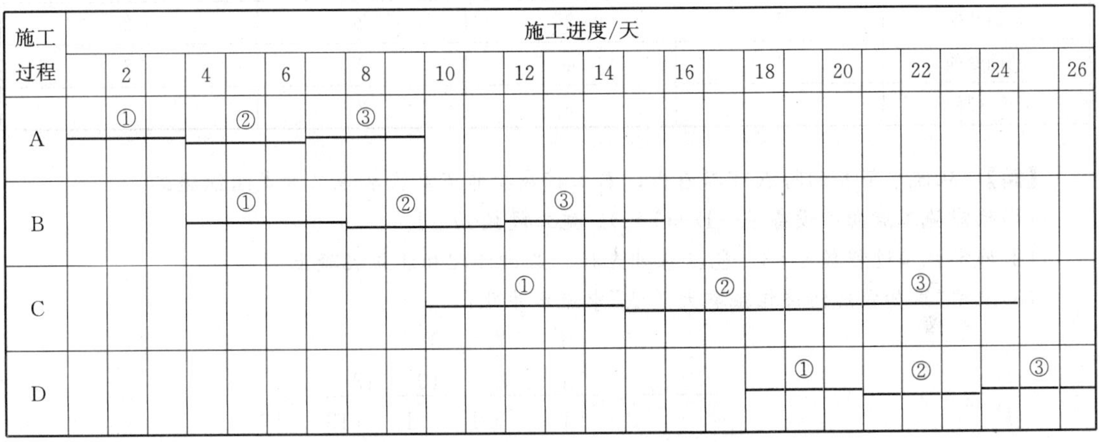

施工过程	施工进度/天												
	2	4	6	8	10	12	14	16	18	20	22	24	26
A	①		②		③								
B		①			②		③						
C						①			②			③	
D									①		②		③

图 2-13　异步距异节拍流水施工进度图

三、无节奏流水施工

在组织流水施工时，经常由于工程结构形式、施工条件不同等原因，各施工过程在各施工段上的工程量有较大差异，或因施工班组的生产效率相差较大，导致各施工过程的流水节拍随施工段的不同而不同，且不同施工过程之间的流水节拍又有很大差异。这时，流水节拍虽无任何规律，但仍可利用流水施工原理组织流水施工，使各施工班组在满足连续施工的条件下，实现最大搭接。这种无节奏流水施工方式是建设工程流水施工的普遍方式。

1. 无节奏流水施工的特点

(1)每个施工过程在各个施工段上的流水节拍都不尽相等。

(2)在多数情况下，流水步距彼此不相等，而且流水步距与流水节拍二者之间存在着某种函数关系。

(3)各施工班组都能连续施工，个别施工段可能有空闲。

(4)施工班组数与施工过程数相等。

2. 无节奏流水施工主要参数的确定

(1)流水步距的确定。无节奏流水步距确定的通常也采用"累加数列法"。

(2)流水施工工期。流水施工工期按下式计算：

$$T = \sum_{j=1}^{n_i} K_{j,j+1} + \sum_{i=1}^{m} t_i^n + \sum Z_{j,j+1} + \sum G_{j,j+1} - \sum C_{j,j+1} \tag{2-22}$$

式中　T——流水施工方案的计算总工期；

$t_i^{n_1}$——最后一个施工班组(n_1)在各个施工段上的流水节拍；

其他符号意义同前。

3. 无节奏流水施工应用实例

【例2-8】　某工厂需要修建四台设备的基础工程，施工过程包括基础开挖、基础处理和浇筑混凝土。因设备型号与基础条件等不同，4台设备(施工段)的施工过程有着不同的流水节拍，见表2-4。试绘制该设备基础工程的流水施工图。

周

表2-4　基础工程流水节拍表

施工过程	施工段			
	设备A	设备B	设备C	设备D
基础开挖	2	3	2 .	2
基础处理	4	4	2	3
浇筑混凝土	2	3	2	3

【解】　从流水节拍的特点可以看出，本工程应按非节奏流水施工方式组织施工。

(1)确定施工流向：设备A→B→C→D；施工段数$m=4$。

(2)确定施工过程数$n=3$，包括基础开挖、基础处理和浇筑混凝土。

(3)采用"累加数列错位相减取大差法"求流水步距：

$$\begin{array}{r} 2 \quad 5 \quad 7 \quad 9 \quad\ \\ -)\ \ \ \ 4 \quad 8 \quad 10 \quad 13 \\ \hline 2 \quad 1 \quad -1 \quad -1 \quad -13 \end{array}$$

所以　　　　　　　$K_{1,2}=\max\{2,\ 1,\ -1,\ -1,\ -13\}=2$

$$\begin{array}{r} 4 \quad 8 \quad 10 \quad 13 \quad\ \\ -)\ \ \ \ 2 \quad 5 \quad 7 \quad 10 \\ \hline 4 \quad 6 \quad 5 \quad 6 \quad -10 \end{array}$$

所以　　　　　　　$K_{2,3}=\max\{4,\ 6,\ 5,\ 6,\ -10\}=6$

(4)计算流水施工工期：

$$T=(2+6)+(2+3+2+3)=18(周)$$

(5)绘制非节奏流水施工进度图，如图2-14所示。

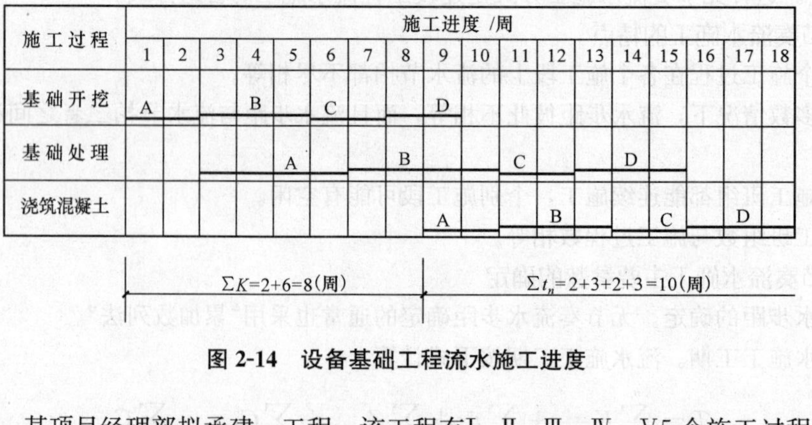

施工过程	施工进度 /周																	
	1	2	3	4	5	6	7	8	9	10	11	12	13	14	15	16	17	18
基础开挖	A			B		C		D										
基础处理					A			B			C			D				
浇筑混凝土								A			B			C		D		

$\sum K=2+6=8(周)$　　　　$\sum t_n=2+3+2+3=10(周)$

图2-14　设备基础工程流水施工进度

【例2-9】　某项目经理部拟承建一工程，该工程有Ⅰ、Ⅱ、Ⅲ、Ⅳ、Ⅴ5个施工过程。施工时在平面上划分成4个施工段，每个施工过程在各个施工段上的流水节拍见表2-5。施工过程Ⅱ完成后，其相应施工段至少要养护 2 天；施工过程 Ⅳ 完成后，其相应施工段要留有 1 天的准备时间。为了尽早完工，允许施工过程 Ⅰ 与 Ⅱ 之间搭接施工 1 天，试编制流水施工方案。

表 2-5　流水节拍　　　　　　　　　　　　　　　　　　　天

施工队	施工过程				
	Ⅰ	Ⅱ	Ⅲ	Ⅳ	Ⅴ
①	3	1	2	4	3
②	2	3	1	2	4
③	2	5	3	3	2
④	4	3	5	3	1

【解】　根据题设条件，该工程只能组织无节奏专业流水施工。

(1) 求流水节拍的累加数列。

Ⅰ：3，5，7，11。

Ⅱ：1，4，9，12。

Ⅲ：2，3，6，11。

Ⅳ：4，6，9，12。

Ⅴ：3，7，9，10。

(2) 确定流水步距。

1) 求 $K_{Ⅰ,Ⅱ}$。

$$
\begin{array}{rrrrr}
3 & 5 & 7 & 11 & \\
-)\quad & 1 & 4 & 9 & 12 \\
\hline
3 & 4 & 3 & 2 & -12
\end{array}
$$

所以　$K_{Ⅰ,Ⅱ}=\max\{3，4，3，2，-12\}=4$（天）

2) 求 $K_{Ⅱ,Ⅲ}$。

$$
\begin{array}{rrrrr}
1 & 4 & 9 & 12 & \\
-)\quad & 2 & 3 & 6 & 11 \\
\hline
1 & 2 & 6 & 6 & -11
\end{array}
$$

所以　$K_{Ⅱ,Ⅲ}=\max\{1，2，6，6，-11\}=6$（天）

3) 求 $K_{Ⅲ,Ⅳ}$。

$$
\begin{array}{rrrrr}
2 & 3 & 6 & 11 & \\
-)\quad & 4 & 6 & 9 & 12 \\
\hline
2 & -1 & 0 & 2 & -12
\end{array}
$$

所以　$K_{Ⅲ,Ⅳ}=\max\{2，-1，0，2，-12\}=2$（天）

4) 求 $K_{Ⅳ,Ⅴ}$。

$$
\begin{array}{rrrrr}
4 & 6 & 9 & 12 & \\
-)\quad & 3 & 7 & 9 & 10 \\
\hline
4 & 3 & 2 & 3 & -10
\end{array}
$$

所以　$K_{Ⅳ,Ⅴ}=\max\{4，3，2，3，-10\}=4$（天）

(3) 计算流水施工工期。由题设条件可知：$Z_{Ⅱ,Ⅲ}=2$ 天，$G_{Ⅳ,Ⅴ}=1$ 天，$C_{Ⅰ,Ⅱ}=1$ 天。

代入式 (2-17) 得：

$$T=(4+6+2+4)+(3+4+2+1)+2+1-1=28（天）$$

(4)绘制流水施工进度图,如图2-15所示。

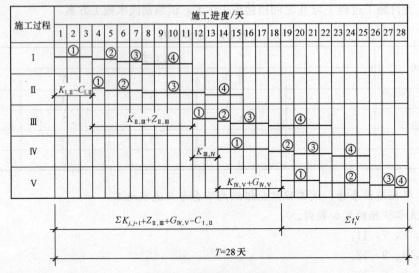

图 2-15　流水施工进度

【例2-10】　某工程由Ⅰ、Ⅱ、Ⅲ、Ⅳ四个施工过程组成;在平面上划分为6个施工段;每个施工过程在各个施工段上的流水节拍见表2-6。为缩短计划总工期,允许施工过程Ⅰ与Ⅱ有平行搭接时间1天;在施工过程Ⅱ完成后,其相应施工段至少应有技术间歇时间2天;在施工过程Ⅲ完成后,其相应施工段至少应有作业准备时间1天。试编制流水施工方案。

表 2-6　施工持续时间表

施工过程编号	流水节拍/天					
	①	②	③	④	⑤	⑥
Ⅰ	4	5	4	4	5	4
Ⅱ	3	2	2	3	2	3
Ⅲ	2	4	3	2	4	2
Ⅳ	3	3	2	2	3	3

【解】　根据题设条件和要求,该工程只能组织无节奏流水施工。

(1)确定流水步距。

1)求 $K_{\mathrm{I,II}}$。

$$
\begin{array}{rl}
4,\ 5,\ 4,\ 4,\ 5,\ 4\cdots & t_i^{\mathrm{I}} \\
-\ )3,\ 2,\ 2,\ 3,\ 2,\ 3\cdots & t_i^{\mathrm{II}} \\
\hline
1,\ 3,\ 2,\ 1,\ 3,\ 1\cdots & \Delta t_i^{\mathrm{I,II}}
\end{array}
$$

$$
\begin{array}{rl}
1,\ 4,\ 6,\ 7,\ 10,\ 11\cdots & \sum\limits_{i=1}^{i}\Delta t_i^{\mathrm{I,II}} \\
+\ )3,\ 2,\ 2,\ 3,\ 2,\ 3\cdots & t_i^{\mathrm{II}} \\
\hline
4,\ 6,\ 8,\ 10,\ 12,\ 14\cdots & k_i^{\mathrm{I,II}}
\end{array}
$$

所以　$K_{\mathrm{I,II}}=\max\{k_i^{\mathrm{I,II}}\}=\max\{4,6,8,10,12,14\}=14$(天)

2)求 $K_{II,III}$。

$$
\begin{array}{rrrrrr}
3 & 2 & 2 & 3 & 2 & 3 \\
-)\ 2 & 4 & 3 & 2 & 4 & 2 \\
\hline
1 & -2 & -1 & 1 & -2 & 1 \\
1 & -1 & -2 & -1 & -3 & -2 \\
+)\ 2 & 4 & 3 & 2 & 4 & 2 \\
\hline
3 & 3 & 1 & 1 & 1 & 0
\end{array}
$$

所以　$K_{II,III}=\max\{3,3,1,1,1,0\}=3$（天）

3)求 $K_{III,IV}$。

$$
\begin{array}{rrrrrr}
2 & 4 & 3 & 2 & 4 & 2 \\
-)\ 3 & 3 & 2 & 2 & 3 & 3 \\
\hline
-1 & 1 & 1 & 0 & 1 & -1 \\
-1 & 0 & 1 & 1 & 2 & 1 \\
+)\ 3 & 3 & 2 & 2 & 3 & 3 \\
\hline
2 & 3 & 3 & 3 & 5 & 4
\end{array}
$$

所以　$K_{III,IV}=\max\{2,3,3,3,5,4\}=5$（天）

(2)计算总工期。由题设条件可知：$C_{I,II}=1$ 天，$Z_{II,III}=2$ 天，$G_{III,IV}=1$ 天。代入式(2-17)可得：

$$
\begin{aligned}
T &= (14+3+5)+(3+3+2+2+3+3)+2+1-1 \\
&= 22+16+2=40\text{（天）}
\end{aligned}
$$

(3)绘制流水施工进度图，如图2-16所示。

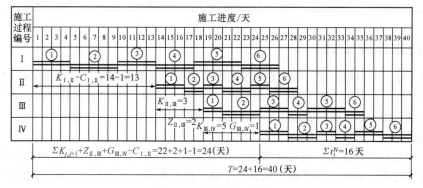

图 2-16　流水施工进度

第四节　流水施工实例

一、工程概况

某四层学生宿舍楼，底层为商业用房。建筑面积为 3 277.96 m^2，基础为钢筋混凝土独立基础，主体工程为全现浇钢筋混凝土框架结构。装修工程为塑钢门窗、胶合板门。外墙使用涂料，内墙为混合砂浆抹灰、普通涂料刷白，楼地面贴地板砖；屋面用聚苯乙烯泡沫塑料板做保温层，上面为 SBS 改性沥青防水层，其主要工程量见表 2-7。

表 2-7　某四层框架结构宿舍楼主要工程量

序　号	分项工程名称	劳动量/工日或台班	序　号	分项工程名称	劳动量/工日或台班
	基础工程		14	砌墙	1 095
1	基槽挖土	6（台班）		屋面工程	
2	混凝土垫层	30	15	聚苯乙烯泡沫塑料板保温	152
3	绑扎基础钢筋	59	16	屋面找平层	52
4	支设基础模板	73	17	SBS 改性沥青防水层	47
5	浇筑基础混凝土	87		装修工程	
6	回填土	150	18	顶棚、墙面抹灰	1 648
	主体工程		19	外墙贴面砖	957
7	脚手架	313	20	楼地面及楼梯地砖	929
8	柱钢筋绑扎	135	21	塑钢门窗安装	68
9	柱、梁、板模板（含楼梯）	2 263	22	胶合板门安装	81
10	柱混凝土	204	23	顶棚、墙面涂料	380
11	梁、板钢筋绑扎（含楼梯）	801	24	油漆	79
12	梁、板混凝土（含楼梯）	939	25	水、电安装及其他	
13	拆模	398			

二、流水作业设计

按照流水施工的组织步骤，首先在熟悉图纸及相关资料的基础上，将单位工程划分为 4 个分部工程，即：基础工程、主体工程、屋面工程、装修工程。由于本工程各分部的劳动量差异较大，因此先分别组织各分部工程的流水施工，然后再考虑分部之间的相互搭接施工。

1. **基础工程**

基础工程包括基槽挖土、混凝土垫层、绑扎基层钢筋、支设基础模板、浇筑基础混凝土、回填土等施工过程。基础工程平面上划分 2 个施工段组织流水施工（$m=2$），在 6 个施工过程中，参与流水的施工过程有 4 个，即 $n=4$，组织全等节拍流水施工如下：

（1）基槽开挖采用 1 台机械，2 班制施工，作业时间为

$$t_{挖土}=\frac{6}{1\times 2}=3（天）（考虑机械进出场，因此取 4 天）$$

（2）混凝土垫层共 30 个工日，2 班制施工，班组人数为 15 人，作业时间为

$$t_{垫层}=\frac{30}{15\times 2}=1（天）$$

（3）绑扎基础钢筋需 59 个工日，班组人数为 10 人，1 班制施工，流水节拍为

$$t_{钢筋}=\frac{59}{10\times 2\times 1}=2.95（天）\quad（取 3 天）$$

其他施工过程的流水节拍均取 3 天，施工班组人数分别为

$$R_{支模}=\frac{73}{2\times 3\times 1}=12.17（人）\quad（取 12 人）$$

$$R_{混凝土}=\frac{87}{2\times3\times1}=14.5(人)\qquad(取15人)$$

$$R_{回填土}=\frac{150}{2\times3\times1}=25(人)$$

(4)计算分部工程流水工期。基础工程流水工期为挖土时间＋垫层时间＋后四个过程全等节拍流水工期：

$$T=4+1+(m+n-1)t=5+(2+4-1)\times3=20(天)$$

2. 主体工程

主体工程包括立柱钢筋绑扎，安装柱、梁、板、楼梯模板，浇捣柱混凝土，梁、板、楼梯钢筋绑扎，浇捣梁、板、楼梯混凝土，搭脚手架，拆模，砌墙等施工过程，其中后三个施工过程属平行穿插施工过程，只根据施工工艺要求，尽量搭接施工即可，不纳入流水施工。主体工程由于有层间关系，要保证施工过程流水施工，必须使 $m=n$，否则，施工班组会出现窝工现象。本工程中平面上划分为两个施工段，主导施工过程是柱、梁、板、楼梯模板安装，要组织主体工程流水施工，就要保证主导施工过程连续作业，为此，将其他次要施工过程综合为一个施工过程来考虑其流水节拍，且其流水节拍值不得大于主导施工过程的流水节拍，以保证主导施工过程的连续性，因此，主体工程参与流水的施工过程数 $n=2$ 个，满足 $m=n$ 的要求。具体组织如下：

(1)主导工序柱、梁、板模板(含楼梯)劳动量为 2 263 个工日，班组人数为 25 人，2 班制施工，流水节拍为

$$t_{柱、梁、板模板}=\frac{2\ 263}{4\times2\times25\times2}=5.66(天)\qquad(取6天)$$

(2)其他四个工序按照一个过程的时间来安排，适当考虑养护时间，安排如下：

柱钢筋绑扎劳动量共 135 工日，1 班制施工，班组人数为 18 人，流水节拍为

$$t_{柱钢筋}=\frac{135}{4\times2\times18\times1}=0.94(天)\qquad(取1天)$$

柱混凝土劳动量共 204 工日，2 班制施工，班组人数为 14 人，流水节拍为

$$t_{柱混凝土}=\frac{204}{4\times2\times14\times2}=0.9(天)\qquad(取1天)$$

梁、板钢筋绑扎(含楼梯)劳动量共 801 工日，2 班制施工，班组人数为 25 人，流水节拍为

$$t_{梁、板钢筋}=\frac{801}{4\times2\times25\times2}=2(天)$$

梁、板混凝土(含楼梯)劳动量共 939 工日，3 班制施工，班组人数为 20 人，流水节拍为

$$t_{梁、板混凝土}=\frac{939}{4\times2\times20\times3}=1.96(天)\qquad(取2天)$$

这四个过程的流水节拍综合计算为 1+1+2+2=6(天)。

主体工程钢筋混凝土工程的流水工期为

$$T=(4\times2+2-1)\times6=54(天)$$

(3)拆模、砌墙的流水节拍。楼板的底模在浇筑完混凝土，混凝土达到规定强度后方可拆模。根据实验室数据，混凝土浇筑完后 12 天可进行拆模，拆完模即可进行墙体砌筑。

拆模劳动量 398 工日，班组人数同支模班组人数 25 人，2 班制施工，流水节拍为

$$t_{拆模}=\frac{398}{4\times2\times25\times2}=0.995(天)\qquad(取1天)$$

砌墙劳动量 1 095 工日，班组人数同支模班组人数 25 人，2 班制施工，流水节拍为

$$t_{砌墙} = \frac{1\ 095}{4 \times 2 \times 25 \times 2} = 2.7(天) \qquad (取 3 天)$$

主体工程的总工期为：$T = 54 + 12 + 1 + 3 = 70$(天)。

3. 屋面工程

屋面工程包括保温层、找平层和防水层三个施工过程。考虑屋面防水要求高，所以不分段施工，即采用依次施工的方式。

(1) 保温层劳动量为 152 工日，1 班制施工，班组人数为 30 人，流水节拍为

$$t_{保温层} = \frac{152}{1 \times 30 \times 1} = 5.01(天) \qquad (取 5 天)$$

(2) 找平层劳动量为 52 工日，1 班制施工，班组人数为 18 人，流水节拍为

$$t_{找平层} = \frac{52}{1 \times 18 \times 1} = 2.89(天) \qquad (取 3 天)$$

(3) 防水层劳动量为 47 工日，1 班制施工，班组人数为 15 人，流水节拍为

$$t_{防水层} = \frac{47}{1 \times 15 \times 1} = 3.13(天) \qquad (取 3 天)$$

找平层施工完毕后，应安排一定的干燥时间，可根据天气情况进行调整，这里安排 5 天时间。

4. 装修工程

装饰工程包括顶棚及墙面抹灰，外墙贴面砖，楼地面及楼梯地砖，一层顶棚龙骨吊顶，塑钢门扇安装，胶合板门安装，内墙涂料，油漆水、电安装等施工过程。其中一层顶棚龙骨吊顶属穿插施工过程，不参与流水作业，因此参与流水的施工过程为 $n = 7$。

装修工程采用自上而下的施工起点流向。结合装修工程的特点，把每层房屋视为一个施工段，共 4 个施工段（$m = 4$），其中抹灰工程是主导施工过程，组织有节奏流水施工如下：

(1) 顶棚、墙面抹灰劳动量为 1 648 工日，1 班制施工，班组人数为 60 人，流水节拍为

$$t_{顶棚、墙面抹灰} = \frac{1\ 648}{4 \times 60 \times 1} = 6.9(天) \qquad (取 7 天)$$

(2) 外墙贴面砖劳动量共 957 工日，1 班制施工，流水节拍为 7 天，班组人数为

$$R_{外墙贴砖} = \frac{957}{4 \times 1 \times 7} = 34.2(人) \qquad (取 34 人)$$

(3) 楼地面及楼梯贴砖劳动量共 929 工日，1 班制施工，流水节拍为 7 天，班组人数为

$$R_{楼地面、楼梯贴砖} = \frac{929}{4 \times 1 \times 7} = 33.2(人) \qquad (取 33 人)$$

(4) 涂料与油漆劳动量共 $380 + 79 = 459$（工日），1 班制施工，流水节拍为 7 天，班组人数为

$$R_{涂料、油漆} = \frac{459}{4 \times 1 \times 7} = 16.4(人) \qquad (取 17 人)$$

(5) 塑钢门窗、胶合板门劳动量合并为 149 工日，1 班制施工，流水节拍为 3 天，混合班组人数为

$$R_{塑钢门窗、胶合板门} = \frac{149}{4 \times 1 \times 3} = 12.4(人) \qquad (取 13 人)$$

装饰装修分部工程流水施工工期为

$$\begin{aligned}
T &= \sum K_{i,i+1} + T_N \\
&= K_{外墙面砖,抹灰} + K_{抹灰,楼梯贴砖} + K_{楼梯面砖,安装门窗} + K_{安装门窗,油漆涂料} + 4 \times 7 \\
&= 7 + 7 + 7 + 3 + 28 \\
&= 52(天)
\end{aligned}$$

基础与主体搭接3天，屋面工程与部分主体和部分装饰装修工程平行并列施工。因此总工期＝基础分部工程工期＋主体分部工程工期＋装饰装修分部工程工期－搭接时间＝20＋70＋52－3＝139(天)。

本工程流水施工总进度计划横道图略。

本章小结

流水施工是最先进、最科学的一种施工组织方式，它既集合了依次施工、平行施工的优点，又具有自身的特点和优点。因此，在工程实践中应尽量采用流水施工方式组织施工。

流水施工按流水节拍的不同，分等节奏、等步距异节拍、异步距异节拍、无节奏四种方式。它们有各自的特点和适用范围，在工程运用中，应该结合具体工程情况灵活选择应用，以发挥其技术经济效果。

本章在介绍常见组织施工方式的同时，主要介绍了流水施工基本概念，以及流水施工的组织方法和具体应用。

思考与练习

一、填空题

1. 工程项目的施工组织方式可以采用_____、_____、_____等方式。

2. 流水施工的表示方法一般有_____、_____和_____三种。

3. 工艺参数通常包括_____和_____两个参数。

4. _____是指流水施工的某施工过程(专业工作队)在单位时间内所完成的工程量。

5. _____是指供某专业工种的工人或某种施工机械进行施工的活动空间。

6. _____是指在组织流水施工时，用以表达流水施工在时间排列上所处状态的参数。

7. 在组织流水施工时，所有的施工过程在各个施工段上的流水节拍彼此相等，这种流水施工组织方式称为_____。

二、选择题

1. 不属于流水施工时间参数的是(　　)。

　　A. 流水节拍　　　　B. 流水步距　　　　C. 工期　　　　　　D. 施工段

2. 最理想的组织流水施工方式是(　　)。

　　A. 等节奏流水施工　　　　　　　　　B. 异步距异节拍流水施工

　　C. 无节奏流水施工　　　　　　　　　D. 等步距异节拍流水施工

3. 等步距异节拍流水属于(　　)。

　　A. 等节奏流水　　B. 异节奏流水　　C. 无节奏流水　　D. 均不是

4. 流水节拍是指(　　)。

　　A. 某个专业队的施工作业时间

　　B. 某个专业队在一个施工段上的作业时间

　　C. 某个专业队在各个施工段上完成相应的工作持续时间

　　D. 两个相邻工作队进入流水作业的时间间隔

5. 流水步距是指(　　)。

　　A. 相邻两个施工过程开始进入同一个施工段的时间间隔

　　B. 相邻两个施工过程开始进入第一个施工段的时间间隔

　　C. 任意两个施工过程进入同一个施工段的时间间隔

　　D. 任意两个施工过程进入第一个施工段的时间间隔

6. 施工段、施工层在流水施工中所表达的参数为(　　)。

　　A. 空间参数　　　　B. 工艺参数　　　　C. 时间参数　　　　D. 一般参数

三、练习题

1. 某输配电工程有甲、乙、丙、丁四个施工过程，分为两个施工段，各个施工过程的流水节拍均为 3 d，乙过程完成后，停 2 d 才能进行丙过程，请组织流水施工。

2. 某工程划分为 A、B、C、D 四个施工过程，分为四个施工段，各施工过程的流水节拍分别为：$t_A=3\,d$，$t_B=2\,d$，$t_C=5\,d$，$t_D=2\,d$，B 施工过程完成后需要 1 d 的技术间歇时间，试求各施工过程之间的流水步距及该工程的工期。

3. 某项目部拟承建某工程，该工程有 Ⅰ、Ⅱ、Ⅲ、Ⅳ 四个施工过程。施工时在平面上划分成四个施工段，每个施工过程在各个施工段上的流水节拍值见表 2-8，规定施工过程 Ⅱ 完成后，其相应的施工段至少养护 1 天。试组织施工，并绘制流水施工进度表。

表 2-8　某工程流水节拍值

$\dfrac{m}{n}$	1	2	3	4
Ⅰ	3	2	2	4
Ⅱ	1	3	5	3
Ⅲ	2	1	3	5
Ⅳ	4	2	3	3

第三章 网络计划技术

知识目标

1. 了解网络计划的基本原理、分类；掌握双代号网络图和单代号网络图的基本符号。

2. 掌握双代号网络图的绘制原则、绘制步骤和基本应用；掌握单代号网络图的绘制规则、绘制方法和基本应用。

3. 了解双代号网络计划时间参数的基本概念；掌握双代号网络计划时间参数的计算，关键线路的确定方法。

4. 掌握时标网络计划编制的一般规定、编制方法以及关键线路和时间参数的确定。

5. 了解网络计划优化的基本概念、优化方法，网络计划的检查与调整。

能力目标

1. 具备熟练计算双代号网络计划时间参数的能力。

2. 能够识读并绘制一般单位工程、分部工程的双代号网络计划。

3. 能够对简单的网络计划进行检查与调整，为今后很好地适应工作打下良好的基础。

第一节 网络计划技术概述

一、网络计划的基本原理

在工程组织施工中，常用的进度计划表达形式有横道图与网络计划两种。横道图的优点是编制容易、简单、明了、直观、易懂。因为有时间坐标，各项工作的施工起始时间、作业持续时间、工作进度、总工期以及流水作业的情况等都表示得清楚明确，一目了然。对人力和资源的计算也便于据图叠加。它的缺点主要是不能明确地反映出各项工作之间错综复杂的逻辑关系，不便于对各工作进行提前或拖延的影响分析及动态控制，不能明确地反映出影响工期的关键工作和关键线路，不便于进度控制人员抓住主要矛盾，不能反映出非关键工作所具有的机动时间，不能明确反映计划的潜力所在，特别是不便于计算机的利用。这些缺点的存在，对改进和加强施工管理工作是不利的。

网络计划能够明确地反映出各项工作之间错综复杂的逻辑关系。通过网络计划时间参数的计算，可以找出关键工作和关键线路；通过网络计划时间参数的计算，可以明确各项工作的机动时间；网络计划可以利用计算机进行计算。

网络计划方法的基本原理是：首先应用网络计划图形来表达一项计划（或工程）中各项工作开展顺序及其相互间的关系；然后通过计算找出计划中的关键工作及关键线路，继而通过不断改进网络计划，寻求最优方案并付诸实施；最后在执行过程中进行有效的控制和监督。

二、网络计划的分类

用网络计划图表达任务构成、工作顺序并加注工作时间参数的进度计划称为网络计划。网络计划的种类很多，可以从不同的角度进行分类，具体分类方法如下：

1. 按表达方式不同分类

(1)双代号网络计划。双代号网络计划是以双代号网络表示的计划，以箭线及其两端节点的编号表示工作的网络计划图称为双代号网络计划图。即用两个节点与一根箭线代表一项工作，工作名称写在箭线上面，工作持续时间写在箭线下面，在箭线前后的衔接处画上节点编上号码，并以节点编码 i 和 j 代表工作名称，如图 3-1 所示。

(2)单代号网络计划。以节点及其编号表示工作，以箭线表示工作之间的逻辑关系的网络计划图形称为单代号网络计划图。每一个节点表示一项工作，节点所表示的工作名称、持续时间和工作代号等标注在节点内，如图 3-2 所示。

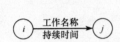

图 3-1　双代号网络计划图
工作的表示方法

图 3-2　单代号网络计划图
工作的表示方法

2. 按时间参数肯定与否分类

(1)肯定型网络计划。肯定型网络计划是指各工作数量、各工作之间的逻辑关系及各工作的持续时间都肯定的网络计划。

(2)非肯定型网络计划。非肯定型网络计划是指在各工作数量、各工作之间的逻辑关系及各工作持续时间三者之中，有一项或一项以上不肯定的网络计划。

3. 按终点节点个数多少分类

(1)单目标网络计划。单目标网络计划是指只有一个结束节点(一个目标)的网络计划。

(2)多目标网络计划。多目标网络计划是指有多个终点节点的网络计划。

4. 按网络计划所含范围不同分类

(1)局部网络计划。局部网络计划是指以一个单位工程或构筑物中的一部分，或以一个分部工程为对象编制的网络计划。

(2)单位工程网络计划。单位工程网络计划是指以一个单位工程或单项工程为对象编制的网络计划。

(3)综合网络计划。综合网络计划是指以一个单项工程或一个建设项目为对象编制的网络计划。

5. 其他分类

(1)时标网络计划。时标网络计划是指以时间坐标为尺度编制的网络计划，它的最主要特征是时间显示直观，可以直接显示时差。

（2）搭接网络计划。搭接网络计划是指前后工作之间有多种逻辑关系的肯定型网络计划，其主要特点是可以表示各种搭接关系。

三、基本符号

1. 双代号网络图的基本符号

双代号网络图的基本符号是箭线、节点及节点编号。

（1）箭线。网络图中一端带箭头的线即为箭线，有实箭线和虚箭线两种，在双代号网络图中，箭线与其两端的节点一起表示一项工作。

箭线的含义有以下几个方面：

1）一根实箭线：其表示客观存在的一项工作或一个施工过程，两者间是一一对应的关系。根据网络计划的性质和作用的不同，一项工作既可以是一个简单的施工过程，如挖土、混凝土浇筑等分项工程；也可以是一个分部工程，如基础工程、主体工程等；还可以是一项单位工程，如某住宅楼工程等。一项工作的范围如何确定，取决于所绘制的网络计划的作用（控制性或指导性）。

2）实箭线：其表示的每项工作一般都需要消耗一定的时间和资源。对于仅消耗时间而不消耗资源的技术间歇（如混凝土养护等），单独考虑时也需要作为一项工作对待。

3）箭线的长度与持续时间的长短无关（时标网络除外）。工作的持续时间一般用数字标注在箭线的下方。

4）箭线的方向：表示工作进行的方向，箭尾表示工作的开始，箭头表示工作的结束，一般应保持自左向右的总方向。箭线可以画成直线、折线和斜线，必要时也可以画成曲线，但应以水平直线为主。

5）虚箭线：表示工作之间的逻辑关系，既不消耗时间，也不耗用资源（称为虚工作）。虚工作不表示任何实际工作，它仅仅是为正确表达工作间的逻辑关系而虚拟出的工作。虚工作一般不需要标注。

（2）节点。网络图中箭线端部的圆圈或其他形状的封闭图形就是节点。在双代号网络图中，节点表示工作之间的逻辑关系，其表达的内容有以下几个方面：

1）节点表示前面工作结束和后面工作开始的瞬间，所以节点不需要消耗时间和资源。

2）箭线的箭尾节点表示该工作的开始，箭线的箭头节点表示该工作的结束。

3）根据节点在网络图中的位置不同可以分为起点节点、终点节点和中间节点。起点节点是网络图的第一个节点，表示一项任务的开始。终点节点是网络图的最后一个节点，表示一项任务的完成。除起点节点和终点节点以外的节点称为中间节点，中间节点具有双重的含义，既是前面工作的箭头节点，也是后面工作的箭尾节点，如图 3-3 所示。

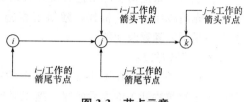

图 3-3　节点示意

（3）节点编号。网络图中的每个节点都有自己的编号，用于赋予每项工作代号，便于计算网络图的时间参数和检查网络图是否正确。

节点编号必须满足以下基本规则：

1）每个节点都应编号。

2）编号使用数字，但不使用数字 0。

3）节点编号不应重复。

4)节点编号可不连续。

5)节点编号应自左向右、由小到大。

2. 单代号网络图的基本符号

单代号网络图的基本符号也是箭线、节点和节点编号。

(1)箭线。在单代号网络图中，箭线既不占用时间，也不消耗资源，只表示紧邻工作之间的逻辑关系，箭线应画成水平直线、折线或斜线，箭线的箭头指向工作进行方向，箭尾节点表示的工作为箭头节点工作的紧前工作。单代号网络图中无虚箭线。

(2)节点。在单代号网络图中，通常将节点画成一个圆圈或方框，一个节点代表一项工作。节点所表示的工作名称、持续时间和节点编号都标注在圆圈和方框内。

(3)节点编号。单代号网络图的节点编号是以一个单独编号表示一项工作，编号原则和双代号相同，也应从小到大，从左往右，箭头编号大于箭尾编号。一项工作只能有一个代号，不得重号，如图 3-4 所示。

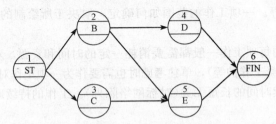

图 3-4   单代号网络图节点编号

ST—开始节点；FIN—完成节点

四、网络计划图的逻辑关系

网络计划图的逻辑关系是指网络计划中所表示的各项工作之间客观上存在或主观上安排的先后顺序关系。逻辑关系一般有两类，一类是施工工艺关系，称为工艺逻辑关系；另一类是施工组织关系，称为组织逻辑关系。

1. 工艺逻辑关系

工艺逻辑关系是指生产工艺客观存在的先后顺序关系，或者是非生产性工作之间由工作程序决定的先后顺序关系。例如，建筑工程施工时，先做基础后做主体，或先做结构后做装修。工艺关系是不能随意改变的。

2. 组织逻辑关系

组织逻辑关系是指在不违反工艺关系的前提下，人为安排工作的先后顺序关系。例如，建筑群中各个建筑物开工的先后顺序，施工对象的分段流水作业等。组织顺序可以根据具体情况，按安全、经济、高效的原则统筹安排。

在网络计划图中，各工作之间的逻辑关系一般有以下情况，如图 3-5 所示。

(1)紧前工作。紧排在本工作之前的工作称为本工作的紧前工作。双代号网络计划图中，本工作和紧前工作之间可能有虚工作。

(2)紧后工作。紧排在本工作之后的工作称为本工作的紧后工作。双代号网络计划图中，本工作和紧后工作之间可能有虚工作。

(3)平行工作。可与本工作同时进行的工作称为本工作的平行工作。由图 3-5(b)可知，A、B 两工作是平行工作，工作 B 是工作 C、D 的紧前工作，E、F 两工作是工作 A 和 D 的紧后工作。

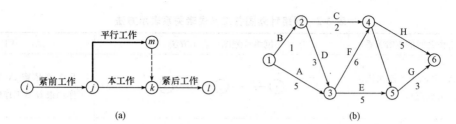

图 3-5　网络计划图中的逻辑关系

第二节　双代号网络计划图

一、双代号网络计划图的绘制原则与步骤

1. 双代号网络计划图的绘制原则

(1)双代号网络计划图必须正确表达各项工作之间的相互制约和相互依赖关系。例如，已知网络计划图的逻辑关系(表 3-1)，而绘出网络计划图 3-6(a)就是错误的，因为 D 的紧前工作没有A。此时可引入虚工作，用横向断路法或竖向断路法将 D 与 A 的关系断开，如图 3-6(b)、(c)、(d)所示。表 3-2 列出了网络计划图各工作逻辑关系表示方法。

表 3-1　逻辑关系表

工作	A	B	C	D
紧前工作	—	—	A、B	B

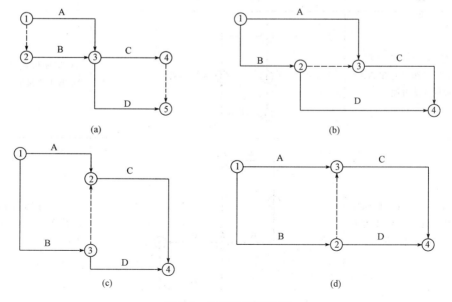

图 3-6　双代号网络计划

表 3-2 网络计划图各工作逻辑关系表示方法

序号	工作之间的逻辑关系	网络计划图中表示方法	说　明
1	A、B 两工作按照依次施工方式进行	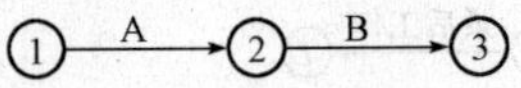 ①—A—②—B—③	B 工作依赖 A 工作，A 工作约束着 B 工作的开始
2	A、B、C 三项工作同时开始	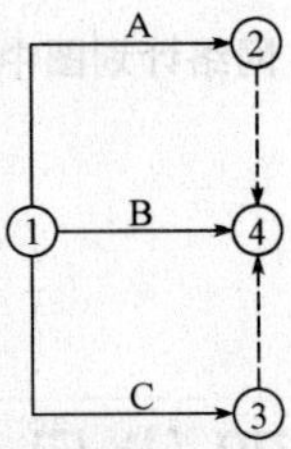	A、B、C 三项工作为平行工作
3	A、B、C 三项工作同时结束	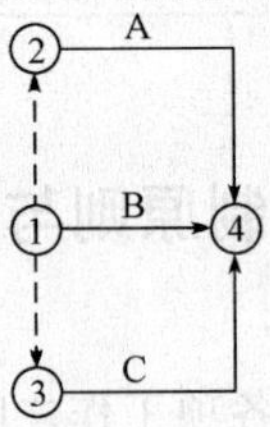	A、B、C 三项工作为平行工作
4	有 A、B、C 三项工作，在 A 完成后 B、C 才能开始	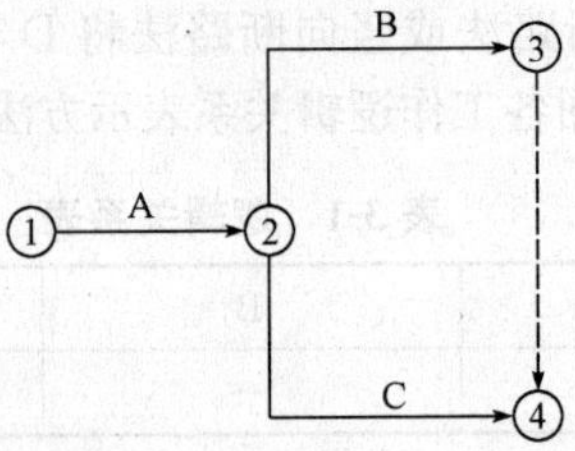	A 工作约束着 B、C 工作的开始，B、C 工作是平行工作
5	有 A、B、C 三项工作，C 工作只有在 A、B 完成后才能开始	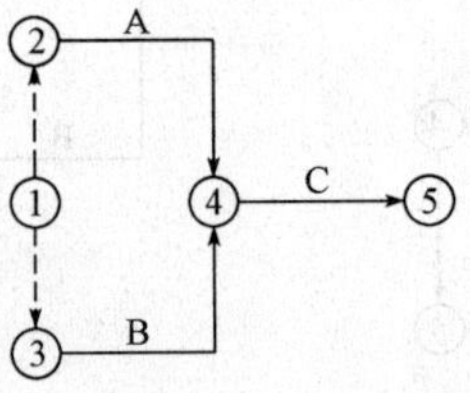	C 工作依赖 A、B 工作，A、B 工作是平行工作
6	有 A、B、C、D 四项工作，只有当 A、B 完成后 C、D 才能开始	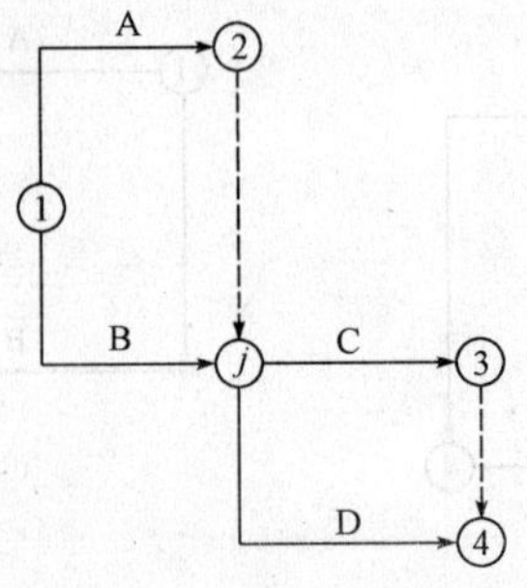	通过中间事件 j 正确地表达了 A、B、C、D 之间的关系

序号	工作之间的逻辑关系	网络计划图中表示方法	说　明
7	有 A、B、C、D 四项工作，A 完成后 C 才能开始，A、B 完成后 D 才能开始		D 工作与 A 工作之间引入了逻辑连接（虚工作），只有这样才能正确表达它们之间的约束关系
8	有 A、B、C、D、E 五项工作，A、B 完成后 C 才能开始，B、D 完成后 E 才能开始		虚工作 $i-j$ 反映出 C 工作受到 B 工作的约束；虚工作 $i-k$ 反映出 E 工作受到 B 工作的约束
9	有 A、B、C、D、E 五项工作，只有 A、B、C 完成后 D 才能开始，B、C 完成后 E 才能开始		各工作之间的关系通过虚工作联系起来，虚工作表示 D 工作受到 A、B、C 工作约束，E 工作受到 B、C 工作约束
10	A、B 两项工作分三个施工段平行施工		每个工种工程建立专业工作队，在每个施工段上进行流水作业，不同工种之间用逻辑搭接关系表示

（2）在双代号网络计划图中，对于单目标网络计划，只能有一个起点节点和一个终点节点。图 3-7（a）中出现了两个起点节点和两个终点节点，这是不允许的，改正后的网络计划图如图 3-7（b）所示。

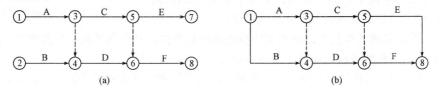

(a)　　　　　　　　　　　　　(b)

图 3-7　双代号网络计划图的起点节点和终点节点的表示方法

（a）错误；（b）正确

（3）在一个网络计划图中，不允许出现一个代号表示一个工作，或两个相同的代号表示两项工作。图 3-8（a）、（b）是错误的，改正后的网络计划图如图 3-8（c）所示。

（4）在网络计划图中不允许出现有双向箭头或无箭头的工作。

（5）在一个网络计划图中，同一项工作不能出现两次或两次以上。如图 3-9（a）所示，D 工作在网络中出现了两次，在同一个网络计划图中是不允许的，改正后的网络计划图如图 3-9（b）所示。

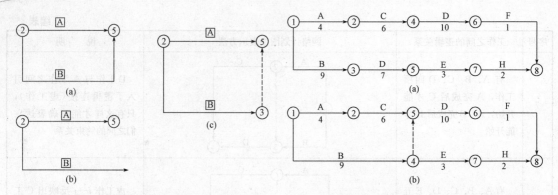

图3-8 双代号网络计划图中工作的表示方法

(a),(b)错误;(c)正确

图3-9 网络计划图中同一项工作不能重复出现

(a)错误;(b)正确

(6)绘制网络计划图时宜避免箭线交叉,当交叉不可避免时,可采用过桥法或断路法表示,如图3-10所示。

(7)不能有多余的虚工作。在图3-11(a)中有一个多余的虚工作,改正后的网络计划图如图3-11(b)所示。

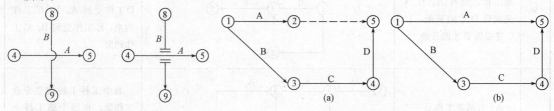

图3-10 箭线交叉的处理方法

图3-11 不能有多余虚工作

(a)错误;(b)正确

(8)在网络计划图中不能出现循环线路。图3-12有一个循环回路,在网络计划图中是不允许的。

2. 双代号网络计划图的绘制步骤

(1)绘制没有紧前工作的工作箭线,使它们具有相同的开始节点,以保证网络计划图只有一个起点节点。

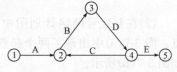

图3-12 不能出现循环线路

(2)依次绘制其他工作箭线。这些工作箭线的绘制条件是其所有紧前工作箭线都已经绘制出来。在绘制这些工作箭线时,应按下列原则进行:

1)当所要绘制的工作只有一项紧前工作时,将该工作箭线直接画在其紧前工作箭线之后即可。

2)当所要绘制的工作有多项紧前工作时,应按以下四种情况分别予以考虑。

①对于所要绘制的工作(本工作)而言,如果在其紧前工作之中存在一项只作为本工作紧前工作的工作(在"紧前工作"栏目中,该紧前工作只出现一次),则应将本工作箭线直接画在该紧前工作箭线之后,然后用虚箭线将其他紧前工作箭线的箭头节点与本工作箭线的箭尾节点分别相连,以表达它们之间的逻辑关系。

②对于所要绘制的工作(本工作)而言,如果在其紧前工作之中存在多项只作为本工作紧前工作的工作,应先将这些紧前工作箭线的箭头节点合并,再从合并后的节点开始,画出本工作箭线,最后用虚箭线将其他紧前工作箭线的箭头节点与本工作箭线的箭尾节点分别相连,以表达它们之间的逻辑关系。

③对于所要绘制的工作(本工作)而言，如果不存在情况①和情况②，应判断本工作的所有紧前工作是否都同时作为其他工作的紧前工作(在"紧前工作"栏中，这几项紧前工作是否均同时出现若干次)。如果上述条件成立，应先将这些紧前工作箭线的箭头节点合并后，从合并后的节点开始画出本工作箭线。

④对于所要绘制的工作(本工作)而言，如果既不存在情况①和情况②，也不存在情况③，则应将本工作箭线单独画在其紧前工作箭线之后的中部，然后用虚箭线将其各紧前工作箭线的箭头节点与本工作箭线的箭尾节点分别相连，以表达它们之间的逻辑关系。

(3)当各项工作箭线都绘制出来之后，应合并那些没有紧后工作的工作箭线的箭头节点，以保证网络计划图只有一个终点节点(多目标网络计划除外)。

(4)按照各项工作的逻辑顺序将网络计划图绘好以后，就要给节点进行编号。

1)编号的目的是赋予每项工作一个代号，便于进行网络计划图时间参数的计算。当采用电子计算机来进行计算时，工作代号就显得尤为必要。

2)编号的基本要求是箭尾节点的号码应小于箭头节点的号码($i < j$)，同时任何号码不得在同一张网络计划图中重复出现。但是号码可以不连续，即中间可以跳号，如编成 1，3，5…或 10，15，20…均可。这样做的好处是将来需要临时加入工作时不致打乱全图的编号。

3)为了保证编号能符合要求，编号应这样进行：先用打算使用的最小数编起点节点的代号，以后的编号每次都应比前一代号大，而且只有指向一个节点的所有工作的箭尾节点全部编好代号，这个节点才能编一个比所有已编号码都大的代号。

4)编号的方法分为水平编号法和垂直编号法两种。

①水平编号法。水平编号法是从起点节点开始由上至下逐行编号，每行则自左向右按顺序编排，如图 3-13 所示。

②垂直编号法。垂直编号法是从起点节点开始自左向右逐列编号，每列则根据编号规则的要求或自上而下，或自下而上，或先上下后中间，或先中间后上下进行编排，如图 3-14 所示。

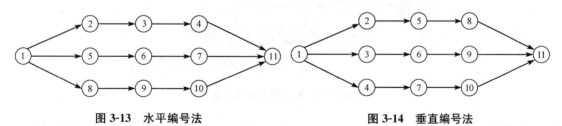

图 3-13　水平编号法　　　　　　　图 3-14　垂直编号法

以上方法是已知每一项工作的紧前工作时的绘图方法，当已知每一项工作的紧后工作时，也可按类似的方法进行网络计划图的绘制，只是其绘图顺序由前述的从左向右改为从右向左。

二、双代号网络计划图的排列方法

为使网络计划更确切地反映建筑工程施工特点，绘图时可根据不同的工程情况、施工组织和使用要求灵活排列，以简化层次，使各个工作间在工艺上和组织上的逻辑关系更清晰，便于计算和调整。

建筑工程施工网络计划主要有以下几种排列方法：

(1)混合排列法。混合排列法是根据施工顺序和逻辑关系将各施工过程对称排列，如图 3-15 所示。

绘制双代号网络图应注意的问题

(2)按施工段排列法。按施工段排列法是将同一施工段的各项工作排列在同一水平线上的方法，如图 3-16 所示。此时网络计划突出表示工作面的连续或工作队的连续。

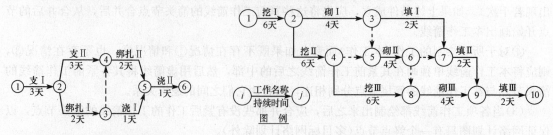

图 3-15　混合排列法示意　　　　　　图 3-16　按施工段排列法示意

(3)按施工层排列法。如果在流水作业中，若干个不同工种工作沿着建筑物的楼层展开，可以把同一楼层的各项工作排在同一水平线上。图 3-17 所示为内装修工程的三项工作按施工层（以楼层为施工层）自上而下的流向进行施工的网络图。

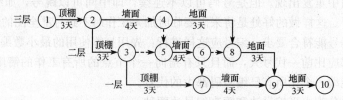

图 3-17　按施工层排列法示意

(4)按工种排列法。按工种排列法是将同一工种的各项工作排列在同一水平方向上的方法，如图 3-18 所示。此时，网络计划突出表示工种的连续作业。

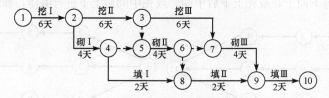

图 3-18　按工种排列法示意

必须指出，上述几种排列方法往往在一个单位工程的施工进度网络计划中同时出现。此外，还有按施工或专业单位排列法、按栋号排列法、按分部工程排列法等。原理同前面几种排列法，在此不一一赘述。在实际工作中，可以按使用要求灵活地选用以上几种网络计划的排列方法。

【例 3-1】　根据表 3-3 中某工程各施工过程的逻辑关系，绘制双代号网络计划图。

表 3-3　某工程各施工过程的逻辑关系

施工过程名称	A	B	C	D	E	F	G	H
紧前过程	—	—	—	A	A、B	A、B、C	D、E	E、F
紧后过程	D、E、F	E、F	F	G	G、H	H	I	I

【解】　绘制该网络计划图，可按下面要点进行：

(1)由于 A、B、C 均无紧前工作，A、B、C 工作必然为平行开工的三个过程。

(2)D 工作只受 A 工作控制，E 工作同时受 A、B 工作控制，F 工作同时受 A、B、C 工作控制，故D工作可直接排在A工作后，E工作排在B工作后，但用虚箭线同A工作相连，F工作排在C工作后，用虚箭线与A、B工作相连。

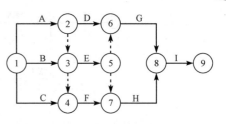

（3）G工作在D工作后，但又受控于E工作，故E工作与G工作应有虚箭线相连，H工作在F工作后，但也受控于E工作，故E工作与H工作应有虚箭线。

（4）G、H工作交汇于I工作。

图3-19　网络计划图的绘制

综上所述，绘出的双代号网络计划图如图3-19所示。

在正式画图之前，应先画一个草图。草图不求整齐美观，只要求工作之间的逻辑关系能够得到正确的表达，线条长短曲直、穿插迂回都可不必计较。经检查无误之后，就可进行图面的设计。安排好节点的位置，注意箭线的长度，尽量减少交叉，除虚箭线外，所有箭线均采用水平直线或带部分水平直线的折线，保持图面匀称、清晰、美观。最后进行节点编号。

【例3-2】　某三跨车间地面水磨石工程，按镶玻璃条、铺抹水泥石子浆面层、浆面磨光三个施工过程，每个施工过程划分为A、B、C三个施工段进行搭接施工，其施工持续时间见表3-4，试绘制双代号网络计划图。

表3-4　施工持续时间

施工过程名称	持续时间/天		
	A跨	B跨	C跨
镶玻璃条	4	3	4
铺抹水泥石子浆面层	3	2	3
浆面磨光	2	1	2

【解】　（1）根据施工工艺可以得出各工作逻辑关系，见表3-5。

表3-5　各工作逻辑关系

工作名称	镶A	镶B	镶C	铺A	铺B	铺C	浆A	浆B	浆C
紧前工作	—	镶A	镶B	镶A	镶B、铺A	镶C、铺B	铺A	铺B、浆A	铺C、浆B
持续时间	4	3	4	3	2	3	2	1	2

（2）根据逻辑关系绘制双代号网络计划图草图，如图3-20所示。

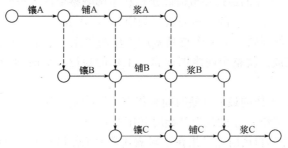

图3-20　地面水磨石工程双代号网络计划图草图

（3）检查逻辑关系并检查是否有多余的虚工作，绘制最终双代号网络计划图，如图3-21所示。

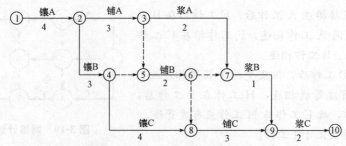

图 3-21 地面水磨石工程修改后的双代号网络计划图

三、双代号网络计划图的时间参数计算

(一)双代号网络计划图中常见的时间参数

双代号网络计划的时间参数主要有三类：工期、工作的时间参数和节点的时间参数。

1. 工期

工期泛指完成一项任务所需要的时间，一般有以下三种工期：

(1)计算工期。计算工期是指根据网络计划时间参数计算所得到的工期，用 T_c 表示。

(2)合同工期(要求工期)。合同工期是指任务委托人提出的指令性工期或合同条款中所规定的工期，用 T_r 表示。

(3)计划工期。计划工期是指根据要求工期和计算工期所确定的作为实施目标的工期，用 T_p 表示。

三种工期之间的关系应满足

$$T_c \leqslant T_p \leqslant T_r \tag{3-1}$$

2. 工作的时间参数

(1)持续时间。持续时间是指一项工作从开始到完成所需要的时间，用 D_{i-j} 表示。

(2)最早开始时间。工作的最早开始时间是指本工作的所有紧前工作全部完成后，本工作有可能开始的最早时刻。工作 $i-j$ 的最早开始时间用 ES_{i-j} 表示。

工作的最早开始时间反映了本工作与其紧前工作的关系，即本工作若提前开始，也不能提前到其紧前工作未完成之前。就整个网络图而言，工作的最早开始时间受到起点节点的控制。

(3)最早完成时间。工作的最早完成时间是指本工作的所有紧前工作全部完成后，本工作有可能完成的最早时刻。工作 $i-j$ 的最早完成时间用 EF_{i-j} 表示。

(4)最迟完成时间。工作的最迟完成时间是指在不影响整个任务按期完成的前提下，本工作必须完成的最迟时刻。工作 $i-j$ 的最迟完成时间用 LF_{i-j} 表示。

工作的最迟完成时间反映了本工作与其紧后工作的关系，即本工作要推迟完成，也不能影响其紧后工作的按期完成。就整个网络图而言，工作的最迟完成时间受到终点节点(即计算工期)的控制。

(5)最迟开始时间。工作的最迟开始时间是指在不影响整个任务按期完成的前提下，本工作必须开始的最迟时刻。工作 $i-j$ 的最迟开始时间用 LS_{i-j} 表示。

(6)自由时差。工作的自由时差是指在不影响其紧后工作最早开始时间的前提下，本工作可以自由利用的机动时间。工作 $i-j$ 的自由时差用 FF_{i-j} 表示。

不难看出，在不影响其紧后工作最早开始时间的前提下，一项工作可以自由利用的时间范围是自该工作最早开始时间至其紧后工作最早开始时间的时间段，因而，在这一时间段内，扣除工作实际需要的持续时间后，还有的一段时间，即自由时差。使用本工作的自由时差不会对其他工作产生影响。由此可见，在仅考虑计算工期的前提下，双代号网络图中，关键工作的自由时差必为零。

(7)总时差。工作的总时差是指在不影响总工期的前提下，本工作可以利用的机动时间。工作 $i-j$ 的总时差用 TF_{i-j} 表示。

某工作的总时差是其自由时差和相关时差（会影响其他工作最早开始的时差）之和，为该工作所在线路共有。不难看出，在不影响总工期的前提下，一项工作可以利用的时间范围是自该工作最早开始时间至最迟完成时间的时间段，即工作从最早开始时间或最迟开始时间开始，均不会影响总工期。因而，在这一时间段内，扣除工作实际需要的持续时间后，余下的一段时间就是工作可以利用的机动时间，即为总时差。当某项工作使用了部分总时差时，将引起通过该工作的线路上所有工作总时差的重新分配。在仅考虑计算工期的前提下，双代号网络图中，总时差为零的工作必为关键工作，同时其自由时差也一定为零。

3. 节点的时间参数

(1)节点最早时间。双代号网络计划中，以该节点为开始节点的各项工作的最早开始时间，称为该节点的最早时间。节点 i 的最早时间用 ET_i 表示。

(2)节点最迟时间。双代号网络计划中，以该节点为完成节点的各项工作的最迟完成时间，称为该节点的最迟时间。节点 i 的最迟时间用 LT_i 表示。

(二)双代号网络计划时间参数的计算

双代号网络图的时间参数，分为工作的时间参数和节点的时间参数两类，其计算方法如下。

1. 工作计算法

按工作计算法计算时间参数应在确定各项工作的持续时间之后进行。虚工作必须视同工作进行计算，其持续时间为零。工作计算法计算时间参数的计算结果应标注在箭线之上，如图 3-22 所示。

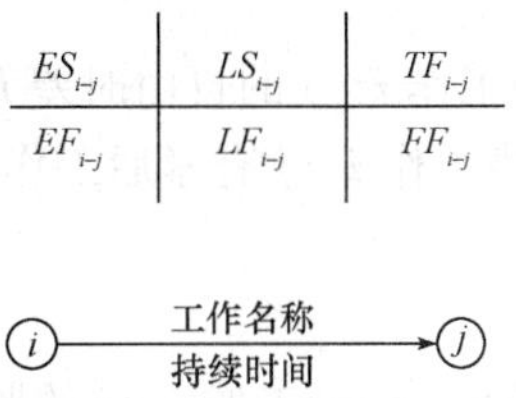

(1)工作最早开始时间的计算应符合下列规定：

1)工作 $i-j$ 的最早开始时间 ES_{i-j} 应从网络计划的起点节点开始顺着箭线方向依次逐项计算。

| ES_{i-j} | LS_{i-j} | TF_{i-j} |
| EF_{i-j} | LF_{i-j} | FF_{i-j} |

图 3-22　按工作计算法的标注内容

注：当为虚工作时，图中的箭线为虚箭线。

2)对以起点节点 i 为箭尾节点的工作 $i-j$，当未规定其最早开始时间 ES_{i-j} 时，其值应等于零，即

$$ES_{i-j}=0 \quad (i=1) \tag{3-2}$$

3)当工作 $i-j$ 只有一项紧前工作 $h-i$ 时，其最早开始时间 ES_{i-j} 为

$$ES_{i-j}=ES_{h-i}+D_{h-i} \tag{3-3}$$

4)当工作 $i-j$ 有多个紧前工作时，其最早开始时间 ES_{i-j} 为

$$ES_{i-j}=\max\{ES_{h-i}+D_{h-i}\} \tag{3-4}$$

式中　ES_{h-i}——工作 $i-j$ 的各项紧前工作 $h-i$ 的最早开始时间；

D_{h-i}——工作 $i-j$ 的各项紧前工作 $h-i$ 的持续时间。

(2)工作 $i-j$ 的最早完成时间 EF_{i-j} 应按下式计算：

$$EF_{i-j}=ES_{i-j}+D_{i-j} \tag{3-5}$$

(3)网络计划的计算工期 T_c 应按下式计算：

$$T_c=\max\{EF_{i-n}\} \tag{3-6}$$

式中　EF_{i-n}——以终点节点 $(j=n)$ 为箭头节点的工作 $i-n$ 的最早完成时间。

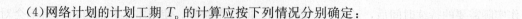

(4)网络计划的计划工期 T_p 的计算应按下列情况分别确定：

1)当已规定要求工期 T_r 时：

$$T_p \leqslant T_r \tag{3-7}$$

2)当未规定要求工期 T_r 时：

$$T_p = T_r \tag{3-8}$$

(5)工作最迟完成时间。

1)工作 $i-j$ 的最迟完成时间 LF_{i-j} 应从网络计划的终点节点开始，逆着箭线方向依次逐项计算。

2)对以终点节点 $(j=n)$ 为箭头节点的工作的最迟完成时间 LF_{i-n}，应按网络计划的计划工期 T_p 确定，即

$$LF_{i-n} = T_p \tag{3-9}$$

3)其他工作 $i-j$ 的最迟完成时间 LF_{i-j} 为

$$LF_{i-j} = \min\{LF_{j-k} - D_{j-k}\} \tag{3-10}$$

式中　LF_{j-k}——工作 $i-j$ 的各项紧后工作 $j-k$ 的最迟完成时间；

　　　D_{j-k}——工作 $i-j$ 的各项紧后工作 $j-k$ 的持续时间。

(6)工作 $i-j$ 的最迟开始时间 LS_{i-j} 应按下式计算：

$$LS_{i-j} = LF_{i-j} - D_{i-j} \tag{3-11}$$

(7)工作 $i-j$ 的总时差 TF_{i-j} 应按下式计算：

$$TF_{i-j} = LS_{i-j} - ES_{i-j} \tag{3-12}$$

或

$$TF_{i-j} = LF_{i-j} - EF_{i-j} \tag{3-13}$$

(8)工作 $i-j$ 的自由时差 FF_{i-j} 的计算应符合下列规定：

1)当工作 $i-j$ 有紧后工作 $j-k$ 时，其自由时差为

$$FF_{i-j} = ES_{j-k} - ES_{i-j} - D_{i-j} \tag{3-14}$$

或

$$FF_{i-j} = ES_{j-k} - EF_{i-j} \tag{3-15}$$

式中　ES_{j-k}——工作 $i-j$ 的紧后工作 $j-k$ 的最早开始时间。

2)以终点节点 $(j=n)$ 为箭头节点的工作，其自由时差 FF_{i-j} 应按网络计划的计划工期 T_p 确定，即

$$FF_{i-j} = T_p - ES_{i-j} - D_{i-j} \tag{3-16}$$

或

$$FF_{i-j} = T_p - EF_{i-j} \tag{3-17}$$

【例 3-3】 如图 3-23 所示，试按工作计算法计算各项工作的最早开始时间和最早完成时间、最迟开始时间和最迟完成时间、总时差、自由时差。

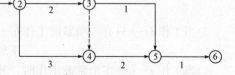

图 3-23　某工程双代号网络

【解】　(1)计算工作的最早开始时间和最早完成时间。

$ES_{1-2} = 0$　　　　　　　　　$EF_{1-2} = ES_{1-2} + D_{1-2} = 0 + 3 = 3$

$ES_{2-3} = EF_{1-2} = 3$　　　　$EF_{2-3} = ES_{2-3} + D_{2-3} = 3 + 2 = 5$

$ES_{2-4} = EF_{1-2} = 3$　　　　$EF_{2-4} = ES_{2-4} + D_{2-4} = 3 + 3 = 6$

$ES_{3-4} = EF_{2-3} = 5$　　　　$EF_{3-4} = ES_{3-4} + D_{3-4} = 5 + 0 = 5$

$ES_{3-5} = EF_{2-3} = 5$　　　　$EF_{3-5} = ES_{3-5} + D_{3-5} = 5 + 1 = 6$

$ES_{4-5} = \max\{EF_{2-4}, EF_{3-4}\} = \max\{6, 5\} = 6$

$EF_{4-5}=ES_{4-5}+D_{4-5}=6+2=8$

$ES_{5-6}=\max\{EF_{3-5},\ EF_{4-5}\}=\max\{6,\ 8\}=8$

$EF_{5-6}=ES_{5-6}+D_{5-6}=8+1=9$

(2)计算工作的最迟开始时间和最迟完成时间。

$LF_{5-6}=EF_{5-6}=9$ $LS_{5-6}=LF_{5-6}-D_{5-6}=9-1=8$

$LF_{4-5}=LS_{5-6}=8$ $LS_{4-5}=LF_{4-5}-D_{4-5}=8-2=6$

$LF_{3-5}=LS_{5-6}=8$ $LS_{3-5}=LF_{3-5}-D_{3-5}=8-1=7$

$LF_{3-4}=LS_{4-5}=6$ $LS_{3-4}=LF_{3-4}-D_{3-4}=6-0=6$

$LF_{2-3}=\min\{LS_{3-4},\ LS_{3-5}\}=\min\{6,\ 7\}=6$

$LS_{2-3}=LF_{2-3}-D_{2-3}=6-2=4$

$LF_{2-4}=LS_{4-5}=6$ $LS_{2-4}=LF_{2-4}-D_{2-4}=6-3=3$

$LF_{1-2}=\min\{LS_{2-3},\ LS_{2-4}\}=\min\{4,\ 3\}=3$

$LS_{1-2}=LF_{1-2}-D_{1-2}=3-3=0$

(3)计算工作的总时差。

$TF_{1-2}=LS_{1-2}-ES_{1-2}=0-0=0$

$TF_{2-3}=LS_{2-3}-ES_{2-3}=4-3=1$

$TF_{2-4}=LS_{2-4}-ES_{2-4}=3-3=0$

$TF_{3-4}=LS_{3-4}-ES_{3-4}=6-5=1$

$TF_{3-5}=LS_{3-5}-ES_{3-5}=7-5=2$

$TF_{4-5}=LS_{4-5}-ES_{4-5}=6-6=0$

$TF_{5-6}=LS_{5-6}-ES_{5-6}=8-8=0$

(4)计算工作的自由时差。

$FF_{1-2}=ES_{2-3}-EF_{1-2}=3-3=0$

$FF_{2-3}=ES_{3-4}-EF_{2-3}=5-5=0$

$FF_{2-4}=ES_{4-5}-EF_{2-4}=6-6=0$

$FF_{3-4}=ES_{4-5}-EF_{3-4}=6-5=1$

$FF_{3-5}=ES_{5-6}-EF_{3-5}=8-6=2$

$FF_{4-5}=ES_{5-6}-EF_{4-5}=8-8=0$

$FF_{5-6}=T_c-EF_{5-6}=\max\{EF_{i-n}\}-EF_{5-6}=9-9=0$

2. 节点计算法

按节点计算法计算时间参数应在确定各项工作的持续时间之后进行。虚工作必须视同工作进行计算，其持续时间为零。节点计算法计算时间参数，其计算结果应标注在箭线之上，如图 3-24 所示。

图 3-24　按节点计算法的标注内容

(1)节点最早时间的计算应符合下列规定：

1)节点 i 的最早时间 ET_i 应从网络计划的起点节点开始，顺着箭线方向依次逐项计算。

2)起点节点 i 如未规定最早时间 ET_i，其值应等于零，即

$$ET_i=0\quad(i=1)\tag{3-18}$$

3)当节点 j 只有一条内向箭线时，最早时间 ET_j 为

$$ET_j=ET_i+D_{i-j}\tag{3-19}$$

4)当节点 j 有多条内向箭线时，其最早时间 ET_j 为

$$ET_j = \max\{ET_i + D_{i-j}\} \tag{3-20}$$

式中　D_{i-j}——工作 $i-j$ 的持续时间。

（2）网络计划的计算工期 T_c 应按下式计算：

$$T_c = ET_n \tag{3-21}$$

式中　ET_n——终点节点 n 的最早时间。

（3）网络计划的计划工期 T_p 的确定应符合工作计算法中第（4）项的规定。

（4）节点最迟时间的计算应符合下列规定：

1）节点 i 的最迟时间 LT_i 应从网络计划的终点节点开始，逆着箭线的方向依次逐项计算。当部分工作分期完成时，有关节点的最迟时间必须从分期完成节点开始逆向逐项计算。

2）终点节点 n 的最迟时间 LT_n 应按网络计划的计划工期 T_p 确定，即

$$LT_n = T_p \tag{3-22}$$

分期完成节点的最迟时间应等于该节点规定的分期完成的时间。

3）其他节点的最迟时间 LT_i 应为

$$LT_i = \min\{LT_j - D_{i-j}\} \tag{3-23}$$

式中　LT_j——工作 $i-j$ 的箭头节点 j 的最迟时间。

（5）根据节点的最早时间和最迟时间判定工作的 6 个时间参数。

1）工作 $i-j$ 的最早开始时间 ES_{i-j} 应按下式计算：

$$ES_{i-j} = ET_i \tag{3-24}$$

2）工作 $i-j$ 的最早完成时间 EF_{i-j} 应按下式计算：

$$EF_{i-j} = ET_i + D_{i-j} \tag{3-25}$$

3）工作 $i-j$ 的最迟完成时间 LF_{i-j} 应按下式计算：

$$LF_{i-j} = LT_j \tag{3-26}$$

4）工作 $i-j$ 的最迟开始时间 LS_{i-j} 应按下式计算：

$$LS_{i-j} = LT_j - D_{i-j} \tag{3-27}$$

5）工作 $i-j$ 的总时差 TF_{i-j} 应按下式计算：

$$TF_{i-j} = LT_j - ET_i - D_{i-j} \tag{3-28}$$

6）工作 $i-j$ 的自由时差 FF_{i-j} 应按下式计算：

$$FF_{i-j} = ET_j - ET_i - D_{i-j} \tag{3-29}$$

【例 3-4】　以图 3-25 所示为例，说明按节点计算法计算双代号网络图时间参数。

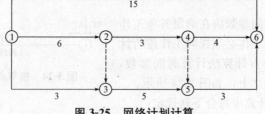

图 3-25　网络计划计算

【解】　（1）计算各节点最早时间。

$ET_1 = 0$

$ET_2 = ET_1 + D_{1-2} = 0 + 6 = 6$

$ET_3 = \max\{ET_2 + D_{2-3}, ET_1 + D_{1-3}\} = \max\{0+6, 0+3\} = 6$

$ET_4 = ET_2 + D_{2-4} = 6 + 3 = 9$

$ET_5 = \max\{ET_4 + D_{4-5},\ ET_3 + D_{3-5}\} = \max\{9+0,\ 6+5\} = 11$

$ET_6 = \max\{ET_1 + D_{1-6},\ ET_4 + D_{4-6},\ ET_5 + D_{5-6}\} = \max\{0+15,\ 9+4,\ 11+3\} = 15$

(2)计算各节点最迟时间。

$LT_6 = T_p = T_c = ET_6 = 15$

$LT_5 = LT_6 - D_{5-6} = 15 - 3 = 12$

$LT_4 = \min\{LT_6 - D_{4-6},\ LT_5 - D_{5-6}\} = \min\{15-4,\ 12-0\} = 11$

$LT_3 = LT_5 - D_{2-3} = 12 - 5 = 7$

$LT_2 = \min\{LT_4 - D_{2-3},\ LT_3 - D_{2-3}\} = \min\{11-3,\ 7-0\} = 7$

$LT_1 = \min\{LT_6 - D_{1-6},\ LT_2 - D_{1-2},\ LT_3 - D_{1-3}\} = \min\{15-15,\ 7-6,\ 7-3\} = 0$

(3)根据各节点时间参数计算工作的六个时间参数。

1)工作最早开始时间。

$ES_{1-6} = ES_{1-2} = ES_{1-3} = ET_1 = 0$

$ES_{2-4} = ET_2 = 6$

$ES_{3-5} = ET_3 = 6$

$ES_{4-6} = ET_4 = 9$

$ES_{5-6} = ET_5 = 11$

2)工作最早完成时间。

$EF_{1-6} = ET_1 + D_{1-6} = 0 + 15 = 15$

$EF_{1-2} = ET_1 + D_{1-2} = 0 + 6 = 6$

$EF_{1-3} = ET_1 + D_{1-3} = 0 + 3 = 3$

$EF_{2-4} = ET_2 + D_{2-4} = 6 + 3 = 9$

$EF_{3-5} = ET_3 + D_{3-5} = 6 + 5 = 11$

$EF_{4-6} = ET_4 + D_{4-6} = 9 + 4 = 13$

$EF_{5-6} = ET_5 + D_{5-6} = 11 + 3 = 14$

3)工作最迟完成时间。

$LF_{1-6} = LT_6 = 15$

$LF_{1-2} = LT_2 = 7$

$LF_{1-3} = LT_3 = 7$

$LF_{2-4} = LT_4 = 11$

$LF_{3-5} = LT_5 = 12$

$LF_{4-6} = LT_6 = 15$

$LF_{5-6} = LT_6 = 15$

4)工作最迟开始时间。

$LS_{1-6} = LT_6 - D_{1-6} = 15 - 15 = 0$

$LS_{1-2} = LT_2 - D_{1-2} = 7 - 6 = 1$

$LS_{1-3} = LT_3 - D_{1-3} = 7 - 3 = 4$

$LS_{2-4} = LT_4 - D_{2-4} = 11 - 3 = 8$

$LS_{3-5} = LT_5 - D_{3-5} = 12 - 5 = 7$

$LS_{4-6} = LT_6 - D_{4-6} = 15 - 4 = 11$

$LS_{5-6} = LT_6 - D_{5-6} = 15 - 3 = 12$

5)总时差。

$$TF_{1-6}=LT_6-ET_1-D_{1-6}=15-0-15=0$$
$$TF_{1-2}=LT_2-ET_1-D_{1-2}=7-0-6=1$$
$$TF_{1-3}=LT_3-ET_1-D_{1-3}=7-0-3=4$$
$$TF_{2-4}=LT_4-ET_2-D_{2-4}=11-6-3=2$$
$$TF_{3-5}=LT_5-ET_3-D_{3-5}=12-6-5=1$$
$$TF_{4-6}=LT_6-ET_4-D_{4-6}=15-9-4=2$$
$$TF_{5-6}=LT_6-ET_5-D_{5-6}=15-11-3=1$$

6）自由时差。

$$FF_{1-6}=ET_6-ET_1-D_{1-6}=15-0-15=0$$
$$FF_{1-2}=ET_2-ET_1-D_{1-2}=6-0-6=0$$
$$FF_{1-3}=ET_3-ET_1-D_{1-3}=6-0-3=3$$
$$FF_{2-4}=ET_4-ET_2-D_{2-4}=9-6-3=0$$
$$FF_{3-5}=ET_5-ET_3-D_{3-5}=11-6-5=0$$
$$FF_{4-6}=ET_6-ET_4-D_{4-6}=15-9-4=2$$
$$FF_{5-6}=ET_6-ET_5-D_{5-6}=15-11-3=1$$

3. 关键工作和关键线路的确定

（1）关键工作的确定。网络计划中，机动时间最少的工作为关键工作，所以，工作总时差最小的工作即为关键工作。在计划工期等于计算工期时，总时差为零的工作即为关键工作。

（2）关键线路的确定。

1）算出所有线路的持续时间，其中持续时间最长的线路为关键线路。这种方法的缺点是找齐所有线路的工作量很大，不适用于实际工程。

2）总时差最小的工作为关键工作，将所有关键工作连起来即为关键线路，在网络图上应用粗线双线或彩色线标注。这种方法的缺点是计算各工作总时差的工作量较大。

3）节点标号法，快速确定关键线路的方法。应用这种方法，在计算节点最早时间的同时就"顺便"把关键线路找出来了，其具体步骤如下：

①从起点节点向终点节点计算节点最早时间。

②在计算节点最早时间的同时，每标注一个节点最早时间，都要把该节点的最早时间是由哪个节点计算而来的节点编号标在该节点上。

③自终点节点开始，从右向左，逆箭线方向，按所标节点编号可绘出一条（或几条）线路，该线路即为关键线路。

第三节　单代号网络计划图

一、单代号网络计划图的构成

单代号网络计划图和双代号网络计划图一样，也由三要素组成，但其含义却完全不同。

1. 节点

单代号网络计划图中的节点可以用圆圈或方框表示，一个节点表示一项具体的工作过程。

节点所表示的工作名称、持续时间和代号一般都标注在圆圈内。值得注意的是单代号网络计划图的开始节点和结束节点不同于双代号网络计划图，而是要视网络计划图中最先开始的工作数量或者最后结束的工作数量的多少来决定节点的选择方式，如图 3-26 所示。

2. 箭线

在单代号网络计划图中箭线表示工作之间的相互关系，它既不消耗时间也不消耗资源，代表工作之间的直接约束关系。因此，单代号网络计划图中不用虚箭线，箭线的箭头方向表示工作的前进方向。同时单代号网络计划图的逻辑关系越复杂，表示直接联系的箭线就越多，因而就会出现箭线交叉的情况。图 3-26 中，A 工作为 B、C 工作的紧前工作，D 工作为 B、C 工作的紧后工作。

3. 节点编号

单代号网络计划图的节点编号是以一个单独编号表示一项工作，编号原则和双代号相同，也应从小到大、从左往右，箭头编号大于箭尾编号。一项工作只能有一个代号，不得重号，如图 3-27 所示。

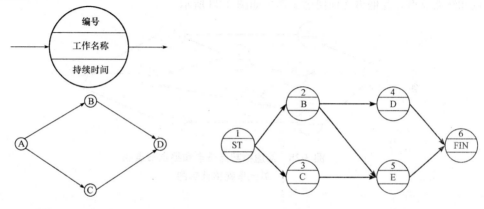

图 3-26　单代号网络计划图节点表示方法

图 3-27　单代号网络节点编号
ST—开始节点；FIN—完成节点

二、单代号网络计划图的绘制

1. 绘图基本规则

（1）正确表达已定的逻辑关系，在单代号网络计划图中，工作之间逻辑关系的表示方法比较简单，见表 3-6。

表 3-6　单代号网络计划图逻辑关系表示方法

序号	工作间的逻辑关系	单代号网络图的表示方法
1	A、B、C 三项工作依次完成	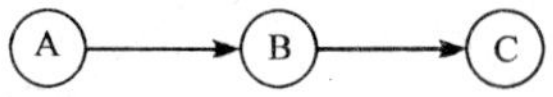 A → B → C
2	A、B 工作完成后进行 D 工作	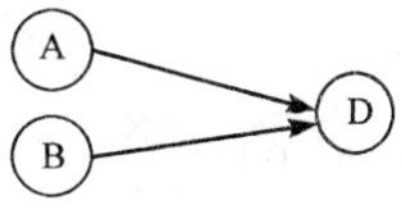 A、B → D
3	A 工作完成后，B、C 工作同时开始	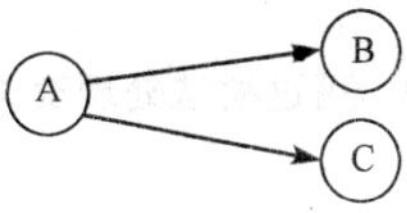 A → B、C

序号	工作间的逻辑关系	单代号网络图的表示方法
4	A 工作完成后进行 C 工作 A、B 工作完成后进行 D 工作	A → C B → D

(2)在单代号网络计划图中，严禁出现循环回路。

(3)在单代号网络计划图中，严禁出现双向箭头或无箭头的连线。

(4)在单代号网络计划图中，严禁出现没有箭尾节点的箭线和没有箭头节点的箭线。

(5)绘制网络计划图时，箭线不宜交叉。当交叉不可避免时，可采用过桥法或指向法绘制。

(6)单代号网络计划图只应有一个起点节点和一个终点节点。当网络计划图中有多个起点节点和多个终点节点时，应在网络计划图的两端分别设置一项虚工作，作为该网络计划图的起点节点和终点节点，其他再无任何虚工作，如图 3-28 所示。

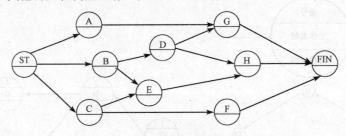

图 3-28 带虚拟起点节点和终点节点的
单代号网络计划图

2. 绘图基本方法

(1)在保证网络逻辑关系正确的前提下，图面布局要合理，层次要清晰，重点要突出。

(2)尽量避免交叉箭线。交叉箭线容易造成线路逻辑关系混乱，绘图时应尽量避免。无法避免时，对于较简单的相交箭线，可采用过桥法处理。如图 3-29(a)所示，C、D 工作是 A、B 工作的紧后工作，不可避免地出现了交叉，用过桥法处理后的网络计划图如图 3-29(b)所示。对于较复杂的相交线路可采用增加中间虚拟节点的办法进行处理，以简化图面。如图 3-30(a)所示，D、F、G 工作是 A、B、C 工作的紧后工作，出现了较复杂的交叉箭线，这时可增加一个中间虚拟节点(一个空圈)，化解交叉箭线，如图 3-30(b)所示。

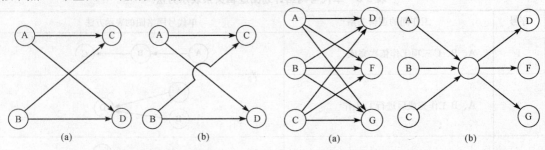

图 3-29 用过桥法处理交叉箭线　　　　　图 3-30 用虚拟中间节点处理交叉箭线

【**例 3-5**】 已知各工作之间的逻辑关系，见表 3-7，试绘制单代号网络计划图。

表 3-7 工作逻辑关系表

工作	A	B	C	D	E	G	H	I
紧前工作	—	—	—	—	A、B	B、C、D	C、D	E、G、H

【**解**】 绘制单代号网络计划图的过程如图 3-31 所示。

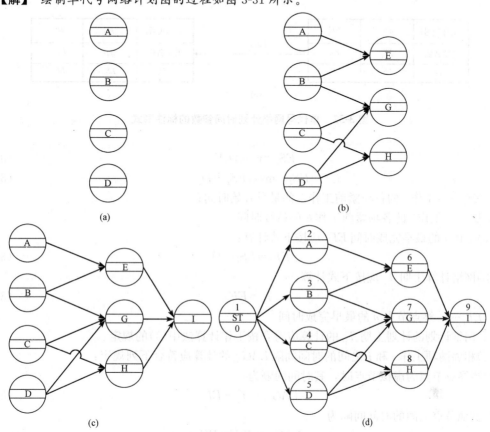

图 3-31 单代号网络计划图的绘图过程

三、单代号网络计划图时间参数的计算

单代号网络计划与双代号网络计划只是表现形式不同，它们所表达的内容完全一样。单代号网络计划的时间参数计算应在确定各项工作持续时间之后进行。单代号网络计划的时间参数基本内容和形式应按图 3-32 所示的方式标注。

单代号与双代号
网络图的比较

（1）工作最早开始时间的计算应符合下列规定：

1）工作 i 的最早开始时间 ES_i 应从网络图的起点节点开始顺着箭头方向依次逐项计算。

2）当起点节点 i 的最早开始时间 ES_i 无规定时，其值应等于零，即

$$ES_i = 0 \quad (i = 1)$$

(3-30)

3）其他工作的最早开始时间 ES_i 为

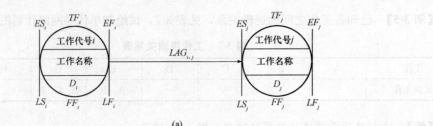

图 3-32 单代号网络计划时间参数的标注形式

$$ES_i = \max\{EF_k\} \tag{3-31}$$

或
$$ES_i = \max\{ES_k + D_k\} \tag{3-32}$$

式中　ES_k——工作 i 的各项紧前工作 k 的最早开始时间；

　　　D_k——工作 i 的各项紧前工作 k 的持续时间。

（2）工作 i 的最早完成时间 EF_i 应按下式计算：

$$EF_i = ES_i + D_i \tag{3-33}$$

（3）网络计算工期 T_c 应按下式计算：

$$T_c = EF_n \tag{3-34}$$

式中　EF_n——终点节点 n 的最早完成时间。

（4）网络计划的计划工期 T_p 的计算应符合按工作计算法中（4）的规定。

（5）相邻两项工作 i 和 j 之间的时间间隔 $LAG_{i,j}$ 的计算应符合下列规定：

1）当终点节点为虚拟节点时，其时间间隔为

$$LAG_{i,j} = T_p - EF_j \tag{3-35}$$

2）其他节点之间的时间间隔为

$$LAG_{i,j} = ES_j - EF_k \tag{3-36}$$

（6）工作总时差的计算应符合下列规定：

1）工作 i 的总时差 TF_i 应从网络计划的终点节点开始，逆着箭线方向依次逐项计算。当部分工作分期完成时，有关工作的总时差必须从分期完成的节点开始逆向逐项计算。

2）终点节点所代表工作 n 的总时差 TF_n 值为

$$TF_n = T_p - EF_n \tag{3-37}$$

3）其他工作 i 的总时差 TF_i 为

$$TF_i = \min\{TF_j + LAG_{i,j}\} \tag{3-38}$$

（7）工作 i 的自由时差 FF_i 的计算应符合下列规定：

1）终点节点所代表工作 n 的自由时差 FF_n 为

$$FF_n = T_p - EF_n \tag{3-39}$$

2）其他工作 i 的自由时差 FF_i 为

$$FF_i = \min\{LAG_{i,j}\} \tag{3-40}$$

（8）工作最迟完成时间的计算应符合下列规定：

1）工作i的最迟完成时间LF_i应从网络计划的终点节点开始，逆着箭线方向依次逐项计算。当部分工作分期完成时，有关工作的最迟完成时间应从分期完成的节点开始逆向逐项计算。

2）终点节点所代表的工作n的最迟完成时间LF_n，应按网络计划的计划工期T_p确定，即

$$LF_n = T_p \tag{3-41}$$

3）其他工作i的最迟完成时间LF_i中为

$$LF_i = \min\{LS_j\} \tag{3-42}$$

或

$$LF_i = EF_i + TF_i \tag{3-43}$$

式中 LS_j——工作i的各项紧后工作j的最迟开始时间。

（9）工作i的最迟开始时间LS_i应按下式计算：

$$LS_i = LF_i - D_i \tag{3-44}$$

或

$$LS_i = ES_i + TF_i \tag{3-45}$$

（10）关键工作和关键线路的确定。

1）单代号网络图关键工作的确定同双代号网络图。

2）利用关键工作确定关键线路。如前所述，总时差最小的工作为关键工作。将这些关键工作相连，并保证相邻两项关键工作之间的时间间隔为零而构成的线路就是关键线路，该线路在网络图上应用粗线双线或彩色线标注。

3）利用相邻两项工作之间的时间间隔确定关键线路。从网络计划的终点节点开始，逆着箭线方向依次找出相邻两项工作之间时间间隔为零的线路就是关键线路。

【例3-6】 试计算图3-33所示的某工程单代号网络计划的时间参数。

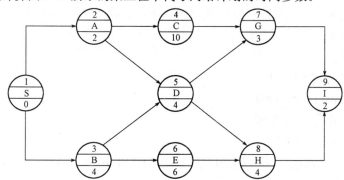

图3-33　某工程单代号网络计划

【解】 （1）计算各工作的最早开始时间和最早完成时间。

$ES_1 = 0$　　$EF_1 = 0$

工作A：$ES_2 = EF_1 = 0$　　$EF_2 = ES_2 + D_2 = 0 + 2 = 2$

工作B：$ES_3 = EF_1 = 0$　　$EF_3 = ES_3 + D_3 = 0 + 4 = 4$

工作C：$ES_4 = EF_2 = 2$　　$EF_4 = ES_4 + D_4 = 2 + 10 = 12$

工作D：$ES_5 = \max\{EF_2, EF_3\} = \max\{2, 4\} = 4$　　$EF_5 = ES_5 + D_5 = 4 + 4 = 8$

工作E：$ES_6 = EF_3 = 4$　　$EF_6 = ES_6 + D_6 = 4 + 6 = 10$

工作G：$ES_7 = \max\{EF_4, EF_5\} = \max\{12, 8\} = 12$　　$EF_7 = ES_7 + D_7 = 12 + 3 = 15$

工作H：$ES_8 = \max\{EF_5, EF_6\} = \max\{8, 10\} = 10$　　$EF_8 = ES_8 + D_8 = 10 + 4 = 14$

工作I：$ES_9 = \max\{EF_7, EF_8\} = \max\{15, 14\} = 15$　　$EF_9 = ES_9 + D_9 = 15 + 2 = 17$

（2）计算相邻两工作间的时间间隔。

$LAG_{7,9}=ES_9-EF_7=15-15=0$

$LAG_{8,9}=ES_9-EF_8=15-14=1$

$LAG_{4,7}=ES_7-EF_4=12-12=0$

$LAG_{5,7}=ES_7-EF_5=12-8=4$

$LAG_{5,8}=ES_8-EF_5=10-8=2$

$LAG_{6,8}=ES_8-EF_6=10-10=0$

$LAG_{2,4}=ES_4-EF_2=2-2=0$

$LAG_{2,5}=ES_5-EF_2=4-2=2$

$LAG_{3,5}=ES_5-EF_3=4-4=0$

$LAG_{3,6}=ES_6-EF_3=4-4=0$

$LAG_{1,3}=ES_3-EF_1=0-0=0$

$LAG_{1,2}=ES_2-EF_1=0-0=0$

(3)计算自由时差。

$FF_2=\min\{LAG_{2,4}, LAG_{2,5}\}=\min\{0, 2\}=0$

$FF_3=\min\{LAG_{3,5}, LAG_{3,6}\}=\min\{0, 0\}=0$

$FF_4=LAG_{4,7}=0$

$FF_5=\min\{LAG_{5,7}, LAG_{5,8}\}=\min\{4, 2\}=2$

$FF_6=LAG_{6,8}=0$

$FF_7=LAG_{7,9}=0$

$FF_8=LAG_{8,9}=1$

(4)计算总时差。

$TF_9=T_9-EF_9=17-17=0$

$TF_8=TF_9+LAG_{8,9}=0+1=1$

$TF_7=TF_9+LAG_{7,9}=0+0=0$

$TF_6=TF_8+LAG_{6,8}=1+0=1$

$TF_5=\min\{TF_8+LAG_{5,8}, TF_7+LAG_{5,7}\}=\min\{1+2, 0+4\}=3$

$TF_4=TF_7+LAG_{4,7}=0+0=0$

$TF_3=\min\{TF_5+LAG_{3,5}, TF_6+LAG_{3,6}\}=\min\{3+0, 1+0\}=1$

$TF_2=\min\{TF_4+LAG_{2,4}, TF_5+LAG_{2,5}\}=\min\{0+0, 3+2\}=0$

$TF_1=\min\{TF_2+LAG_{1,2}, TF_3+LAG_{1,3}\}=\min\{0+0, 1+0\}=0$

(5)计算各工作的最迟开始时间和最迟完成时间。

$LS_2=ES_2+TF_2=0+0=0$ $LF_2=LS_2+D_2=0+2=2$

$LS_3=ES_3+TF_3=0+1=1$ $LF_3=LS_3+D_3=1+4=5$

$LS_4=ES_4+TF_4=2+0=2$ $LF_4=LS_4+D_4=2+10=12$

$LS_5=ES_5+TF_5=4+3=7$ $LF_5=LS_5+D_5=7+4=11$

$LS_6=ES_6+TF_6=4+1=5$ $LF_6=LS_6+D_6=5+6=11$

$LS_7=ES_7+TF_7=12+0=12$ $LF_7=LS_7+D_7=12+3=15$

$LS_8=ES_8+TF_8=10+1=11$ $LF_8=LS_8+D_8=11+4=15$

$LS_9=ES_9+TF_9=15+0=15$ $LF_9=LS_9+D_9=15+2=17$

第四节　时标网络计划图

双代号时标网络计划(以下简称时标网络计划)是以时间坐标为尺度表示工作时间的网络计划。时标的时间单位应根据需要在编制网络计划之前确定，可为时、天、周、月或季等。由于时标网络计划具有形象直观、计算量小的突出优点，因此，其在工程实践中应用比较普遍。

一、时标网络计划的特点和适用范围

1. 时标网络计划的特点

时标网络计划与无时标网络计划相比，主要具有以下特点：

(1)它兼有网络计划与横道计划两者的优点，能够清楚地表明计划的时间进程。

(2)时标网络计划能在图上直接显示各项工作的开始与完成时间、工作自由时差及关键线路。

(3)时标网络计划在绘制中受到时间坐标的限制，因此不易产生循环回路之类的逻辑错误。

(4)利用时标网络计划图可以直接统计资源的需要量，以便进行资源优化和调整。

(5)因为箭线受时标的约束，故绘图不易，修改也较困难，往往要重新绘图，不过使用计算机较易解决这一问题。

2. 时标网络计划的适用范围

时标网络计划主要适用于以下几种情况：

(1)工作项目较少且工艺过程比较简单的施工计划，能快速绘制与调整。

(2)年、季、月等周期性网络计划。

(3)作业性网络计划。

(4)局部网络计划。

(5)使用实际进度前锋线进行进度控制的网络计划。

有时为了便于在图上直接表示每项工作的进度，可将已绘制好的网络计划再复制成时标网络计划(可用电子计算机来完成)。

二、时标网络计划的编制

1. 时标网络计划编制的一般规定

(1)时标网络计划应以实箭线表示工作，以虚箭线表示虚工作，以波形线表示工作的自由时差。无论哪一种箭线，均应在其末端绘出箭头。

(2)当工作中有时差时，按图 3-34 所示的方式表达，波形线紧接在实箭线的末端；当虚工作有时差时，按图 3-35 方式表达，不得在波线之后画实线。

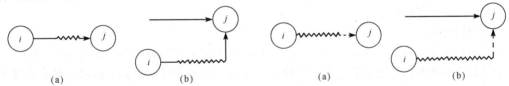

<table>
<tr><td>(a)</td><td>(b)</td><td>(a)</td><td>(b)</td></tr>
</table>

图 3-34　时标网络计划的箭线画法　　　　图 3-35　虚工作含有时差时的表示方法

(3)时标网络计划中所有符号在时间坐标上的水平投影位置，都必须与其时间参数相对应。节点中心必须对准相应的时标位置。虚工作必须以垂直方向的虚箭线表示，有自由时差时加波形线表示。

2. 时标网络计划的编制方法

时标网络计划宜按各项工作的最早开始时间编制。为此，在编制时标网络计划时应使每一个节点和每一项工作(包括虚工作)尽量向左靠，直至不出现从右向左的逆向箭线为止。

在编制时标网络计划之前，应先按已经确定的时间单位绘制时标网络计划表。时间坐标可以标注在时标网络计划表的顶部或底部。当网络计划的规模比较大且比较复杂时，可以在时标网络计划表的顶部和底部同时标注时间坐标。必要时，还可以在顶部时间坐标之上或底部时间坐标之下同时加注日历时间。时标网络计划表见表3-8。表中部的刻度线宜为细线。为使图面清晰简洁，此线也可不画或少画。

表 3-8 时标网络计划表

日历																
(时间单位)	1	2	3	4	5	6	7	8	9	10	11	12	13	14	15	16
网络计划																
(时间单位)	1	2	3	4	5	6	7	8	9	10	11	12	13	14	15	16

时标网络计划的绘制方法有两种：一种是先计算网络计划的时间参数，再根据时间参数按草图在时标表上进行绘制(即间接绘制法)；另一种是不计算网络计划的时间参数，直接按草图在时标表上编绘(即直接绘制法)。

(1)间接绘制法。现以图3-36所示网络计划为例来说明间接绘制法绘制时标网络计划的步骤。

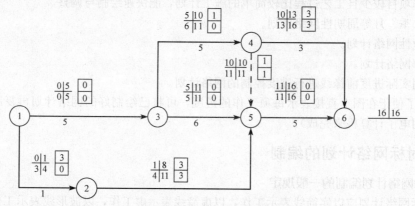

图 3-36 双代号网络计划

1)按逻辑关系绘制双代号网络计划草图，如图3-36所示。

2)计算工作最早时间。

3)绘制时标表。

4)在时标表上，按最早开始时间确定每项工作的开始节点位置(图形尽量与草图一致)。

5)按各工作的时间长度绘制相应工作的实线部分，使其在时间坐标上的水平投影长度等于工作时间；虚工作不占时间，只能以垂直虚线表示。

6)用波形线把实线部分与其紧后工作的开始节点连接起来，以表示自由时差。

完成后的时标网络计划如图 3-37 所示。

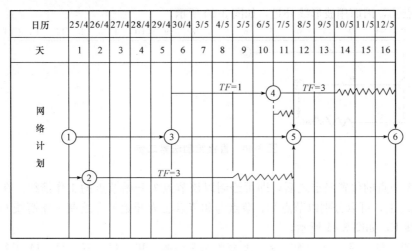

图 3-37　时标网络计划

（2）直接绘制法。

以图 3-38 所示的双代号网络计划为例，说明直接绘制法绘制双代号时标网络计划的步骤。

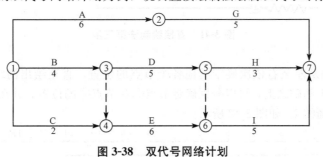

图 3-38　双代号网络计划

1）将网络计划的起点节点定位在时标网络计划表的起始刻度线上。如图 3-39 所示，节点①就是定位在时标网络计划表的起始刻度线"0"位置上。

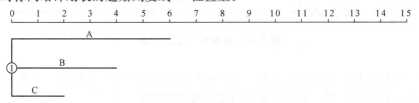

图 3-39　直接绘制法第一步

2）按工作的持续时间绘制以网络计划起点节点为开始节点的工作箭线。如图 3-39 所示，分别绘出工作箭线 A、B 和 C。

3）除网络计划的起点节点外，其他节点必须在所有以该节点为完成节点的工作箭线均绘出后，定位在这些工作箭线中最迟的箭线末端。当某些工作箭线的长度不足以到达该节点时，须用波形线补足，箭头画在与该节点的连接处。在本例中，节点②直接定位在工作箭线 A 的末端；节点③直接定位在工作箭线 B 的末端；节点④的位置需要在绘出虚箭线③—④之后，定位在工作箭线 C 和虚箭线③—④中最迟的箭线末端，即坐标"4"的位置上。此时，工作箭线 C 的长度不足以到达节点④；因而用波形线补足，如图 3-40 所示。

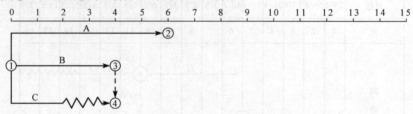

图 3-40　直接绘制法第二步

4)当某个节点的位置确定之后，即可绘制以该节点为开始节点的工作箭线。在本例中，在图 3-40 基础之上，可以分别以节点②、节点③和节点④为开始节点绘制工作箭线 G、工作箭线 D 和工作箭线 E，如图 3-41 所示。

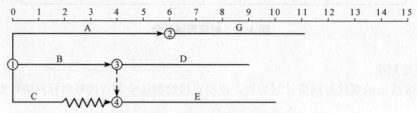

图 3-41　直接绘制法第三步

5)利用上述方法从左至右依次确定其他各个节点的位置，直至绘出网络计划的终点节点。在本例中，在图 3-41 基础之上，可以分别确定节点⑤和节点⑥的位置，并在它们之后分别绘制工作箭线 H 和工作箭线 I，如图 3-42 所示。

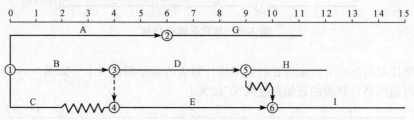

图 3-42　直接绘制法第四步

6)根据工作箭线 G、工作箭线 H 和工作箭线 I 确定出终点节点的位置。本例所对应的时标网络计划如图 3-43 所示，图中双箭线表示的线路为关键线路。

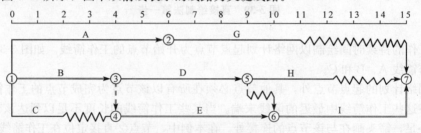

图 3-43　双代号时标网络计划

三、关键线路和时间参数计算

1. 关键线路的确定

时标网络计划关键线路可自终点节点逆箭线方向朝起点节点逐次进行判定；自始至终都不出现波形线的线路即为关键线路。其原因是如果某条线路自始至终都没有波形线，这条线路就不存在自由时差，也就不存在总时差，自然就没有机动余地，当然就是关键线路。或者说，这条线路上的各工作的最迟开始时间与最早开始时间是相等的，这样的线路特征也只有关键线路才能具备。

2. 时标网络计划时间参数计算

(1)时标网络计划的计算工期，应是其终点节点与起点节点的时间之差。

(2)时标网络计划每条箭线左端节点所对应的时标值代表工作的最早开始时间 ES_{i-j}，箭线实线部分右端或箭线右端节点中心所对应的时标值代表工作的最早完成时间 EF_{i-j}。

上述两点的理由是：因为是按最早时间绘制时标网络计划的，每一项工作都按最早开始时间确定其箭尾位置，起点节点定位在时标表的起始刻度线上，表示每一项工作的箭线在时间坐标上的水平投影长度都与其持续时间相对应，所以，代表该工作的箭线末端(箭头)对应的时标值必然是该工作的最早完成时间。终点节点表示所有工作都完成所对应的时标值，也就是该网络计划的总工期。

(3)时标网络计划中工作的自由时差(FF)值应为其波形线在坐标轴上的水平投影长度。这是因为双代号时标网络计划波形线的后面节点所对应的时标值，是波形线所在工作的紧后工作的最早开始时间，波形线的起点对应的时标值是本工作的最早完成时间。因此，按照自由时差的定义，紧后工作的最早开始时间与本工作的最早完成时间的差(即波形线在坐标轴上的水平投影长度)就是本工作的自由时差。

(4)时标网络计划中工作的总时差应自右向左，在其紧后工作的总时差都被判定后才能判定。其值等于其紧后工作总时差的最小值与本工作自由时差之和，即

$$TF_{i-j} = \min\{TF_{j-k}\} + FF_{i-j} \tag{3-46}$$

式中　TF_{i-j}——工作 $i-j$ 的总时差；

TF_{j-k}——工作 $i-j$ 的紧后工作 $j-k$ 的总时差。

之所以自右向左计算，是因为总时差受总工期制约，故只有在其紧后工作的总时差确定后才能计算。

总时差是线路时差，也是公用时差，其值大于或等于工作自由时差值。因此，除本工作独用的自由时差必然是总时差值的一部分外，还必然包含紧后工作的总时差值。如果本工作有多项紧后工作的总时差值，只有取其最小总时差值才不会影响总工期。

(5)工作的最迟开始时间等于本工作的最早开始时间与其总时差之和，即

$$LS_{i-j} = ES_{i-j} + TF_{i-j} \tag{3-47}$$

式中　LS_{i-j}——工作 $i-j$ 的最迟开始时间；

ES_{i-j}——工作 $i-j$ 的最早开始时间；

TF_{i-j}——工作 $i-j$ 的总时差。

(6)工作的最迟完成时间等于本工作的最早完成时间与其总时差之和，即

$$LF_{i-j} = EF_{i-j} + TF_{i-j} \tag{3-48}$$

式中　LF_{i-j}——工作 $i-j$ 的最迟完成时间；

EF_{i-j}——工作 $i-j$ 的最早完成时间；

TF_{i-j}——工作 $i-j$ 的总时差。

【例 3-7】 试计算如图 3-44 所示双代号时标网络计划的时间参数。

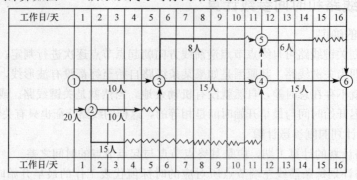

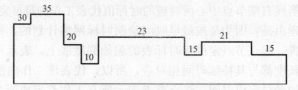

图 3-44 劳动力需要量曲线

【解】 (1)最早时间参数。

工作①→③的最早开始时间为 0，最早完成时间为 5；工作①→②的最早开始时间为 0，最早完成时间为 1；工作②→③的最早开始时间为 1，最早完成时间为 4；工作②→④的最早开始时间为 1，最早完成时间为 3；工作③→④的最早开始时间为 5，最早完成时间为 11；工作③→⑤的最早开始时间为 5，最早完成时间为 10；工作④→⑥的最早开始时间为 11，最早完成时间为 16；工作⑤→⑥的最早开始时间为 11，最早完成时间为 14。

(2)自由时差。

工作②→③的自由时差为 1，工作②→④的自由时差为 8，工作③→⑤的自由时差为 1，工作⑤→⑥的自由时差为 2。

(3)总时差。

工作⑤→⑥无紧后工作，$TF_{5-6}=2$。

工作③→⑤有一个紧后工作⑤→⑥，$TF_{3-5}=TF_{5-6}+FF_{3-5}=2+1=3$。

工作②→③有两个紧后工作③→④、③→⑤，$TF_{2-3}=\min\{3,0\}+1=1$。

工作②→④有两个紧后工作④→⑤、④→⑥，$TF_{2-4}=\min\{0+2,0\}+8=8$。

(4)最迟时间参数。

工作③→④，$LS_{3-4}=ES_{3-4}+TF_{3-4}=5+0=5$

$LF_{3-4}=EF_{3-4}+TF_{3-4}=11+0=11$

工作②→③，$LS_{2-3}=ES_{2-3}+TF_{2-3}=1+1=2$

$LF_{2-3}=EF_{2-3}+TF_{2-3}=4+1=5$

工作②→④，$LS_{2-4}=ES_{2-4}+TF_{2-4}=1+8=9$

$LF_{2-4}=EF_{2-4}+TF_{2-4}=3+8=11$

工作③→⑤，$LS_{3-5}=ES_{3-5}+TF_{3-5}=5+3=8$

$LF_{3-5}=EF_{3-5}+TF_{3-5}=10+3=13$

工作⑤→⑥，$LS_{5-6}=ES_{5-6}+TF_{5-6}=11+2=13$

$$LF_{5-6}=EF_{5-6}+TF_{5-6}=14+2=16$$

四、时标网络计划坐标体系

时标网络计划的坐标体系有计算坐标体系、工作日坐标体系和日历坐标体系三种。

（1）计算坐标体系。计算坐标体系主要用作网络计划时间参数的计算。采用该坐标体系便于时间参数的计算，但不够明确。如按照计算坐标体系，网络计划所表示的计划任务从第0天开始，就不容易理解。实际上应为第1天开始或明确示出开始日期。

（2）工作日坐标体系。工作日坐标体系可明确示出各项工作在整个工程开工后第几天（上班时刻）开始和第几天（下班时刻）完成。但不能示出整个工程的开工日期、完工日期以及各项工作的开始日期、完成日期。

在工作日坐标体系中，整个工程的开工日期和各项工作的开始日期分别等于计算坐标体系中整个工程的开工日期和各项工作的开始日期加1；而整个工程的完工日期和各项工作的完成日期等于计算坐标体系中整个工程的完工日期和各项工作的完成日期。

（3）日历坐标体系。日历坐标体系可以明确示出整个工程的开工日期和完工日期以及各项工作的开始日期和完成日期，同时还可以考虑扣除节假日休息时间。

图3-45所示的双代号时标网络计划中同时标出了三种坐标体系。其中，上面为计算坐标体系，中间为工作日坐标体系，下面为日历坐标体系。

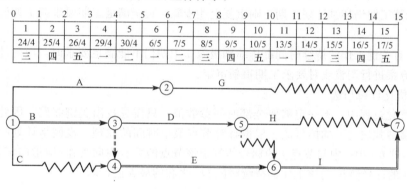

图3-45　双代号时标网络计划

第五节　网络计划优化

网络计划优化是指在一定约束条件下，按既定目标对网络计划进行不断改进，以寻求满意方案的过程。网络计划的优化目标应按计划任务的需要和条件选定，包括工期目标、资源目标和费用目标。根据优化目标的不同，网络计划的优化可分为工期优化、资源优化和费用优化三种。

一、工期优化

1. 工期优化原则

网络计划的工期优化，就是指当计算工期不满足要求工期时，可通过压缩关键工作的持续时间来满足工期要求的过程。但在优化过程中不能将关键工作压缩成为非关键工作；优化过程中出现多条关键线路时，必须同时压缩各条关键线路的持续时间，否则不能有效地缩短工期。

网络计划在执行过程中，通过压缩关键工作的持续时间来达到缩短工期的目的，必须考虑实际情况和可能，应正确处理进度与质量、资源供应和费用的关系，选择缩短持续时间的关键工作宜考虑下列因素：

(1)缩短持续时间对质量和安全影响不大的工作。

(2)缩短有充足备用资源的工作。

(3)缩短持续时间所需增加的费用最少的工作。

2. 工期优化步骤

(1)计算网络计划时间参数，确定关键工作与关键线路。

(2)根据计划工期，确定应缩短时间，即

$$\Delta T = T_c - T_r \tag{3-49}$$

式中 T_c——网络计划的计算工期；

T_r——要求工期。

(3)把选择的关键工作压缩到最短的持续时间，重新计算工期，找出关键线路。此时，必须注意两点才能达到缩短工期的目的：一是不能把关键工作变成非关键工作；二是出现多条关键线路时，其总的持续时间应相等。

(4)若计算工期仍超过计划工期，则重复上述步骤，直至满足工期要求或工期已不可能再压缩时为止。

(5)当所有关键工作的持续时间都压缩到极限，工期仍不能满足要求时，应对计划的原技术方案、组织方案进行调整或对要求工期重新审定。

3. 工期优化计算方法

由于在优化过程中，不一定需要全部时间参数值，只需寻找出关键线路，因此，下面介绍关键线路直接寻找法之一的标号法。根据计算节点最早时间的原理，设网络计划起点节点①的标号值为0，即 $b_1 = 0$；中间节点 j 的标号值等于该节点的所有内向工作(即指向该节点的工作)的开始节点 i 的标号值 b_i 与该工作的持续时间 $D_{i,j}$ 之和的最大值，即

$$b_j = \max\{b_i + D_{i,j}\} \tag{3-50}$$

能求得最大值的节点 i 为节点 j 的源节点，将源节点及 b_j 标注于节点上，直至最后一个节点。从网络计划终点开始，自右向左按源节点寻找关键线路，终点节点的标号值即为网络计划的计算工期。

4. 工期优化应用实例

【例3-8】 已知网络计划如图3-46所示，当要求工期为40天时，试进行优化。

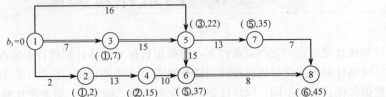

图3-46 优化前的网络计划

【解】 (1)用标号法确定关键线路及正常工期。

(2)应缩短的时间为：

$$\Delta T = T_c - T_r = 45 - 40 = 5(天)$$

(3)缩短关键工作的持续时间。先将⑤→⑥缩短5天，由15天缩至10天，用标号法计算，计算工期为42天，如图3-47所示，总工期仍有42天，故⑤→⑥工作只能缩短3天，其网络图用标号法计算，如图3-48所示，可知有两条关键线路，两条线路上均需缩短42－40＝2(天)。

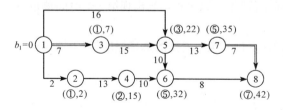

图 3-47　第一次优化后的网络计划

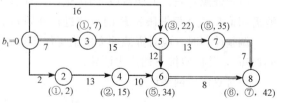

图 3-48　第二次优化后的网络计划

(4)进一步缩短关键工作的持续时间。选③→⑤工作缩短2天，由15天缩至13天，则两条线路均缩短2天。用标号法计算后得工期为40天，满足要求，如图3-49所示。

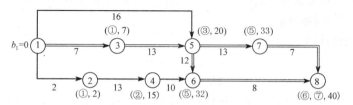

图 3-49　优化后的网络计划

二、资源优化

不仅一个部门或单位在一定时间内所能提供的各种资源(劳动力、机械及材料等)是有一定限度的，而且还有一个如何经济而有效地利用这些资源的问题。在资源计划安排时有两种情况：一种情况是网络计划所需要的资源受到限制，如果不增加资源数量(如劳动力)，有时会迫使工程的工期延长，资源优化的目的是使工期延长最少；另一种情况是在一定时间内如何安排各工作活动时间，使可供使用的资源均衡地消耗。资源消耗是否均衡，将影响企业管理的经济效果。

这里所讲的资源优化的前提条件是：

(1)在优化过程中，不改变网络计划中各项工作之间的逻辑关系。

(2)在优化过程中，不改变网络计划中各项工作的持续时间。

(3)网络计划中各项工作的资源强度(单位时间所需资源数量)为常数，而且是合理的。

(4)除规定可中断的工作外，一般不允许中断工作，应保持其连续性。

为简化问题，这里假定网络计划中的所有工作需要同一种资源。

(一)"资源有限，工期最短"优化

资源有限是指安排计划时，每天资源需用量不能超过限值，否则资源将供应不上，计划将无法执行。"资源有限，工期最短"的资源优化工作要达到两个目标：其一是削去原计划中资源供应高峰，使资源需用量满足供应限值要求。因此，这种优化方法又可称为削高峰法。所谓削高峰，是指在资源出现供应高峰的时段内移走某些工作，减少高峰时段内的资源需用量，满足资源限值。其二是削高峰时，始终坚持使工期最短的原则。计划工期是由关键线路及其关键工作确定的，移动关键工作将会延长工期。因此，工期最短目标要求尽可能移走资源高峰时段内

的非关键工作，且移动尽可能在时差范围内。这实际上是优先满足高峰时段内关键工作的资源需用量。当然，满足资源限值是第一位的，当移动非关键工作无法削去高峰时，可考虑移动关键工作，这时的工期仍是最短的。

1. 优化步骤

(1)"资源有限，工期最短"的优化，宜对"时间单位"作资源检查，当出现第 t 个时间单位资源需用量 R_t 大于资源限量 R_a 时，应进行计划调整。

调整计划时，应对资源冲突的诸工作作新的顺序安排。顺序安排的选择标准是"工期延长时间最短"，其值应按下列公式计算：

1)对双代号网络计划：

$$\Delta D_{m'-n',i-j} = \min\{\Delta D_{m-n,i-j}\} \tag{3-51}$$

$$\Delta D_{m-n,i-j} = EF_{m-n} - LS_{i-j} \tag{3-52}$$

式中　$\Delta D_{m'-n',i-j}$——在各种顺序安排中，最佳顺序安排所对应的工期延长时间的最小值（它要求将 LS_{i-j} 最大的工作 $i'-j'$ 安排在 $EF_{m'-n'}$ 最小的工作 $m'-n'$ 之后进行）；

　　$\Delta D_{m-n,i-j}$——在资源冲突的诸工作中，工作 $i-j$ 安排在工作 $m-n$ 之后进行，工期所延长的时间。

2)对单代号网络计划：

$$\Delta D_{m',i'} = \min\{\Delta D_{m-i}\} \tag{3-53}$$

$$\Delta D_{m,i} = EF_m - LS_i \tag{3-54}$$

式中　$\Delta D_{m',i'}$——在各种顺序安排中，最佳顺序安排所对应的工期延长时间的最小值；

　　$\Delta D_{m,i}$——在资源冲突的诸工作中，工作 i 安排在工作 m 之后进行，工期所延长的时间。

(2)"资源有限，工期最短"的优化，应按下述规定步骤调整工作的最早开始时间：

1)计算网络计划每"时间单位"的资源需用量。

2)从计划开始日期起，逐个检查每个时间单位资源需用量是否超过资源限量，如果在整个工期内每个"时间单位"均能满足资源限量的要求，可行优化方案就编制完成了，否则必须进行计划调整。

3)分析超过资源限量的时段（每"时间单位"资源需用量相同的时间区段），按式(3-51)计算 $\Delta D_{m'-n',i-j}$ 值或按式(3-53)计算 $\Delta D_{m',i'}$ 值，依据它确定新的安排顺序。

4)对调整后的网络计划安排重新计算每个时间单位的资源需用量。

5)重复上述 2)~4)步骤，直至网络计划整个工期范围内每个时间单位的资源需用量均满足资源限量为止。

2. 优化应用实例

【例 3-9】 已知某工程双代号网络计划如图 3-50 所示，图中箭线上方数字为工作的资源强度，箭线下方数字为工作的持续时间。假定资源限量 $R_a = 12$，试对其进行"资源有限，工期最短"的优化。

【解】 该网络计划"资源有限，工期最短"的优化可按以下步骤进行：

(1)计算网络计划每个时间单位的资源需用量，绘出资源需用量动态曲线，如图 3-50 下方曲线所示。

(2)从计划开始日期起，经检查发现第二个时段[3，4]存在资源冲突，即资源需用量超过资源限量，故应首先调整该时段。

(3)在时段[3，4]有工作 1—3 和工作 2—4 两项工作平行作业，利用式(3-51)、式(3-52)计算 ΔD 值，其结果见表 3-9。

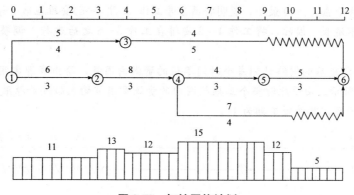

图 3-50   初始网络计划

表 3-9   ΔD 值计算表

工作序号	工作代号	最早完成时间	最迟开始时间	$\Delta D_{1,2}$	$\Delta D_{2,1}$
1	1—3	4	3	1	—
2	2—4	6	3	—	3

由表 3-9 可知，$\Delta D_{1,2} = 1$ 最小，说明将第 2 号工作(工作 2—4)安排在第 1 号工作(工作 1—3)之后进行，工期延长最短，只延长 1。因此，将工作 2—4 安排在工作 1—3 之后进行，调整后的网络计划如图 3-51 所示。

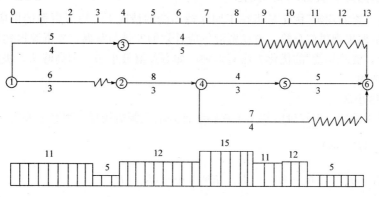

图 3-51   第一次调整后的网络计划

(4)重新计算调整后的网络计划每个时间单位的资源需用量，绘出资源需用量动态曲线，如图 3-51 下方曲线所示。从图中可知，在第四时段[7, 9]存在资源冲突，故应调整该时段。

(5)在时段[7, 9]有工作 3—6、工作 4—5 和工作 4—6 三项工作平行作业，利用式(3-51)、式(3-52)计算 ΔD 值，其结果见表 3-10。

表 3-10   ΔD 值计算表

工作序号	工作代号	最早完成时间	最迟开始时间	$\Delta D_{1,2}$	$\Delta D_{1,3}$	$\Delta D_{2,1}$	$\Delta D_{2,3}$	$\Delta D_{3,1}$	$\Delta D_{3,2}$
1	3—6	9	8	2	0	—	—	—	—
2	4—5	10	7	—	—	2	3	—	—
3	4—6	11	9	—	—	—	—	3	4

由表 3-10 可知，$\Delta D_{1,3}=0$ 最小，说明将第 3 号工作(工作 4—6)安排在第 1 号工作(工作 3—6)之后进行，工期不延长。因此，将工作 4—6 安排在工作 3—6 之后进行，调整后的网络计划如图 3-52 所示。

(6)重新计算调整后的网络计划每个时间单位的资源需用量，绘出资源需用量动态曲线，如图 3-52 下方曲线所示。由于此时整个工期范围内的资源需用量均未超过资源限量，故图 3-52 所示方案即为最优方案，其最短工期为 13。

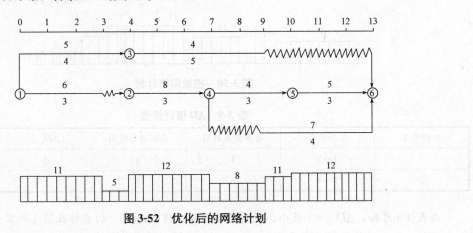

图 3-52 优化后的网络计划

(二)"工期固定，资源均衡"优化

"工期固定，资源均衡"优化是指在工期保持不变的情况下，每天资源的供应量力求接近平均水平，避免资源出现供应高峰，方便资源供应计划的安排与掌握，使资源得到合理运用。

"工期固定，资源均衡"的优化方法有多种，如方差值最小法、削高峰法、极差值最小法等，这里仅介绍前两种。

1. 方差值最小法

(1)优化基本原理。现假设已知某工程网络计划的资源需用量，则其方差为

$$\sigma^2 = \frac{1}{T}\sum_{t=1}^{T}(R_t-\overline{R})^2$$

$$= \frac{1}{T}\left[(R_1-\overline{R})^2+(R_2-\overline{R})^2+(R_3-\overline{R})^2+\cdots+(R_T-\overline{R})^2\right]$$

$$= \frac{1}{T}\left[(R_1{}^2+R_2{}^2+\cdots+R_T{}^2)+T\overline{R}^2-2\overline{R}(R_1+R_2+\cdots+R_T)\right]$$

$$= \frac{1}{T}\left[\sum_{t=1}^{T}R_t{}^2+T\overline{R}^2-2\overline{R}\sum_{t=1}^{T}R_t\right]$$

因为　　$\overline{R}=\dfrac{1}{T}(R_1+R_2+\cdots+R_T)=\dfrac{1}{T}\sum\limits_{t=1}^{T}R_t$

所以　　　　　　　　$\sigma^2 = \dfrac{1}{T}\left[\sum\limits_{t=1}^{T}R_t{}^2+T\overline{R}^2-2\overline{R}_T\overline{R}\right]=\dfrac{1}{T}\sum\limits_{t=1}^{T}R_t{}^2-\overline{R}^2$　　　　　　　(3-55)

式中　σ^2——资源需用量方差；

　　　R_t——时标网络图第 t 天资源需用量；

　　　$\overline{R}$——平均每天资源需用量；

　　　T——网络计划总工期。

由式(3-55)可知，由于工期 T 和资源需用量的平均值 $\overline{R}$ 均为常数，为使方差 σ^2 最小，必须

使资源需用量的平方和最小。

对于网络计划中某项工作 k 而言,其资源强度为 r_k。在调整计划前,工作 k 从第 i 个时间单位开始,到第 j 个时间单位完成,则此时网络计划资源需用量的平方和为

$$\sum_{t=1}^{T} R_{t0}^2 = R_1^2 + R_2^2 + \cdots + R_i^2 + R_{i+1}^2 + \cdots + R_j^2 + R_{j+1}^2 + \cdots + R_T^2 \tag{3-56}$$

若将工作 k 的开始时间右移一个时间单位,即工作 k 从第 $i+1$ 个时间单位开始,到第 $j+1$ 个时间单位完成,则此时网络计划资源需用量的平方和为

$$\sum_{t=1}^{T} R_{t1}^2 = R_1^2 + R_2^2 + \cdots + (R_i - r_k)^2 + R_{i+1}^2 + \cdots + R_j^2 + (R_{j+1} + r_k)^2 + \cdots + R_T^2 \tag{3-57}$$

比较式(3-57)和式(3-56)可知,当工作 k 的开始时间右移一个时间单位时,网络计划资源需用量平方和的增量 Δ 为

$$\Delta = (R_i - r_k)^2 - R_i^2 + (R_{j+1} + r_k)^2 - R_{j+1}^2$$

即

$$\Delta = 2r_k(R_{j+1} + r_k - R_i) \tag{3-58}$$

如果资源需用量平方和的增量 Δ 为负值,说明工作 k 的开始时间右移一个时间单位能使资源需用量的平方和减小,也就使资源需用量的方差减小,从而使资源需用量更均衡。因此,工作 k 的开始时间能够右移的判别式为

$$\Delta = 2r_k(R_{j+1} + r_k - R_i) \leqslant 0 \tag{3-59}$$

由于工作 k 的资源强度 r_k 不可能为负值,故判别式(3-51)可以简化为

$$R_{j+1} + r_k - R_i \leqslant 0$$

即

$$R_{j+1} + r_k \leqslant R_i \tag{3-60}$$

当网络计划中工作 k 完成时间之后的一个时间单位所对应的资源需用量 R_{j+1} 与工作 k 的资源强度 r_k 之和不超过工作 k 开始时所对应的资源需用量 R_i 时,将工作 k 右移一个时间单位能使资源需用量更加均衡。这时,就应将工作 k 右移一个时间单位。

同理,如果判别式(3-60)成立,说明将工作 k 左移一个时间单位能使资源需用量更加均衡。这时,就应将工作 k 左移一个时间单位

$$R_{i-1} + r_k \leqslant R_j \tag{3-61}$$

如果工作 k 不满足判别式(3-60)或判别式(3-61),说明工作 k 右移或左移一个时间单位不能使资源需用量更加均衡,这时可以考虑在其总时差允许的范围内,将工作 k 右移或左移数个时间单位。

向右移时,判别式为

$$[(R_{j+1} + r_k) + (R_{j+2} + r_k) + (R_{j+3} + r_k) + \cdots] \leqslant [R_i + R_{i+1} + R_{i+2} + \cdots] \tag{3-62}$$

向左移时,判别式为

$$[(R_{i-1} + r_k) + (R_{i-2} + r_k) + (R_{i-3} + r_k) + \cdots] \leqslant [R_j + R_{j-1} + R_{j-2} + \cdots] \tag{3-63}$$

(2)优化步骤。

1)按最早时间绘制时标网络计划,标明关键线路和非关键工作的总时差。

2)逐日计算时标网络计划每天资源需用量 R_t,列于时标网络图下方相应的方格内,构成每天资源需用量动态数列(当然,也可据此绘制每天资源需用量动态曲线)。

3)从终点节点开始,由右向左,考察每一结束节点,每次从开始时间最晚的非关键工作开始进行调整,直到所调整工作不能向后移动为止,一道工作调整完毕后,计算出调整后的资源

需用量动态数列(或绘制出调整后的资源需用量动态曲线)。如此进行,直到起点节点。至此,第一次资源调整结束。按上述方法进行第二次、第三次调整,直到资源均衡满足既定要求或达到相对最佳均衡状态为止。

4)从左至右,检查各项非关键工作左移的可能性(左移不影响资源均衡),以尽可能保留时差,为计划的执行留有余地。

5)绘制优化后的网络图。

(3)优化应用实例。

【例 3-10】 已知工程计划的网络图如图 3-53 所示,计划总工期规定为 14 天。要求在满足工期的限制条件下,寻求使资源最均衡的方案。

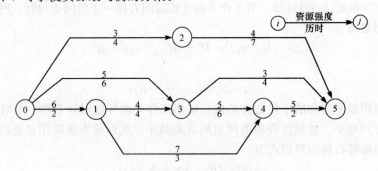

图 3-53 工程计划网络图

【解】 (1)根据图 3-53 绘出相应于各工作最早时间的、有时间坐标的网络图及资源动态曲线,如图 3-54 所示。由于总工期为 14 天,故资源需用量的平均值 $\overline{R}$ 为

$$\overline{R} = (2 \times 14 + 2 \times 19 + 20 + 8 + 4 \times 12 + 9 + 3 \times 5)/14 = 166/14 = 11.86$$

(2)第一次调整:

1)以终点节点⑤为完成节点的工作有三项,即工作 2—5、工作 3—5、工作 4—5。其中,工作 4—5 为关键工作,不能进行调整,只能考虑调整工作 2—5 和工作 3—5。

由于工作 3—5 的开始时间晚于工作 2—5,故先考虑调整工作 3—5。在图 3-54 中,按照判别式判断如下:

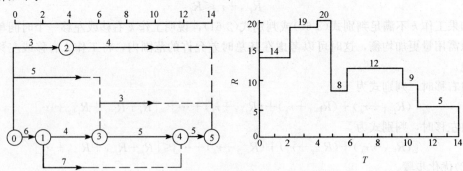

图 3-54 时标网络计划

① 由于 $i=7$,$j=10$,$R_{j+1} = R_{11} = 9$,$R_7 = 12$,$r_{3-5} = 3$,则 $R_{j+1} + r_{3-5} = 9 + 3 = 12 = R_7$。故工作 3—5 可右移一个时间单位,改为第 8 个时间单位开始。

② 再考虑工作 3—5 能否继续右移。

由于 $i=8$，$j=11$，$R_{j+1}=R_{12}=5$，$R_8=12$，$r_{3-5}=3$，则 $R_{j+1}+r_{3-5}=5+3=8<R_8$。

故工作 3—5 可继续右移一个时间单位，改为第 9 个时间单位开始。

③考虑工作 3—5 是否还可右移。

由于 $i=9$，$j=12$，$R_{j+1}=R_{13}=5$，$R_9=12$，$r_{3-5}=3$，则 $R_{j+1}+r_{3-5}=5+3=8<R_9$。

故工作 3—5 还可右移一个时间单位，改为第 10 个时间单位开始。

④考虑工作 3—5 能否继续右移。

由于 $i=10$，$j=13$，$R_{j+1}=R_{14}=5$，$R_{10}=12$，$r_{3-5}=3$，则 $R_{j+1}+r_{3-5}=5+3=8<R_{10}$。

故工作 3—5 还可右移一个时间单位，改为第 11 个时间单位开始。

至此，工作 3—5 的总时差已全部用完，不能再右移。工作 3—5 调整后的网络计划如图 3-55 所示。

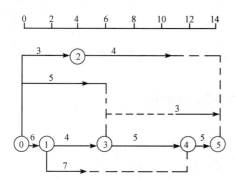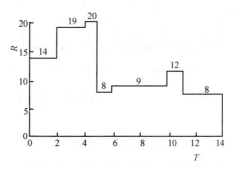

图 3-55　工作 3—5 调整后的网络计划

工作 3—5 调整后，就应对工作 2—5 进行调整。在图 3-55 中，依照判别式判断如下：

①由于 $i=5$，$j=11$，$R_{j+1}=R_{12}=8$，$R_5=20$，$r_{2-5}=4$，则 $R_{j+1}+r_{2-5}=8+4=12<R_5$。

故工作 2—5 可右移一个时间单位，改为第 6 个时间单位开始。

②考虑工作 2—5 能否继续右移一个时间单位。

由于 $i=6$，$j=12$，$R_{j+1}=R_{13}=8$，$R_6=8$，$r_{2-5}=4$，则 $R_{j+1}+r_{2-5}=8+4=12>R_6$。

故工作 2—5 不能右移一个时间单位。

③考虑工作 2—5 可否向右移两个时间单位。

由于 $i=7$，$j=13$，$R_{j+1}=R_{14}=8$，$R_7=9$，$r_{2-5}=4$，则 $R_{j+1}+r_{2-5}=8+4=12>R_7$。

故工作 2—5 不能右移两个时间单位。

由于工作 2—5 此时只能右移一个时间单位，则调整后的网络计划如图 3-56 所示。

2)以节点④为完成节点的工作有两项，即工作 1—4 和工作 3—4。其中，工作 3—4 为关键性工作，不能进行调整，故只能调整工作 1—4。在图 3-56 中，依照判别式判断如下：

①由于 $i=3$，$j=5$，$R_{j+1}=R_6=8$，$R_3=19$，$r_{1-4}=7$，则 $R_{j+1}+r_{1-4}=8+7=15<R_3$。

故工作 1—4 可右移一个时间单位，改为第 4 个时间单位开始。

②考虑工作 1—4 能否继续右移。

由于 $i=4$，$j=6$，$R_{j+1}=R_7=9$，$R_4=19$，$r_{1-4}=7$，则 $R_{j+1}+r_{1-4}=9+7=16<R_4$。

故工作 1—4 可继续右移一个时间单位，改为第 5 个时间单位开始。

③再考虑工作 1—4 可否继续右移。

由于 $i=5$，$j=7$，$R_{j+1}=R_8=9$，$R_5=16$，$r_{1-4}=7$，则 $R_{j+1}+r_{1-4}=7+9=16=R_5$。

故工作 1—4 能继续向右移动一个时间单位，改为第 6 个时间单位开始。

④考虑工作1—4能否继续右移。

由于 $i=6$，$j=8$，$R_{j+1}=R_9=9$，$R_6=8$，$r_{1-4}=7$，则 $R_{j+1}+r_{1-4}=9+7=16>R_6$。

故工作1—4不能继续向右移动。

此时，工作1—4虽然还有总时差，但已不能满足判别式的要求，故不能再往右移动。至此，工作1—4只能右移3个时间单位，改为第6个时间单位开始。工作1—4调整后的网络计划如图3-57所示。

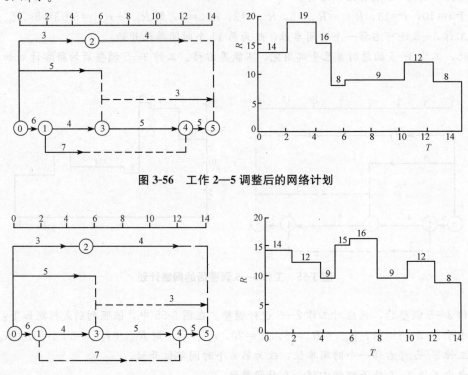

图3-56 工作2—5调整后的网络计划

图3-57 工作1—4调整后的网络计划

3）以节点③为完成节点的工作有两项，即工作0—3和工作1—3。其中，工作1—3为关键工作，不能调整，故只能调整工作0—3。在图3-57中，依照判别式判断如下：

由于 $i=1$，$j=5$，$R_{j+1}=R_6=15$，$R_1=14$，$r_{0-3}=5$，则 $R_{j+1}+r_{0-3}=15+5=20>R_1$。

故工作0—3不可向右移动。

4）以节点②为完成节点的工作只有工作0—2。在图3-57中，依照判别式判断如下：

由于 $i=1$，$j=4$，$R_{j+1}=R_5=9$，$R_1=14$，$r_{0-2}=3$，则 $R_{j+1}+r_{0-2}=9+3=12<R_1$。

故工作0—2可向右移动一个时间单位。

由于工作0—2的总时差只有1个时间单位，故不可继续右移。工作0—2调整后的网络计划如图3-58所示。

5）以节点①为完成节点的工作只有工作0—1，由于该工作为关键工作，故不能移动。至此，第一次调整结束。

（3）第二次调整：

从图3-58可以看出，在以终点节点⑤为完成节点的工作中，只有工作2—5尚有机动时间，有可能右移，依照判别式判断如下：

1)由于 $i=6$，$j=12$，$R_{j+1}=R_{13}=8$，$R_6=15$，$r_{2-5}=4$，则 $R_{j+1}+r_{2-5}=8+4=12<R_6$。

故工作 2—5 可右移一个时间单位，改为第 6 个时间单位开始。

2)考虑工作 2—5 能否继续右移。

由于 $i=7$，$j=13$，$R_{j+1}=R_{14}=8$，$R_7=16$，$r_{2-5}=4$，则 $R_{j+1}+r_{2-5}=8+4=12<R_7$。

故工作 2—5 还可右移一个时间单位，改为第 7 个时间单位开始。

至此，工作 2—5 的总时差已全部用完，不能再右移。工作 2—5 调整后的网络计划如图 3-59 所示。

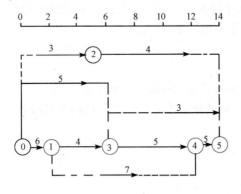

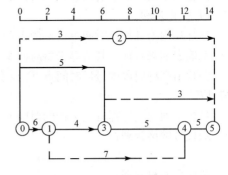

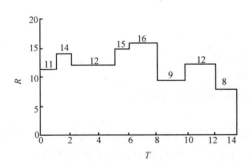

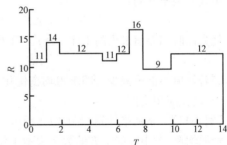

图 3-58　工作 0—2 调整后的网络计划　　　　图 3-59　工作 2—5 调整后的网络计划

从图 3-59 中可以看出，此时所有工作右移或左移均不能使资源需用量更加均衡。至此，图 3-59 所示网络计划即为最优方案。

(4)比较优化前后的方差值。

1)根据图 3-59，优化方案的方差值由公式计算为

$$\sigma_0^2=\frac{1}{14}\times[11^2\times2+14^2+12^2\times8+16^2+9^2\times2]-11.86^2$$

$$=\frac{1}{14}\times2008-11.86^2$$

$$=2.77$$

2)根据图 3-59，初始方案的方差值由公式计算得

$$\sigma_0^2=\frac{1}{14}\times[14^2\times2+19^2\times2+20^2+8^2+12^2\times4+9^2+5^2\times3]-11.86^2$$

$$=\frac{1}{14}\times2310-11.86^2$$

$$=24.34$$

3)方差降低率为

$$\frac{24.34-2.77}{24.34}\times100\%=88.62\%$$

另外，从图 3-59 中可以看出，在工期仍保持为 14 天的情况下，资源最大需用量已从原计划的 20 下降为 16，最小需用量从 5 提高到 9，资源分配不均衡问题得到很大程度的改善。

2. 削高峰法

削高峰法是利用时差高峰时段的某些工作后移以逐步降低峰值，每次削去高峰的一个资源计量单位，反复进行直到不能再削为止。这种方法比较灵活，只要认为已基本达到要求就可停止，而且为了减少切削的次数，还可以适当地扩大资源的计量单位。

(1)优化步骤。

1)计算网络计划每时间单位资源需用量。

2)确定削峰目标，其值等于每时间单位资源需用量的最大值减一个单位量。

3)找出高峰时段的最后时间点 T_h 及有关工作的最早开始时间 ES_{i-j}(或 ES_i)和总时差 TF_{i-j}(或 TF_i)。

4)按下列规定计算有关工作的时间差值 ΔT_{i-j} 或 ΔT_i：

双代号网络计划：

$$\Delta T_{i-j}=TF_{i-j}-(T_h-ES_{i-j}) \tag{3-64}$$

单代号网络计划：

$$\Delta T_i=TF_i-(T_h-ES_i) \tag{3-65}$$

优先以时间差值最大的工作 $i'-j'$ 或工作 i' 为调整对象，令

$$ES_{i-j}=T_h \text{ 或 } ES_i=T_h$$

5)若峰值不能再减少，即求得均衡优化方案。否则，重复以上步骤。

(2)优化应用实例。

【例 3-11】 某网络计划如图 3-60 所示，试用削高峰法对其优化。要求通过优化，使工期固定，资源均衡(图中箭线上方的数字表示工作持续时间，箭线下方的数字表示工作资源强度)。

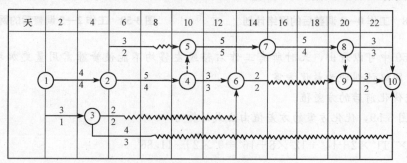

图 3-60 某时标网络计划

【解】 1)计算每日所需资源数量，见表 3-11。

表 3-11 每日资源数量表

工作日	1	2	3	4	5	6	7	8	9	10	11
资源数量	5	5	5	9	11	8	8	4	4	8	8
工作日	12	13	14	15	16	17	18	19	20	21	22
资源数量	8	7	7	4	4	4	4	4	5	5	5

2)确定削峰目标，参照表 3-11 可知，每天资源需用量的最大值为 11，故削峰目标定为 11－1＝10。

3)找出下界时间点 T_h 及有关工作的 ES 和 TF。

由表 3-11 可知，$T_h＝5$。

由图 3-60 可知，在第 5 天有 2—5、2—4、3—6、3—10 四项工作，相应的 TF_{i-j} 分别为 2、0、12、15，ES_{i-j} 分别为 4、4、3、3。

4)计算有关工作的时间差值 ΔT_{i-j}。

$$\Delta T_{2-5}＝TF_{2-5}－(T_h－ES_{2-5})＝2－(5－4)＝1$$
$$\Delta T_{2-4}＝TF_{2-4}－(T_h－ES_{2-4})＝0－(5－4)＝-1$$
$$\Delta T_{3-6}＝TF_{3-6}－(T_h－ES_{3-6})＝12－(5－3)＝10$$
$$\Delta T_{3-10}＝TF_{3-10}－(T_h－ES_{3-10})＝15－(5－3)＝13$$

由于工作 3—10 的 ΔT_{3-10} 值最大，故优先将该工作向右移动 2 天(即从第 5 天开始)，移动后的每日资源数量见表 3-12。从表中可知，工作 3—10 调整后，其他时间里没有超过削峰目标的现象发生。调整后的时标网络计划如图 3-61 所示。

表 3-12 每日资源数量表

工作日	1	2	3	4	5	6	7	8	9	10	11
资源数量	5	5	5	7	9	8	8	6	6	8	8
工作日	12	13	14	15	16	17	18	19	20	21	22
资源数量	8	7	7	4	4	4	4	4	5	5	5

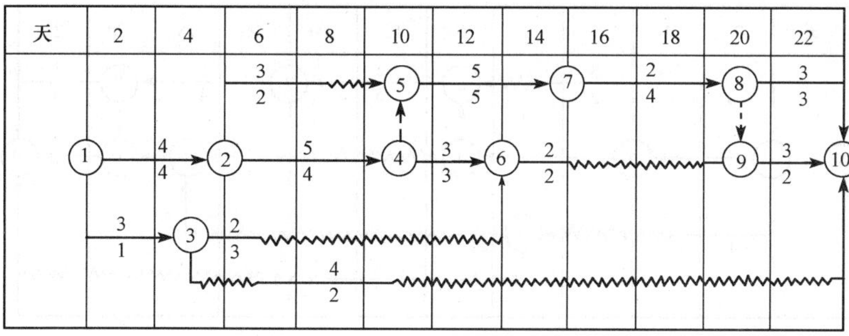

图 3-61 第一次调整后的时标网络计划

从表 3-12 得知，经第一次调整后，资源数量最大值为 9，故削峰目标定为 8。逐日检查至第 5 天，资源数量超过削峰目标值。在第 5 天中有工作 2—4、3—6、2—5，计算各 ΔT_{i-j} 值：

$$\Delta T_{2-4}＝TF_{2-4}－(T_h－ES_{2-4})＝0－(5－4)＝-1$$
$$\Delta T_{3-6}＝TF_{3-6}－(T_h－ES_{3-6})＝12－(5－3)＝10$$
$$\Delta T_{2-5}＝TF_{2-5}－(T_h－ES_{2-5})＝2－(5－4)＝1$$

其中，工作 3—6 的 ΔT_{3-6} 值为最大，故优先调整工作 3—6，将其向右移动 2 天，资源数量变化见表 3-13。

表 3-13　每日资源数量表

工作日	1	2	3	4	5	6	7	8	9	10	11
资源数量	5	5	5	4	6	11	11	6	6	8	8
工作日	12	13	14	15	16	17	18	19	20	21	22
资源数量	8	7	7	4	4	4	4	4	5	5	5

由表 3-13 可知，在第 6、第 7 两天资源数量又超过了 8。在这一时段中有工作 2—5、2—4、3—6、3—10，再计算 ΔT_{i-j} 值：

$$\Delta T_{2-5}=2-(7-4)=-1$$
$$\Delta T_{2-4}=0-(7-4)=-3$$
$$\Delta T_{3-6}=10-(7-5)=8$$
$$\Delta T_{3-10}=12-(7-5)=10$$

按理应选择 ΔT_{i-j} 值最大的工作 3—10，但因为其资源强度为 2，调整它仍然不能达到削峰目标，故选择工作 3—6（它的资源强度为 3），满足削峰目标，将使之向右移动 2 天。

5）通过重复上述计算步骤，最后削峰目标定为 7，不能再减少了，优化计算结果见表 3-14 及图 3-62。

表 3-14　每日资源数量表

工作日	1	2	3	4	5	6	7	8	9	10	11
资源数量	5	5	5	4	6	6	6	7	7	5	7
工作日	12	13	14	15	16	17	18	19	20	21	22
资源数量	7	7	7	7	7	7	7	7	7	5	5

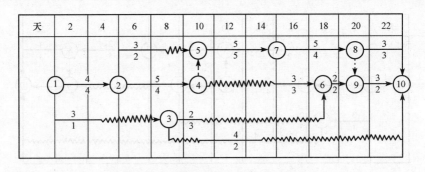

图 3-62　资源调整完成的时标网络计划

三、费用优化

费用优化是以满足工期要求的施工费用最低为目标的施工计划方案的调整过程。通常，在寻求网络计划的最佳工期大于规定工期或在执行计划时需要加快施工进度时，应进行工期与成本优化。

1. 费用与工期的关系

在建设工程施工过程中，完成一项工作通常可以采用多种施工方法和组织方法，而不同的施工方法和组织方法，又会有不同的持续时间和费用。由于一项建设工程往往包含许多工作，所以在安排建设工程进度计划时，就会出现许多方案。进度方案不同，所对应的总工期和总费用也就不同。为了能从多种方案中找出总成本最低的方案，必须首先分析费用和时间之间的关系。

(1)工期与成本的关系。工期和成本之间的关系是十分密切的。对同一工程来说，施工时间长短不同，则其成本(费用)也会不一样，二者在一定范围内是成反比关系的，即工期越短则成本越高。工期缩短到一定程度之后，再继续增加人力、物力和费用也不一定能使工期再缩短，而工期过长则非但不能相应地降低成本，反而会造成浪费，这是就整个工程的总成本而言的。如果具体分析成本的构成要素，则它们与时间的关系又各有其自身的变化规律。一般而言，材料、人工、机具等称作直接费用的开支项目，将随着工期的缩短而增加，因为工期越压缩，则增加的额外费用也必定越多。如果改变施工方法，改用费用更昂贵的设备，就会额外地增加材料或设备费用；实行多班制施工，就会额外地增加许多夜班支出，如照明费、夜餐费等，甚至工作效率也会有所降低。工期越短则这些额外费用的开支也会急剧地增加。但是，当工期缩短得不算太紧张时，增加的费用还是较低的。对于通常称作间接费的那部分费用，如管理人员工资、办公费、房屋租金、仓储费等，则是与时间成正比的，时间越长则费用越多。这两种费用与时间的关系可用图 3-63 表示出来。如果把两种费用叠加起来，就能够得到一条新的曲线，这就是总成本曲线。总成本曲线的特点是两头高而中间低。从这条曲线最低点的坐标可以找到工程的最低成本及与之相应的最佳工期，同时也能利用它来确定不同工期条件下的相应成本。

(2)工作直接费用与持续时间的关系。在网络计划中，工期的长短取决于关键线路的持续时间，而关键线路是由许多持续时间和费用各不相同的工作所构成的。为此，必须研究各项工作的持续时间与直接费用的关系。一般情况下，随着工作时间的缩短，费用的逐渐增加，会形成如图 3-64 所示的连续曲线。

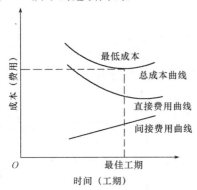

图 3-63　工程成本-工期关系曲线

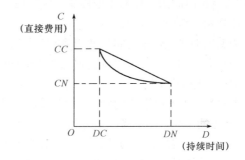

图 3-64　直接费用-持续时间曲线

DN—工作的正常持续时间

CN—按正常持续时间完成工作时所需的直接费用

DC—工作的最短持续时间

CC—按最短持续时间完成工作时所需的直接费用

实际上，直接费用曲线并不像图中的那样圆滑，而是由一系列线段所组成的折线，并且越接近最高费用(极限费用，用 CC 表示)，其曲线越陡。确定该曲线是一件很麻烦的事情，而且就工程而言，也不需要如此精确，所以为了简化计算，一般都将曲线近似地表示为直线，其斜率称为费用斜率，表示单位时间内直接费用的增加(或减少)量。直接费用率可按下式计算：

$$\Delta C_{i-j}=\frac{CC_{i-j}-CN_{i-j}}{DN_{i-j}-DC_{i-j}} \tag{3-66}$$

式中　ΔC_{i-j}——工作 $i-j$ 的直接费用率；

　　　CC_{i-j}——按最短持续时间完成工作 $i-j$ 时所需的直接费用；

　　　CN_{i-j}——按正常持续时间完成工作 $i-j$ 时所需的直接费用；

DN_{i-j}——工作 $i-j$ 的正常持续时间；

DC_{i-j}——工作 $i-j$ 的最短持续时间。

从式(3-66)可以看出，工作的直接费用率越大，说明将该工作的持续时间缩短一个时间单位所需增加的直接费用就越多；反之，将该工作的持续时间缩短一个时间单位所需增加的直接费用就越少。因此，在压缩关键工作的持续时间以达到缩短工期的目的时，应将直接费用率最小的关键工作作为压缩对象。当有多条关键线路出现而需要同时压缩多个关键工作的持续时间时，应将它们的直接费用率之和(组合直接费用率)最小者作为压缩对象。

2. 费用优化方法

费用优化的基本方法就是从组成网络计划的各项工作的持续时间与费用关系中，找出能使计划工期缩短而又能使直接费用增加最少的工作，不断地缩短其持续时间，然后考虑间接费用随着工期缩短而减少的影响，把不同工期下的直接费用和间接费用分别叠加起来，即可求得工程成本最低时的相应最优工期和工期一定时相应的最低工程成本。

费用优化的步骤如下：

(1)按工作正常持续时间找出关键工作及关键线路。

(2)按规定计算各项工作的费用率。

(3)在网络计划中找出费用率(或组合费用率)最低的一项关键工作或一组关键工作，作为缩短持续时间的对象。

(4)当需要缩短关键工作的持续时间时，其缩短值的确定必须符合下列两条原则：

1)缩短后工作的持续时间不能小于其最短持续时间。

2)缩短持续时间的工作不能变成非关键工作。

(5)计算相应的费用增加值。

(6)考虑工期变化带来的间接费用及其他损益，在此基础上计算总费用。

(7)重复上述(3)~(6)步骤，直到总费用最低时为止。

3. 费用优化应用实例

【例3-12】 已知网络计划如图 3-65 所示。试求出费用最少的工期。图中箭线上方为工作的正常费用和最短时间的费用(以千元为单位)，箭线下方为工作的正常持续时间和最短持续时间。已知间接费率为 120 元/天。

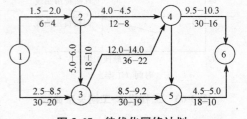

图 3-65 待优化网络计划

【解】 (1)简化网络图。简化网络图的目的是在缩短工期过程中，删去那些不能变成关键工作的非关键工作，使网络图简化，减少计算工作量。

首先按持续时间计算，找出关键线路及关键工作，如图 3-66 所示。

其次，图 3-66 中，关键线路为 1—3—4—6，关键工作为 1—3、3—4、4—6。用最短的持续时间置换那些关键工作的正常持续时间，重新计算，找出关键线路及关键工作。重复本步骤，直至不能增加新的关键线路为止。

经计算，图 3-66 中的工作 2—4 不能转变为关键工作，故将其删去，重新整理成新的网络计划，如图 3-67 所示。

(2)计算各工作费用率。

按式(3-66)计算工作 1—2 的费用率 ΔC_{1-2}：

$$\Delta C_{1-2} = \frac{CC_{1-2} - CN_{1-2}}{DN_{1-2} - DC_{1-2}} = \frac{2\,000 - 1\,500}{6 - 4} = 250(元/天)$$

其他工作费用率均按式(3-66)计算，将它们标注在图3-67中的箭线上方。

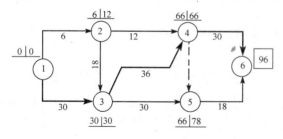

图3-66　按正常持续时间计算的网络计划

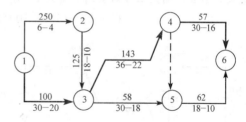

图3-67　新的网络计划

(3)找出关键线路上工作费用率最低的关键工作。在图3-68中，关键线路为1—3—4—6，工作费用率最低的关键工作是4—6。

(4)确定缩短时间大小的原则是原关键线路不能变为非关键线路。

已知关键工作4—6的持续时间可缩短14天，由于工作5—6的总时差只有12天（96—18—66=12天），因此，第一次缩短只能是12天，工作4—6的持续时间应改为18天，如图3-69所示。计算第一次缩短工期后增加费用C_1：

$$C_1 = 57 \times 12 = 684(元)$$

通过第一次缩短后，在图3-69中关键线路变成两条，即1—3—4—6和1—3—4—5—6。如果使该图的工期再缩短，必须同时缩短两关键线路上的时间。为了减少计算次数，关键工作1—3、4—6及5—6都缩短时间，工作5—6持续时间只能允许再缩短2天，故该工作的持续时间缩短2天。工作1—3持续时间可允许缩短10天，但考虑工作1—2和2—3的总时差有6天（12—0—6=6或30—18—6=6），因此工作1—3持续时间缩短6天，共计缩短8天，缩短后的网络计划如图3-70所示。计算第二次缩短工期后增加的费用C_2：

$$C_2 = C_1 + 100 \times 6 + (57 + 62) \times 2 = 684 + 600 + 238 = 1\ 522(元)$$

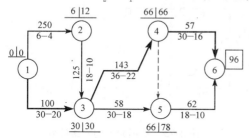

图3-68　按新的网络计划确定关键线路

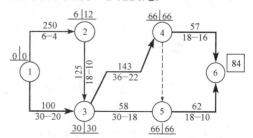

图3-69　第一次工期缩短的网络计划

(5)第三次缩短。从图3-70上看，工作4—6的持续时间不能再缩短，工作费用率用∞表示，关键工作3—4的持续时间缩短6天，因工作3—5的总时差为6天（60—30—24=6），缩短后的网络计划如图3-71所示。计算第三次缩短工期后，增加的费用C_3：

$$C_3 = C_2 + 143 \times 6 = 1\ 522 + 858 = 2\ 380(元)$$

(6)第四次缩短。从图3-71上看，缩短工作3—4和3—5持续时间8天，因为工作3—4最短的持续时间为22天，缩短后的网络计划如图3-72所示。第四次缩短工期后增加的费用C_4为

$$C_4 = C_3 + (143 + 58) \times 8 = 2\ 380 + 201 \times 8 = 3\ 988(元)$$

(7)第五次缩短。从图3-72上看，关键线路有4条，只能在关键工作1—2、1—3、2—3中选择，只有缩短工作1—3和2—3(工作费用率为125+100)持续时间4天。工作1—2的持续时

间已达到最短，不能再缩短，经过五次缩短工期，不能再减少了，不同工期增加直接费用计算结束，第五次缩短工期后共增加费用 C_5 为

$$C_5 = C_4 + (125 + 100) \times 4 = 3\,988 + 900 = 4\,888(元)$$

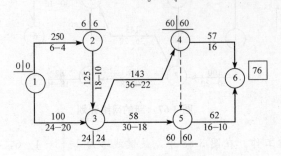

图 3-70　第二次工期缩短的网络计划

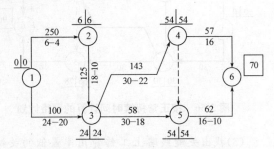

图 3-71　第三次工期缩短的网络计划

考虑不同工期增加费用及间接费用影响（表 3-15），选择其中组合费用最低的工期作为最佳方案。

表 3-15　不同工期组合费用表

不同工期/天	96	84	76	70	62	58
增加直接费用/元	0	684	1 522	2 380	3 988	4 888
间接费用/元	11 520	10 080	9 120	8 400	7 440	6 960
合计费用/元	11 520	10 764	10 642	10 780	11 428	11 848

从表 3-15 可知，工期 76 天所增加费用最少，为 10 642 元。费用最低方案如图 3-73 所示。

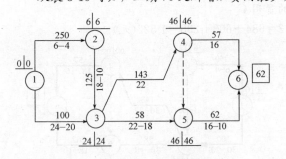

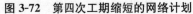

图 3-72　第四次工期缩短的网络计划

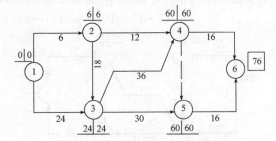

图 3-73　费用最低的网络计划

第六节　网络计划控制

网络计划控制主要包括网络计划的检查和网络计划的调整两个方面。

一、网络计划的检查

（1）检查网络计划首先必须收集网络计划的实际执行情况，并进行记录。

当采用时标网络计划时，应绘制实际进度前锋线记录计划实际执行情况。前锋线应自上而下地从计划检查的时间刻度出发，用直线段依次连接各项工作的实际进度前锋点，最后到达计划检查的时间刻度为止，形成折线。前锋线可用彩色线标画；不同检查时刻绘制的相邻前锋线可采用不同颜色标画。

当采用无时标网络计划时，可在图上直接用文字、数字、适当符号，或列表记录计划实际执行情况。

(2)对网络计划的检查应定期进行。检查周期的长短应根据计划工期的长短和管理的需要确定。必要时，可作应急检查，以便采取应急调整措施。

(3)网络计划的检查必须包括以下内容：

1)关键工作进度。

2)非关键工作进度及还可利用的时差。

3)实际进度对各项工作之间逻辑关系的影响。

4)费用资料分析。

(4)对网络计划执行情况的检查结果，应进行以下分析判断：

1)对时标网络计划，宜利用已画出的实际进度前锋线，分析计划的执行情况及其发展趋势，对未来的进度情况作出预测判断，找出偏离计划目标的原因及可供挖掘的潜力。

2)对无时标网络计划，宜按表 3-16 记录的情况对计划中未完成的工作进行分析判断。

表 3-16　网络计划检查结果分析表

工作编号	工作名称	检查时还需作业天数	按计划最迟完成前还有天数	总时差		自由时差		情况分析
				原有	目前尚有	原有	目前尚有	

二、网络计划的调整

网络计划的调整时间一般应与网络计划的检查时间一致，根据计划检查结果可进行定期调整或在必要时进行应急调整、特别调整等，一般以定期调整为主。

网络计划的调整包括的内容主要有：关键线路长度的调整；非关键工作时差的调整；增、减工作项目；其他方面的调整等。

1. 关键线路长度的调整

调整关键线路的长度，可针对不同情况选用下列不同的方法：

(1)对关键线路的实际进度比计划进度提前的情况，当不拟提前工期时，应选择资源占用量大或直接费用高的后续关键工作，适当延长其持续时间，以降低其资源强度或费用；当需要提前完成计划时，应将计划的未完成部分作为一个新计划，重新确定关键工作的持续时间，按新计划实施。

(2)对关键线路的实际进度比计划进度延误的情况，应在未完成的关键工作中，选择资源强度小或费用低的，缩短其持续时间，并把计划的未完成部分作为一个新计划，按工期优化方法进行调整。

2. 非关键工作时差的调整

非关键工作时差的调整应在其时差的范围内进行。每次调整均必须重新计算时间参数，观察该调整对计划全局的影响。调整方法包括如下三种：

(1)将工作在其最早开始时间与其最迟完成时间范围内移动。

(2)延长工作持续时间。

(3)缩短工作持续时间。

3. 增、减工作项目

增、减工作项目时，应符合下列规定：

(1)不打乱原网络计划的逻辑关系，只对局部逻辑关系进行调整。

(2)重新计算时间参数，分析对原网络计划的影响。当对工期有影响时，应采取措施，保证计划工期不变。

4. 其他方面的调整

(1)调整逻辑关系。只有当实际情况要求改变施工方法或组织方法时才可进行逻辑关系的调整。调整时，应避免影响原定计划工期和其他工作顺利进行。

(2)重新估计某些工作的持续时间。当发现某些工作的原持续时间有误或实现条件不充分时，应重新估算其持续时间，并重新计算时间参数。

(3)对资源的投入作相应调整。当资源供应发生异常时，应采用资源优化方法对计划进行调整或采取应急措施，使其对工期的影响最小。

本章小结

网络计划方法是在建筑工程施工中广泛应用的现代化科学管理方法，主要用来编制工程项目的施工进度计划和建筑施工企业的生产计划，并通过对计划的优化、调整和控制，达到缩短工期、提高效率、节约劳动力、降低消耗的施工目标，是施工组织设计的重要组成部分，也是工程竣工验收的必备文件。

本章主要介绍了双代号和单代号网络计划的基本概念和绘制方法、时间参数的计算、关键工作和关键线路的确定以及双代号时标网络计划，同时介绍了网络计划优化和网络计划的控制。

思考与练习

一、填空题

1. 网络计划按表达方式不同分为_____、_____。

2. 双代号网络图的基本符号是_____、_____及_____。

3. 双代号网络计划的时间参数主要有三类：_____、_____和_____。

4. 时标网络计划的坐标体系有_____、_____和_____三种。

5. 根据优化目标的不同，网络计划的优化可分为_____、_____和_____三种。

6. 网络计划控制主要包括_____和_____两个方面。

二、思考题

1. 网络计划方法的基本原理是什么？

2. 网络图中节点编号必须满足哪些基本规则？

3. 网络计划图的逻辑关系一般有哪两类？

4. 确定关键线路的方法有哪些？

5. 时标网络计划与无时标网络计划相比，主要具有哪些特点？

6. 网络计划的调整包括的内容主要有哪些？

三、练习题

1. A、B、C、D、E 五个工作，它们的工作关系是：A、B 工作同时开始，A 工作完成后做 C 工作，B 工作完成后做 D 工作，A、B 工作都完成后做 E 工作，试绘制双代号网络图。

2. 如图 3-74 所示网络图，工期未规定，试计算节点的最迟时间。

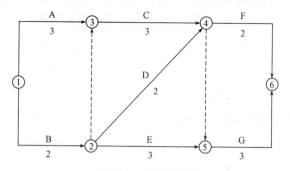

图 3-74 网络计划

3. 已知网络图的逻辑关系见表 3-17，试绘制单代号网络图，并计算各工作的时间参数。

表 3-17 某网络图的逻辑关系

工作	A	B	C	D	E	G
紧前工作	——	A	A	B	B、C	D、E
持续时间	3	5	2	1	4	5

4. 已知某工程的网络图如图 3-75 所示，试用间接绘制法绘制时标网络图。

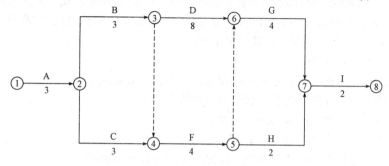

图 3-75 某工程双代号网络图

第四章 施工组织总设计

知识目标

1. 了解施工组织总设计的基本概念、内容及编制依据；掌握施工部署的内容。
2. 了解施工总进度计划的编制原则和依据；掌握施工总进度计划的编制步骤。
3. 了解各项资源需用量的计划；掌握施工总平面图的设计步骤。

能力目标

1. 具备编制施工总进度计划的能力。
2. 能进行施工总平面图的设计与绘制。

第一节 施工组织总设计概述

一、施工组织总设计的基本概念

施工组织总设计是以整个建设项目或群体工程为编制对象，规划其施工全过程各项施工活动的技术经济性文件，带有全局性和控制性，其目的是对整个建设项目或群体工程的施工活动进行通盘考虑，全面规划，总体控制。施工组织总设计一般是在初步设计或扩大初步设计被批准后，由工程总承包公司或大型工程项目经理部（或工程建设指挥部）的总工程师主持，会同建设、设计和分包单位的工程技术人员进行编制的。

施工组织总设计的作用有：

（1）从全局出发，为整个项目的施工阶段做出全面的战略部署。

（2）为做好施工准备工作，保证资源供应提供依据。

（3）确定设计方案的可行性和经济合理性。

（4）为业主编制基本建设计划提供依据。

（5）为施工单位编制生产计划和单位工程施工组织设计提供依据。

（6）为组织全工地施工提供科学方案和实施步骤。

二、施工组织总设计的编制依据

编制施工组织总设计一般以设计文件，计划文件及相关合同，工程勘察和调查资料，上级的有关指示，相关的行业规范、标准等资料为依据。

(1)设计文件：包括已批准的初步设计文件或扩大初步设计文件(设计说明书、建设地区区域平面图、建筑总平面图、总概算或修正概算及建筑竖向设计图)。

(2)计划文件及相关合同：包括国家批准的基本建设计划文件，概、预算指标和投资计划，工程项目一览表，分期、分批投产交付使用的工程项目期限计划文件，工程所需材料和设备的订货计划，工程项目所在地区主管部门的批件，施工单位上级主管(主管部门)下达的施工任务计划，招标投标文件及工程承包合同或协议，引进设备和材料的供货合同等。

(3)工程勘察和调查资料：包括建设地区地形、地貌、工程地质、水文、气象等自然条件资料；能源、交通运输、建筑材料、预制件、商品混凝土及构件、设备等技术经济条件资料；当地政治、经济、文化、卫生等社会生活条件资料。

(4)上级的有关指示：包括对建筑安装工程施工的要求，对推广新结构、新材料、新技术及有关的技术经济指标的要求等。

(5)相关的行业规范、标准：包括国家现行的规定、规范、概算指标、扩大结构定额、万元指标、工期定额、合同协议和议定事项及各施工企业累积统计的类似建筑的资料数据等。

三、施工组织总设计的编制程序

施工组织总设计的编制程序如图 4-1 所示。

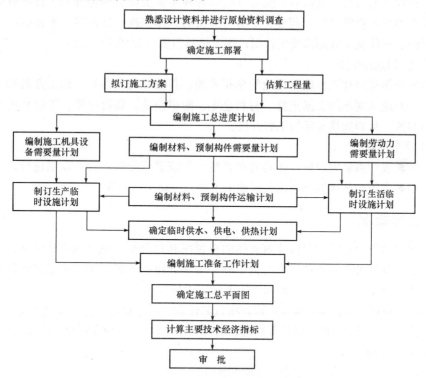

图 4-1 施工组织总设计的编制程序

四、施工组织总设计的编制内容

施工组织总设计的编制内容通常包括以下几个组成部分。

1. 编制依据

编制依据具体包括：计划文件及有关合同；设计文件及有关资料；工程勘察和技术经济资料；现行规范、规程和有关技术规定；类似工程的施工组织总设计或参考资料。

2. 工程项目概况

工程项目概况是对整个建设项目的总说明和总分析，是对拟建建设项目或建筑群所做的一个简单扼要、重点突出的文字介绍，具体包括建设项目的特点，建设地区的自然、技术经济特点，施工条件等内容。

3. 施工部署

施工部署是施工组织总设计的核心，也是编制施工总进度计划的前提。其重点要解决如下问题：确定各主要单位工程的施工展开程序和开、竣工日期；划分各施工单位的工程任务和施工区段，建立工程项目指挥系统；明确施工准备工作的规划。

4. 施工总控制进度计划

施工总控制进度计划是保证各个项目以及整个建设工程按期交付使用，最大限度降低成本，从而充分发挥投资效益的重要条件。其主要内容包括：编制说明；施工总进度计划表；分期分批施工工程的开工日期、完工日期以及工期一览表；资源需用量以及供应平衡表等。

5. 各项资源需用量计划

施工总进度计划编制完成以后，就可以编制各种主要资源需用量计划。各项资源需用量计划是做好劳动力以及物资供应、调度、平衡、落实的具体依据，其内容主要包括：劳动力需要量计划；材料、构件及半成品需要量计划；施工机具需要量计划三个方面。

6. 施工总平面图设计

施工总平面图是拟建项目施工场地的总布置图。其按照施工部署、施工方案和施工总进度计划的要求，对施工现场的交通道路、材料仓库、附属企业、临时房屋、临时水电管线等作出合理的规划布置，从而指导现场施工的开展。

7. 技术经济指标

施工组织总设计编制完成后，还需要对其技术经济进行分析评价，以便进行方案改进或多方案优选。一般常用的技术经济指标包括施工工期、劳动生产率等。

五、工程概况

工程概况是对整个建设项目或建筑群体的总说明和总分析，是对拟建建设项目或建筑群体所作的一个简明扼要的文字介绍，有时为了补充文字介绍的不足，还可附拟建建设项目的总平面图，主要建筑的平面、立面、剖面示意图及辅助表格等。

其内容一般包括：建设项目构成，建设项目的建设、勘察设计、监理和施工单位，建设地区自然条件、技术经济条件、施工条件等状况。也可将施工总目标和项目管理组织在此一并介绍。

1. 建设项目构成

(1)建设项目名称、性质、建设地点和工程特点。

(2)占地总面积、建设总规模和生产能力。

(3)建设工作量和设备安装总吨数。

(4)生产工艺流程及其特点。

(5)工程组成及每个单项(单位)工程设计特点、占地面积、建筑面积、建筑层数、建筑体积、结构类型、复杂程度，建筑、结构、装修设备安装概况等。

2. 建设项目的建设、勘察设计、监理和施工单位

建设项目的建设、勘察设计、监理和施工总分包单位名称及其资质等级、人员组成状况。

3. 建设地区自然条件

(1)地区特点、气象状况、地震烈度。

(2)场地特点、地形地质及水文等状况。

4. 建设地区技术经济条件

(1)当地建筑施工企业、社会劳动力状况。

(2)当地建筑材料、构配件和半成品的供应及价格等市场调查状况。

(3)当地进口设备和材料到货口岸及其转运方式等状况。

(4)当地交通运输、供水供电、电信和供热的能力与价格等状况。

(5)当地政治、经济、文化、科技、卫生、宗教等社会条件状况。

5. 施工条件

施工条件包括：建设方提供现场的标准及时间；设计方出图计划；资源供应条件。

6. 施工总目标及其他目标

建设项目施工的目标包括建设项目的施工总目标及单位工程的成本、工期、质量、职业健康安全、环境目标。

7. 项目管理组织

(1)明确项目管理的目标、工作内容、组织机构，其中项目管理组织机构一般以组织机构图来表示。

(2)项目经理部的质量、职业健康安全与环境管理体系。

(3)项目管理的工作程序、岗位责任制、各项管理制度和考核标准。

第二节　施　工　部　署

施工部署是对整个建设项目施工全局作出的统筹规划和全面安排，是对影响建设项目全局性的重大战略部署作出的决策。

施工部署由于建设项目的性质、规模和施工条件等不同，其内容包括工程开展程序、施工任务划分与组织安排、重点工程的施工方案、主要工种的施工方法、全场性施工准备工作计划等。

一、工程开展程序

为了对整个施工项目进行科学的规划和控制，应对施工任务从总体上进行区分，并对施工任务的开展作出科学合理的程序安排。

施工任务区分主要是明确项目经理部的组织机构，形成统一的工程指挥系统；明确工程总的目标(包括质量、工期、安全、成本和文明施工等目标)；明确工程总包范围和总包范围内的分包工程；确定综合的或专业的施工组织；划分各施工单位的任务项目和施工区段；明确主攻项目和穿插施工的项目及其建设期限。

施工任务开展程序安排时，主要是从总体上把握各项目的施工顺序，并应注意以下几点：

（1）在保证工程工期的前提下，实行分期分批建设，既可使各具体项目迅速建成，尽早投入使用发挥效益，又可以在全局上实现施工的连续性和均衡性，减少暂设工程的数量，降低工程造价。

（2）统筹安排各类项目施工，保证重点，兼顾其他，确保工程项目按期投产。按照工程项目的重要程度，应该优先安排的项目包括：

1）按生产工艺要求须先投产或起主导作用的项目。

2）工程量大、施工难度大、工期长的项目。

3）运输系统、动力系统，如厂区道路、铁路和变电站街道等。

4）生产上需先期使用的项目。

5）供施工使用的工程项目。

对于建设项目中工程量小、施工难度不大、周期较短而又不急于使用的辅助项目，可以考虑与主体工程相配合，作为平衡项目穿插在主体工程的施工中进行。

（3）所有工程项目均应按照先地下后地上、先深后浅、先干线后支线的原则进行安排。

（4）在安排施工程序时，还应注意使已完工程的生产或使用和在建工程的施工互不妨碍，使生产、施工两方便。

（5）施工程序应当与各类物资、技术条件供应之间的平衡以及这些资源的合理利用相协调，促进均衡施工。

（6）施工程序必须注意季节的影响，应把不利于某季节施工的工程提前到该季节来临之前或推迟到该季节终了之后施工。但应注意，这样安排以后应保证质量，不拖延进度，不延长工期。大规模土方工程和深基础土方施工，一般要避开雨期；寒冷地区的房屋施工尽量在入冬前封闭，使冬期可进行室内作业和设备安装。

二、施工任务划分与组织安排

在明确使用项目管理体制、机构的条件下，划分参与建设的各施工单位的施工任务，明确总包与分包单位的关系，建立施工现场统一的组织领导机构及职能部门，确定综合的和专业化的施工组织，明确各施工单位之间的分工与协作关系，划分施工阶段，确定各施工单位分期分批的主导施工项目和穿插施工项目。

三、重点工程的施工方案

针对建设项目中工程量大、工期长的主要单项或单位工程，如生产车间、高层建筑、桥梁等，特殊的分项工程如桩基、深基础、现浇或预制量大的结构工程、升板工程、滑模工程、大模板工程、大跨工程、重型构件吊装工程、高级装饰装修工程和特殊外墙饰面工程等，通常需要编制人员在原则上进行施工方案的确定。其目的是为了进行技术和资源的先期准备工作，同时也是为了施工的顺利开展和施工现场的合理布置。

施工方案的内容包括：施工方案的确定、施工程序的确定和施工机械的选择等。

选择主要工程项目的施工方法时，应兼顾技术和经济的相互统一，尽量扩大工业化的施工范围，努力改进机械化施工的程度，从而减轻工人的劳动强度。

在选择施工机械时，应注意考虑实现效率与经济相统一，应使主要机械的性能既能符合工程的需要，又便于保养维修，具备经济上的合理性。同时，辅助配套机械的性能应与主要施工机械相适应，以充分发挥主要施工机械的生产效率。此外，大型机械应能进行综合流水作业，减少其拆、装、运的次数。

需要注意的是，施工组织总设计中所指的拟订主要项目的施工方案与单位工程施工组织设计中要求的内容和深度是不同的。前者只需原则性地提出施工方案，对涉及全局性的一些问题提出解决思路，如构件采用预制还是现浇、如何进行构件吊装、采用何种新工艺等。

四、主要工种的施工方法

主要工种工程是指工程量大、占用工期长、对工程质量起关键作用的工程，如土石方、基础、砌体、架子、模板、混凝土、结构安装、防水、装饰工程以及管道安装、设备安装、垂直运输等。在确定主要工种工程的施工方法时，应结合建设项目的特点和当地施工习惯，尽可能采用先进、合理、可行的工业化、机械化施工方法。

（1）工业化施工。按照工厂预制和现场预制相结合的方针和逐步提高建筑工业化程度的原则，妥善安排钢筋混凝土构件生产及木制品加工、混凝土搅拌、金属构件加工、机械修理和砂石的生产。其安排要点如下：

1）充分利用本地区的永久性预制加工厂生产大批量的标准构件，如屋面板、楼板、砌块、墙板、中小型梁、门窗、金属构件和铁件等。

2）当本地区缺少永久性预制加工厂或其生产能力不能满足需要时，可考虑设置现场临时性预制加工厂，并定出其规模和位置。

3）对大型构件（如柱、屋架）以及就近没有预制加工厂生产的中型构件（如梁等），一般宜现场预制。

总之，要因地制宜，采用工厂预制和现场预制相结合的方针，经分析比较后选定预制方法，并编制预制构件加工计划。

（2）机械化施工。要充分利用现有机械设备，努力扩大机械化施工的范围，制订配套和改造更新的规划，增添新型的高效能机械，以提高机械化施工的生产效率。在安排和选用机械时，应注意以下各点：

1）主要施工机械的型号和性能要既能满足施工的需要，又能发挥其生产效率。

2）辅助配套施工机械的性能和生产效率要与主要施工机械相适应。

3）尽量使机械在几个项目上进行流水施工，以减少机械装、拆、运的时间。

4）工程量大而集中时，应选用大型固定的机械；施工面大而分散时，应选用移动灵活的机械。

5）注意贯彻大、中、小型机械相结合的原则。

五、全场性施工准备工作计划

根据施工开展的程序和施工方案，编制全场性的施工准备工作计划表（表 4-1）。

表 4-1　施工准备工作计划表

序号	准备工作名称	准备工作内容	主办单位	协办单位	完成日期	负责人

（1）安排好场内外运输、施工用的主干道、水电气来源及其引入方案。

（2）安排好场地平整和全场性排水、防洪。

（3）安排好生产和生活基地建设。

（4）安排现场区内建筑材料、成品、半成品的货源和运输、储存方式。

（5）安排施工现场区域内的测量放线工作。

（6）编制新技术、新材料、新工艺、新结构的试验、测试与技术培训工作。

（7）做好冬、雨期施工的特殊准备工作。

第三节　施工总进度计划

施工总进度计划是施工现场各施工活动在时间上开展状况的体现。编制施工总进度计划就是根据施工部署中的施工方案和工程项目的开展程序，对全工地的所有工程项目做出时间上的安排。编制施工总进度计划的要求是保证拟建工程按期完工，迅速产生经济效益，并保证项目施工的连续性与均衡性，节约投资费用。其作用在于确定各个施工项目及其主要工种工程、准备工作和全工地工程的施工期限及其开工和竣工的日期，从而确定建筑施工现场劳动力、材料、成品、半成品、施工机械的需要数量和调配情况，以及现场临时设施的数量，水、电供应数量和能源、交通的需要数量等。

一、施工总进度计划的编制原则和依据

1. 施工总进度计划的编制原则

（1）合理安排施工顺序，保证在劳动力、物资以及资金消耗量最少的情况下，按规定工期完成拟建工程施工任务。

（2）采用合理的施工方法，使建设项目的施工连续、均衡地进行。

2. 施工总进度计划的编制依据

（1）工程的初步设计或扩大初步设计。

（2）有关概（预）算指标、定额、资料和工期定额。

（3）合同规定的进度要求和施工组织规划设计。

（4）施工总方案（施工部署和施工方案）。

（5）建设地区调查资料。

二、施工总进度计划的编制步骤

1. 工程分析计算

首先根据建设项目的特点划分项目。项目划分不宜过多，应突出主要项目，一些附属、辅助工程可以合并。然后估算各主要项目的实物工程量。计算工程量时，可按初步（或扩大初步）设计图纸并根据各种定额手册进行计算。常用的定额资料有以下几种：

（1）万元、十万元投资工程量、劳动力及材料消耗扩大指标。这种定额规定了某一种结构类型建筑，每万元或十万元投资中劳动力、主要材料等消耗数量。根据设计图纸中的结构类型，即可估算出拟建工程分项需要的劳动力和主要材料的消耗数量。

（2）概算指标或扩大结构定额。这两种定额都是预算定额的进一步扩大。概算指标以每 $100 \, m^3$ 建筑体积为单位；扩大结构定额则以每 $100 \, m^2$ 建筑面积为单位。查定额时，首先查找

与本建筑物结构类型、跨度、高度相类似的部分，然后查出这种建筑物按定额单位所需要的劳动力和各项主要材料消耗量，从而推算出拟建建筑所需要的劳动力和材料的消耗数量。

（3）标准设计或已建房屋、构筑物的资料。在缺少上述几种定额手册的情况下，可采用标准设计或已建成的类似工程实际所消耗的劳动力及材料加以类比，按比例估算。但是，由于和拟建工程完全相同的已建工程极为少见，因此在采用已建工程资料时，一般都要进行折算、调整。除房屋外，还必须计算主要的全工地工程的工程量，如场地平整、铁路及道路和地下管线的长度等，这些可以根据建筑总平面图来计算。

最后将按上述方法计算出的工程量填入工程量汇总表中（表4-2）。

表 4-2　工程量汇总表

序号	工程量名称	单位	合计	生产车间		仓库运输			管网				生活福利		大型暂设		备注
				××车间	…	仓库	铁路	公路	供电	供水	排水	供热	宿舍	文化福利	生产	生活	

2. 各单位工程施工期限确定

根据各单位工程的规模、施工难易程度、承建单位的施工水平及各种资源的供应情况等施工条件，确定各建筑物的施工期限。

3. 各单位工程开竣工时间和相互搭接关系确定

在施工部署中已经确定了总的施工期限、施工程序和各系统的控制期限及搭接时间，但对每一个单位工程的开竣工时间还未具体确定。通过对各主要建筑物的工期进行分析，确定各主要建筑物的施工期限之后，就可以进一步安排各建筑物的搭接施工时间。通常，应考虑以下主要因素：

（1）分清主次，保证重点，兼顾一般，同时进行的项目不宜过多。

（2）要满足连续、均衡施工的要求，尽量使各种施工人员、施工机械在全工地内连续施工，同时尽量使劳动力、施工机具和物资消耗量基本均衡，以利于劳动力的调度和资源供应。

（3）要满足生产工艺要求，合理安排各个建筑物的施工顺序，使土建施工、设备安装和试生产实现"一条龙"。

（4）认真考虑施工平面图的空间关系，使施工平面布置紧凑，少占土地，减少场地内部的道路和管理长度。

（5）全面考虑各种条件限制，如施工企业自身的力量，各种原材料、机械设备的供应情况，设计单位提供图纸的情况，各年度投资数量等条件，对各建筑物的开工、竣工时间进行调整。

4. 编制施工总进度计划表

在进行上述工作之后，便可着手编制施工总进度计划表。施工总进度计划可以用横道图表达，也可以用网络图表达。由于施工总进度计划只起控制性作用，因此不必编制得过细。用横道图计划比较直观，简单明了；网络计划可以表达出各项目或各工序间的逻辑关系，可以通过关键线路直观体现控制工期的关键项目或工序；另外，还可以应用电子计算机进行计算和优化调整，近年来这种方式已经在实践中得到广泛应用。

施工总进度计划和主要分部(项)工程流水施工进度计划可参照表4-3和表4-4编制。

表4-3　施工总进度计划表

序　号	工程名称	工程量		设备安装指标/t	造价/千元			进度计划					
		单位	数量		合计	建筑工程	设备安装	第一年				第二年	第三年
								Ⅰ	Ⅱ	Ⅲ	Ⅳ		

注：1. 工程名称的顺序应按生产、辅助、动力车间、生活福利和管网等次序填列。
　　2. 进度计划的表达应按土建工程、设备安装和试运转用不同线条表示。

表4-4　主要分部(项)工程流水施工进度计划表

序号	单位工程和分部分项工程名称	工程量		机械			劳动力			施工延续天数	施工进度计划						
		单位	数量	机械名称	台班数量	机械数量	工种名称	总工日数	平均人数		××××年						
											×月	×月	×月	×月	×月	×月	…

注：单位工程按主要工程项目填列，较小项目分类合并。分部分项工程只填主要的，如土方包括竖向布置，并区分挖与填；砌筑包括砌砖和砌石；现浇混凝土与钢筋混凝土包括基础、框架、地面垫层混凝土；吊装包括装配式板材、梁、柱、屋架和钢结构；抹灰包括室内外装饰。此外，还有地面、屋面以及水、电、暖、卫、气和设备安装。

5. 确定总进度计划

初步施工总进度计划排定后，还要经过检查、调整，才能确定较合理的施工总进度计划。一般的检查方法是观察劳动力和物资需要量的变动曲线。这些变动曲线如果有较大的高峰出现，则可用适当地移动穿插项目的时间或调整某些项目的工期等方法逐步加以改进，最终使施工趋于均衡。

三、制订施工总进度计划保证措施

(1)组织保证措施。从组织上落实进度控制责任，建立进度控制协调制度。

(2)技术保证措施。编制施工进度计划实施细则；建立多级网络计划和施工作业周计划体系；强化事前、事中和事后进度控制。

（3）经济保证措施。确保按时供应资金；奖励工期提前者；经批准紧急工程可采用较高的计件单价；保证施工资源正常供应。

（4）合同保证措施。全面履行工程承包合同；及时协调分包单位施工进度；按时提取工程款；尽量减少业主提出工程进度索赔的机会。

第四节　各项资源需用量计划

各项资源需用量计划是做好劳动力及物资的供应、平衡、调度、落实的依据，其内容一般包括以下几个方面：

一、劳动力需用量计划

劳动力需用量计划是确定暂设工程规模和组织劳动力进场的依据。编制时，首先根据各工种工程量汇总表中分别列出的各个建筑物专业工种的工程量，根据预算定额或有关资料便可求得各个建筑物主要工种的劳动量；再根据总进度计划表中各单位工程工种的持续时间，即可得到某单位工程在某段时间里的平均劳动力数。同样方法可计算出各个建筑物的各主要工种在各个时期的平均工人数。将总进度计划表纵坐标方向上各单位工程同工种的人数叠加在一起并连成一条曲线，即为本工种的劳动力动态曲线图和计划表。劳动力需用量计划表见表4-5。

表4-5　劳动力需用量计划表

序号	工程名称	工种名称	高峰人数	××××年				××××年				备注
				一	二	三	四	一	二	三	四	
劳动力动态曲线												

二、主要材料和预制品需用量计划

根据各工种工程量汇总表所列各建筑物和构筑物的工程量，查定额或概算指标便可得出各建筑物或构筑物所需的建筑材料、构件和半成品的需用量；然后根据总进度计划表大致估计出某些建筑材料在某季度的需用量，从而编制出建筑材料、构件和半成品的需用量计划。主要材料和预制品需用量计划是材料和构件等落实组织货源、签订供应合同、确定运输方式、编制运输计划、组织进场、确定暂设工程规模的依据。特别要以表格的形式确定计划，安排各种建筑材料、构件及半成品的进场顺序、时间和堆放场地。主要材料需用量计划见表4-6，主要预制加工品需求量计划见表 4-7。

表 4-6　主要材料需求量计划表

工程名称	主要材料						

注：1. 主要材料可按型钢、钢板、钢筋、管材、水泥、木材、砖、石、砂、石灰、油毡等填列。
　　2. 木材按成材计算。

表 4-7　主要预制加工品需求量计划表

序号	名称	规格	单位	需求量				需求量进度计划					
				合计	正式工程	大型临时设施	施工措施	××××年					××××年
								合计	一季	二季	三季	四季	

注：预制加工品名称应与其他表一致，并应列出详细规格。

三、主要施工机具、设备需用量计划

施工机具、设备需用量是指总设计部署所统一安排的机械设备和运输工具的需要数量，如统一安排的挖运土机械、垂直运输机械、搅拌机械和加工机械等。结合施工总进度计划确定其进场时间，据此编制其需用量计划表，见表 4-8。

表 4-8　主要施工机具、设备需用量计划表

机械名称	机械型号或规格	需用量		进退场时间/月									提供来源
		单位	数量										

第五节　施工总平面图设计

施工总平面图是拟建项目施工场地的总布置图。它是按照施工部署、施工方案和施工总进度计划的要求绘制的。它对施工现场的交通道路，材料仓库，附属生产或加工企业，临时建筑和临时水、电、管线等进行合理规划和布置，并用图纸的形式表达出来，从而正确处理全工地施工期间所需的各项设施与永久建筑、拟建工程之间的空间关系，指导现场进行有组织、有计划的文明施工。

一、施工总平面图设计的原则

(1) 尽量减少施工用地，少占农田，使平面布置紧凑、合理。

(2) 合理组织运输，减少运输费用，保证运输通畅。

（3）施工区域的划分和场地的确定，应符合施工流程要求，尽量减少专业工种与各工程之间的交叉。

（4）尽量利用永久性建筑物、构筑物或现有设施为施工服务，降低施工设施建造费用，尽量采用装配式施工设施，提高其安装速度。

（5）各种生产、生活设施应便于工人的生产和生活。

（6）满足安全防火、劳动保护的要求。

二、施工总平面图设计的依据

（1）各种设计资料，包括建筑总平面图、地形地貌图、区域规划图、建筑项目范围内有关的一切已有和拟建的各种设施的位置等。

（2）建设地区的自然条件和技术经济条件。

（3）建设项目的建筑概况、施工方案、施工进度计划，以便了解各施工阶段情况，合理规划施工场地。

（4）各种建筑材料、构件、加工品、施工机械和运输工具需用量一览表，以便规划工地内部的储放场地和运输线路。

（5）各构件加工厂规模、仓库及其他临时设施的数量和外廓尺寸。

三、施工总平面图设计的内容

（1）建设项目建筑总平面图上一切地上和地下建筑物、构筑物以及其他设施的位置和尺寸。

（2）一切为全工地施工服务的临时设施的位置，包括：

1）施工用地范围，施工用的各种道路。

2）加工厂、制备站及有关机械的位置。

3）各种建筑材料、半成品、构件的仓库和生产工艺设备的堆场、取弃土方位置。

4）行政管理房、宿舍、文化生活福利设施等的位置。

5）水源、电源、变压器位置，临时给水排水管线和供电、动力设施。

6）机械站、车库位置。

7）一切安全、消防设施位置。

（3）永久性测量放线标桩位置。

施工总平面图应该随着工程的进展，不断地进行修正和调整，以适应不同时期的需要。

四、施工总平面设计的步骤

施工总平面图设计的步骤为：场外交通道路的引入→材料堆场、仓库和加工厂的布置→搅拌站的布置→场内运输道路的布置→全场性垂直运输机械的布置→行政与生活临时设施的布置→临时水、电管网及其他动力设施的布置→施工总平面图的绘制。

1. 场外交通道路的引入

场外交通道路的引入是指将地区或市政交通路线引入施工场区入口处。设计全工地施工总平面图时，首先应从考虑大宗材料、成品、半成品、设备等进入工地的运输方式入手。当大批材料是由铁路运输时，要解决铁路的引入问题；当大批材料是由水路运输时，应考虑原有码头的运用和是否增设专用码头的问题；当大批材料是由公路运入工地时，由于汽车线路可以灵活布置，一般先布置场内仓库和加工厂，然后再布置场外交通的引入。

（1）铁路运输。当大量物资由铁路运入工地时，应首先解决铁路由何处引入及如何布置的问题。一般大型工业企业，厂区内都设有永久性铁路专用线，通常可将其提前修建，以便为工程施工服务。但由于铁路的引入将严重影响场内施工的运输和安全，因此，铁路的引入应靠近工地一侧或两侧。仅当大型工地分为若干个独立的工区进行施工时，铁路才可引入工地中央。此时，铁路应位于每个工区的旁侧。

（2）水路运输。当大量物资由水路运进现场时，应充分利用原有码头的吞吐能力。当需增设码头时，卸货码头不应少于两个，且宽度应大于 2.5 m，一般用石或钢筋混凝土结构建造。

（3）公路运输。当大量物资由公路运进现场时，由于公路布置较灵活，一般先将仓库、加工厂等生产性临时设施布置在最经济合理的地方，再布置通向场外的公路线。

场外交通道路的引入，应结合地区或市政交通，选取最短线路来布置临时引入道。布置时，还应考虑以下几点要求：

1）若引入临时铁路，要求纵坡小于 3％、曲率半径大于 300 m；若引入临时公路，要求纵坡小于 6％～8％、曲率半径大于 20 m。

2）若引入的最短线路遇有穿山过水的情况，应作出打洞造桥和绕道而行的经济估算，选择最经济的方案实施。

3）对引入的临时线路，要注意避免受到滑坡、山洪等自然灾害的影响。

4）临时引入的路基宽度，铁路可按 3.5 m 考虑，公路可按 8 m 考虑，路基两侧应考虑留出口宽 0.7 m 左右的排水沟。

2. 材料堆场、仓库和加工厂的布置

施工组织总设计中主要考虑那些需要集中供应的材料和加工件的场（厂）库的布置位置和面积。不需要集中供应的材料和加工件，可放到各单位工程施工组织设计中去考虑。

当采用铁路运输大宗施工物资时，中心仓库应尽可能沿铁路专用线布置，并且在仓库前留有足够的装卸前线，否则要在铁路线附近设置转运仓库，而且该仓库要设置在工地同侧。当采用公路运输大宗施工物资时，中心仓库可布置在工地中心区或靠近使用的地方；如不可能这样做，也可将其布置在工地入口处。大宗地方材料的堆场或仓库，可布置在相应的搅拌站、预制厂或加工厂附近。当采用水路运输大宗施工物资时，要在码头附近设置转运仓库。

工业项目的重型工艺设备，尽可能运至车间附近的设备组装场停放，普通工艺设备可放在车间外围或其他空地上。

各种加工厂布置，应以方便使用、安全防水、运输费用最少、不影响正式工程施工的正常进行为原则。一般应将加工厂集中布置在同一地区，且处于工地边缘。各种加工厂应与相应的仓库或材料堆场布置在同一地区。

（1）预制件加工厂应尽量利用建设地区的永久性加工厂。只有在其生产能力不能够满足工程需要时，才考虑在现场设置临时预制件厂，其位置最好布置在建设场地中的空闲地带上。

（2）钢筋加工厂可集中或分散布置，视工地具体情况而定。对于需冷加工、对焊、点焊钢筋骨架和大片钢筋网时，宜采用集中布置加工；对于小型加工、小批量生产和利用简单机具就能成型的钢筋的加工，宜采用就近的钢筋加工棚进行。

（3）木材加工厂设置与否、是集中还是分散设置、设置规模大小，应视建设地区内有无可供利用的木材加工厂而定。如建设地区无可供利用的木材加工厂，而锯材、标准门窗、标准模板等加工量又很大时，则应集中布置木材联合加工厂。对于非标准件的加工与模板修理工作等，可在工地附近设置的临时工棚进行分散加工。

（4）金属结构、锻工、电焊和机修等车间，由于在生产工艺上联系较紧密，应尽可能布置在一起。

3. 搅拌站的布置

工地混凝土搅拌站的布置有集中、分散、集中与分散相结合三种方式。当运输条件较好时，以采用集中布置较好；当运输条件较差时，以分散布置在使用地点或井架等附近为宜。一般当砂、石等材料由铁路或水路运入，而且现场又有足够的混凝土输送设备时，宜采用集中布置方式。若利用城市的商品混凝土搅拌站，只要考虑其供应能力和输送设备能否满足需要，并及时做好订货联系即可，工地则可不考虑布置搅拌站。除此之外，还可采用集中与分散相结合的方式。

混凝土搅拌站的布置选点应注意如下要点：

(1)搅拌站应尽量布置在场区下风方向的空地。

(2)搅拌站与生活、办公等临时设施的距离应尽可能远一点。

(3)搅拌站附近要有足够的空地，以布置砂石堆场。

(4)与施工道路紧密结合，使进、出料的交通比较方便。

4. 场内运输道路的布置

根据加工厂、仓库和各施工对象的相对位置，研究货物转运图，区分主要道路和次要道路进行道路的规划。规划厂区内道路时，应考虑以下几点：

(1)合理规划临时道路与地下管网的施工程序。在规划临时道路时，应充分利用拟建的永久性道路，提前修建永久性道路或者先修路基和简易路面。

(2)保证运输畅通。道路应有两个以上的出口，道路末端应设置回车场，且尽量避免与铁路交叉。厂内道路干线应采用环形布置，主要道路宜采用双车道，次要道路可以采用单车道。

(3)选择合理的路面结构。一般场外与省市级公路相连的干线，因其将来会成为永久性道路，因此将其一开始就修成混凝土路面；场内干线和施工机械行驶路线，最好采用砂石级配路面；场内支线一般为土路或砂石路。

5. 全场性垂直运输机械的布置

全场性垂直运输机械的布置应根据施工部署和施工方案所确定的内容而定，一般来说，小型垂直运输机械可由单位工程施工组织设计或分部工程作业计划作出具体安排，施工组织总设计一般根据工程特点和规模，考虑为全场服务的大型垂直运输机械的布置。

6. 行政与生活临时设施的布置

行政与生活临时设施包括办公室、汽车库、职工休息室、开水房、小卖部、食堂、俱乐部和浴池等。根据工地施工人数，可计算这些临时设施的建筑面积，应尽量利用建设单位的生活基地或其他永久性建筑，不足部分另行建造。

一般全工地行政管理用房宜设在全工地入口处，以便对外联系；也可设在工地中央，以便于全工地管理。工人用的福利设施应设置在工人较集中的地方，或工人必经之处。生活基地应设在场外，以距离工地 500～1 000 m 为宜。食堂可布置在工地内部或工地与生活区之间。

7. 临时水、电管网及其他动力设施的布置

当有可利用的水源、电源时，可以将水、电从外面接入工地，沿主要干道布置干管、主线，然后与各用户接通。临时总变电站应设置在高压电引入处，不宜放在工地中心；临时水池应放在地势较高处。当无法利用现有水电时，为了获得电源，可在工地中心或其附近设置临时发电设备，沿干道布置主线；为了获得水源，可以利用地表水或地下水，并设置抽水设备和加压设备(简易水塔或加压泵)，以便储水和提高水压。然后接出水管，布置管网。

临时水、电管网布置应注意以下几点：

(1)尽量利用已有和提前修建的永久性线路。

(2)临时总变电站应设在高压线进入工地处，避免高压线穿过工地。临时自备发电设备应设

置在现场中心或靠近主要用电区域。

(3)临时水池、水塔应设在用水中心和地势较高处。管网一般沿道路布置，供电线路应避免与其他管道设在同一侧，主要供水、供电管线采用环状管网，孤立点可设枝状管网。

(4)管线穿路处均要套一铁管，一般电线用 $\phi51\sim76$ 的铁管，电缆用 $\phi102$ 的铁管，并埋入地下 0.6 m 处。

(5)过冬的临时水管须埋在冰冻线以下或采取保温措施。

(6)排水沟沿道路布置，纵坡不小于 0.2%，过路处须设涵管，在山地建设时应有防洪设施。

(7)消火栓间距不大于 120 m，距离拟建房屋不小于 5 m，不大于 25 m，距离路边不大于 2 m。

(8)各种管道布置的最小净距离应符合有关规定。

8. 施工总平面图的绘制

(1)确定图幅大小和绘图比例。图幅大小和绘图比例应根据建设工程项目的规模、工地大小及布置内容多少来确定。图幅一般可选用 1～2 号图纸，常用比例为 1∶1 000 或 1∶2 000。

(2)合理规划和设计图面。施工总平面图除了要反映施工现场的布置内容外，还要反映周围环境。因此，在绘图时应合理规划和设计图面，并应留出一定的空余图面绘制指北针、图例及文字说明等。

(3)绘制建筑总平面图的有关内容。将现场测量的方格网、现场内外已建的房屋、构筑物、道路和拟建工程等，按正确的内容绘制在图面上。

(4)绘制工地需要的临时设施。根据布置要求及计算面积，将道路、仓库、材料加工厂和水、电管网等临时设施绘制到图面上去。对复杂的工程，必要时可采用模型布置。

技术经济指标的计算

(5)形成施工总平面图。在进行各项布置后，经分析比较、调整修改，形成施工总平面图，并作必要的文字说明，标上图例、比例、指北针。

完成的施工总平面图比例要正确，图例要规范，线条要粗细分明，字迹要端正，图面要整洁、美观。常用绘图图例见表 4-9。

表 4-9 施工平面图常用绘图图例

序 号	名 称	图 例	备 注
1	新建建筑物	$X=$ $Y=$ ① 12F/2D $H=59.00$ m	新建建筑物以粗实线表示与室外地坪相接处±0.000外墙定位轮廓线。 建筑物一般以±0.000高度处的外墙定位轴线交叉点坐标定位。轴线用细实线表示，并标明轴线号。 根据不同设计阶段标注建筑编号，地上、地下层数，建筑高度，建筑出入口位置(两种表示方法均可，但同一图纸采用一种表示方法)。 地下建筑物以粗虚线表示其轮廓。 建筑上部(±0.00以上)外挑建筑用细实线表示。 建筑物上部连廊用细虚线表示并标注位置

序 号	名 称	图 例	备 注
2	原有建筑物	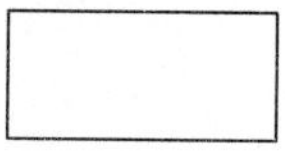	用细实线表示
3	计划扩建的预留地或建筑物		用中粗虚线表示
4	拆除的建筑物	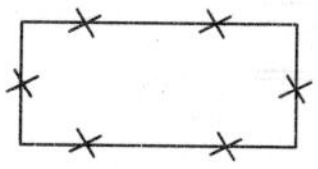	用细实线表示
5	建筑物下面的通道	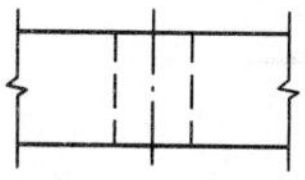	—
6	散状材料露天堆场		需要时可注明材料名称
7	其他材料露天堆场或露天作业场	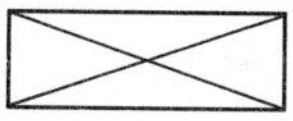	需要时可注明材料名称
8	铺砌场地	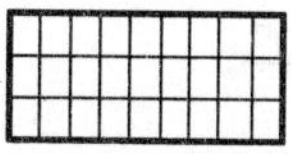	—
9	敞棚或敞廊	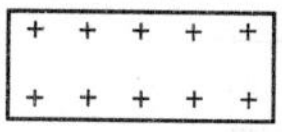	—
10	高架式料仓	 	—
11	漏斗式储仓		左、右图为底卸式 中图为侧卸式
12	冷却塔(池)		应注明冷却塔或冷却池
13	水塔、储罐	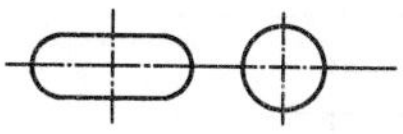	左图为卧式储罐 右图为水塔或立式储罐
14	水池、坑槽		也可以不涂黑
15	明溜矿槽(井)	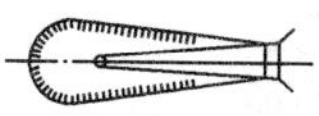	—
16	斜井或平硐		—

序　号	名　称	图　例	备　注
17	烟囱	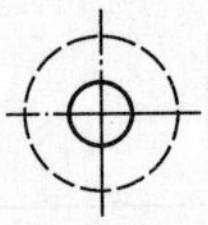	实线为烟囱下部直径，虚线为基础，必要时可注写烟囱高度和上、下口直径
18	围墙及大门	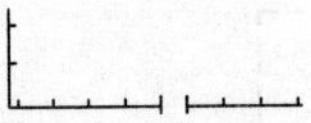	—
19	挡土墙	 5.00 1.50	挡土墙根据不同设计阶段的需要标注 墙顶标高 墙底标高
20	挡土墙上设围墙		—
21	台阶及无障碍坡道	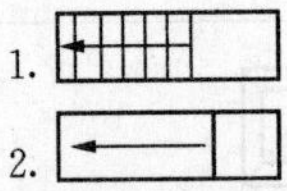 1. 2.	1. 表示台阶(级数仅为示意) 2. 表示无障碍坡道
22	露天桥式起重机	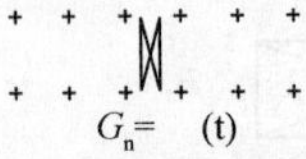 $G_n=$ (t)	起重机起重量 G_n，以吨计算 "+"为柱子位置
23	露天电动葫芦	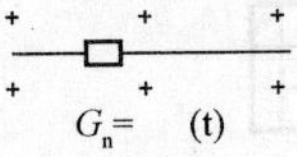 $G_n=$ (t)	起重机起重量 G_n，以吨计算 "+"为支架位置
24	门式起重机	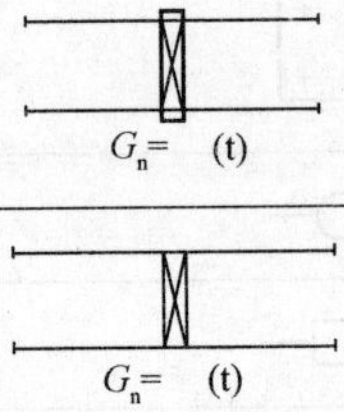 $G_n=$ (t) $G_n=$ (t)	起重机起重量 G_n，以吨计算 上图表示有外伸臂 下图表示无外伸臂
25	架空索道	 I　　I	"I"为支架位置
26	斜坡卷扬机道	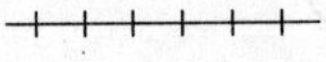	—
27	斜坡栈桥（皮带廊等）	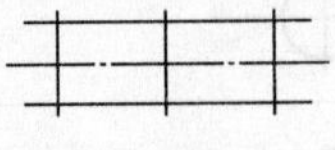	细实线表示支架中心线位置
28	坐标	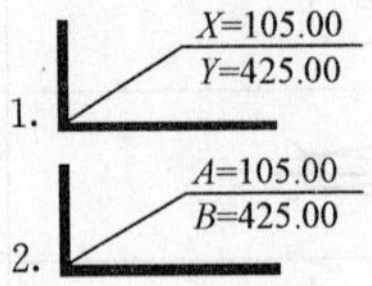 1. $X=105.00$ $Y=425.00$ 2. $A=105.00$ $B=425.00$	1. 表示地形测量坐标系 2. 表示自设坐标系 坐标数字平行于建筑标注

序 号	名 称	图 例	备 注
29	方格网 交叉点标高	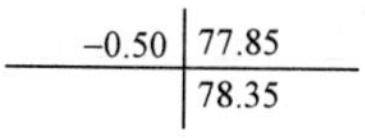 −0.50 | 77.85 78.35	"78.35"为原地面标高 "77.85"为设计标高 "−0.50"为施工高度 "−"表示挖方("+"表示填方)
30	填方区、 挖方区、 未整平区 及零点线	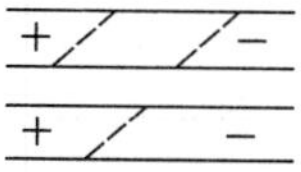 + / / − + / −	"+"表示填方区 "−"表示挖方区 中间为未整平区 点画线为零点线
31	填挖边坡		—
32	分水脊线 与谷线	 	上图表示脊线 下图表示谷线
33	洪水淹没线	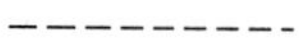	洪水最高水位以文字标注
34	地表 排水方向		—
35	截水沟	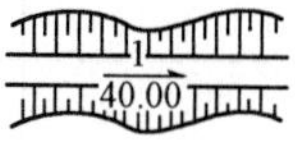 40.00	"1"表示 1‰的沟底纵向坡度,"40.00" 表示变坡点间距,箭头表示水流方向
36	排水明沟	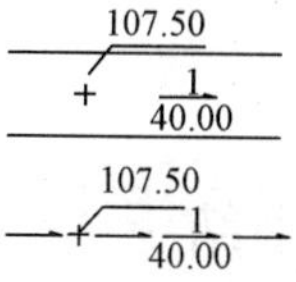 107.50 + 1 / 40.00 107.50 1 / 40.00	上图用于比例较大的图面 下图用于比例较小的图面 "1"表示 1‰的沟底纵向坡度,"40.00" 表示变坡点间距,箭头表示水流方向 "107.50"表示沟底变坡点标高(变坡点 以"+"表示)
37	有盖板 的排水沟	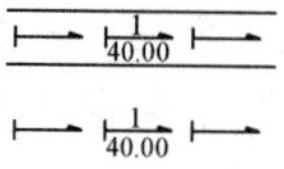 40.00 40.00	—
38	雨水口	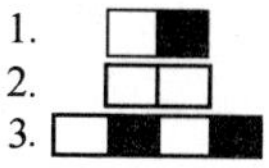 1. 2. 3.	1. 雨水口 2. 原有雨水口 3. 双落式雨水口
39	消火栓井		—
40	急流槽	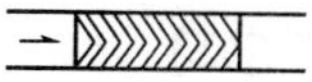	箭头表示水流方向
41	跌水		
42	拦水(闸) 坝	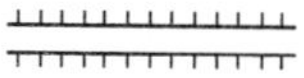	—

序 号	名 称	图 例	备 注
43	透水路堤		边坡较长时，可在一端或两端局部表示
44	过水路面		—
45	室内地坪标高	151.00 ▽(±0.00)	数字平行于建筑物书写
46	室外地坪标高	▼ 143.00	室外标高也可采用等高线
47	盲道		—
48	地下车库入口		机动车停车场
49	地面露天停车场		—
50	露天机械停车场		露天机械停车场

本章小结

　　施工组织总设计是以整个建设项目或群体工程为编制对象，规划其施工全过程各项施工活动的技术经济性文件，带有全局性和控制性，其目的是对整个建设项目或群体工程的施工活动进行通盘考虑、全面规划、总体控制。

施工组织总设计实例

　　本章主要介绍了施工组织设计的编制内容、编制依据和程序、施工部署、施工总进度计划、各项资源需用量计划、施工总平面图设计等内容。

思考与练习

一、填空题

1. 施工组织总设计的编制内容通常包括＿＿＿＿＿＿、＿＿＿＿＿＿、＿＿＿＿＿＿、
＿＿＿＿＿＿、＿＿＿＿＿＿、＿＿＿＿＿＿、＿＿＿＿＿＿。

2. 施工总平面图是按_____、_____和_____绘制的。

3. 工地混凝土搅拌站的布置有_____、_____、_____三种方式。

4. 施工总平面图图幅大小和绘图比例应根据建设工程项目的_____、_____及_____来确定。

5. 施工总平面图图幅一般可选用1～2号图纸，常用比例为_____或_____。

二、选择题

1. 施工组织总设计的编制对象是(　　)。

    A. 单位工程　　　　B. 单项工程　　　　C. 建设项目　　　　D. 分部工程

2. 施工组织总设计的编制依据有五个方面，其中之一是(　　)。

    A. 国家有关文件　　　　　　　　B. 设计文件及有关资料

    C. 生产要素供应条件　　　　　　D. 施工方案

3. 施工部署的内容包括工程开展程序、施工任务划分与组织安排、重点工程的施工方案及(　　)。

    A. 主要工程的施工方法　　　　　B. 编制施工总进度计划

    C. 选择主要施工机具设备　　　　D. 施工预算

4. 凡承接到施工任务的施工单位，必须清楚该工程是否有(　　)。

    A. 施工图预算　　　　　　　　　B. 施工执照及会审过的图纸

    C. 上级正式批文及投资落实　　　D. 施工执照及投资落实

5. 设计总平面图对场外交通的引入，首先应从研究大宗材料、成品、半成品、设备等进入工地的(　　)入手。

    A. 数量　　　　　　B. 运输方式　　　　C. 工期　　　　　D. 成本

6. 对于大型且施工期限较长的建筑工程，施工平面图应布置几张，这是因为(　　)。

    A. 生产的流动性　　　　　　　　B. 生产周期长

    C. 高空作业多　　　　　　　　　D. 建筑施工是复杂多变的生产过程

7. 临时水、电管网及其他动力设施布置时，消火栓间距不大于(　　)m，距离拟建房屋不小于(　　)m，不大于(　　)m，距离路边不大于(　　)m。

    A. 120、5、25、2　　　　　　　　B. 120、15、25、2

    C. 120、2、30、2　　　　　　　　D. 120、15、20、2

8. (　　)不是施工总平面图设计要遵循的原则。

    A. 方便施工　　　　　　　　　　B. 少占或不占农田

    C. 尽量压缩临时设施　　　　　　D. 尽量利用原有房屋

三、简答题

1. 施工组织总设计的编制原则和依据有哪些？

2. 施工组织总设计的工程概况包括哪些内容？

3. 什么是施工部署？施工部署包括的内容有哪些？

4. 施工总进度计划的编制原则是什么？具体编制步骤有哪些？

5. 编制资源需用量计划通常包括哪些内容？

6. 施工总平面的设计依据有哪些？施工总平面设计的内容和步骤分别是什么？

7. 施工总平面图的绘制要求有哪些？

第五章 单位工程施工组织设计

知识目标

1. 了解单位工程施工组织设计的基本概念、编制依据与原则、编制程序与内容。
2. 了解单位工程工程概况的内容；掌握施工方案的选择。
3. 掌握单位工程施工进度计划及各项资源需要量计划的编制方法；掌握单位工程施工平面图的绘制方法。

能力目标

1. 能选择合理的施工方案并进行方案的编制。
2. 能进行单位工程施工进度计划和各项资源需用量计划的编制。
3. 能进行单位工程施工平面图的设计。

第一节 单位工程施工组织设计概述

单位工程施工组织设计是建筑施工企业组织和指导单位工程施工全过程各项活动的技术经济文件，是基层施工单位编制季度、月度、旬施工作业计划，分部(分项)工程作业设计及劳动力、材料、预制构件、施工机具等供应计划的主要依据，是对施工活动及建筑施工企业加强生产管理的一项重要工作。

一、单位工程施工组织设计的作用

单位工程施工组织设计的作用主要有以下几点：

(1)贯彻施工组织总设计，具体实施施工组织总设计对该单位工程的规划精神。

(2)编制该工程的施工方案，选择施工方法、施工机械，确定施工顺序，提出实现质量、进度、成本和安全目标的具体措施，为施工项目管理提出技术和组织方面的指导性意见。

(3)编制施工进度计划，落实施工顺序、搭接关系及各分部、分项工程的施工时间，实现工期目标，为施工单位编制作业计划提供依据。

(4)计算各种物资、机械、劳动力的需要量，安排供应计划，从而保证进度计划的实现。

(5)对单位工程的施工现场进行合理设计和布置，统筹合理利用空间。

(6)具体规划作业条件方面的施工准备工作。

(7)单位工程施工组织设计是施工单位有计划地开展施工、检查、控制工程进展情况的重要文件。

(8)单位工程施工组织设计是建设单位配合施工、监理单位工作，落实工程款项的基本依据。

二、单位工程施工组织设计的编制依据

编制单位工程施工组织设计，必须掌握和了解下述各项有关内容，作为编制时的基本依据：

(1)主管部门的批示文件及建设单位的要求。如上级机关对该项工程的有关批示文件和要求、建设单位的意见和对施工的要求、施工合同中的有关规定等。

(2)经过会审的图纸。其包括单位工程的全部施工图纸、会审记录、设计变更及技术核定单、有关标准图，较复杂的建筑工程还包括设备、电气、管道等设计图。如果是整个建设项目中的一个单位工程，还要了解建设项目的总平面布置等。

(3)施工企业年度生产计划对该工程的安排和规定的有关指标。如进度及其他项目穿插施工的要求等。

(4)施工组织总设计。本工程若为整个建设项目中的一个项目，应把施工组织总设计中的总体施工部署及对本工程施工的有关规定和要求作为编制依据。

(5)资源配备情况。如施工中需要的劳动力、施工机具和设备、材料、预制构件和加工品的供应能力和来源情况。

(6)建设单位可能提供的条件和水、电供应情况。如建设单位可能提供的临时房屋数量，水、电供应量，水压、电压能否满足施工要求等。

(7)施工现场条件和勘察资料。如施工现场的地形、地貌，地上、地下的障碍物，工程地质和水文地质，气象资料，交通运输道路及场地面积等。

(8)预算文件和国家规范等资料。工程的预算文件等提供了工程量和预算成本。国家的施工验收规范、质量标准、操作规程和有关定额是确定施工方案、编制进度计划等的主要依据。

(9)国家或行业有关的规范、标准、规程、法规、图集及地方标准和图集。

(10)有关的参考资料及类似工程施工组织设计实例。

三、单位工程施工组织设计的编制原则

单位工程施工组织设计的编制原则主要有以下几点：

(1)做好现场工程技术资料的调查工作。工程技术资料是编制单位工程施工组织设计的主要根据。原始资料必须真实，数据要可靠，特别是水文、地质、材料供应、运输及水电供应的资料。每个工程各有不同的难点，组织设计中应着重收集施工难点的资料。有了完整、确切的资料，就可根据实际条件制订方案并从中优选。

(2)合理安排施工程序。可将整个工程划分成几个阶段，如施工准备、基础工程、预制工程、主体结构工程、屋面防水工程、装饰工程等。各个施工阶段之间应互相搭接、衔接紧凑，力求缩短工期。

(3)采用先进的施工技术，并进行合理的施工组织。采用先进的施工技术，是提高劳动生产率、保证工程质量、加快施工速度和降低工程成本的主要途径。应组织流水施工，采用网络计划技术安排施工进度。

(4)土建施工与设备安装应密切配合。某些工业建筑的设备安装工程量较大，为了使整个厂

房提前投产，土建施工应为设备安装创造条件，设备安装进场时间应提前。设备安装尽可能与土建搭接，在搭接施工时，应考虑到施工安全和对设备的污染，最好分区、分段进行。水、电、卫生设备的安装，也应与土建交叉配合。

(5)施工方案应作技术经济比较。对主要工种工程的施工方法和主要机械的选择，要进行多方案技术经济比较，选择经济合理、技术先进、切合现场实际的施工方案。

(6)确保工程质量和施工安全。在单位工程施工组织设计中，必须提出确保工程质量的技术措施和施工安全措施，尤其是新技术和本施工单位较生疏的工艺。

(7)特殊时期的施工方案。在施工组织中，对雨期施工和冬期施工的特殊性应予以体现，并应有具体的应对措施。对使用农民工较多的工程，还应考虑农忙时劳动力调配的问题。

(8)节约费用和降低工程成本。合理布置施工平面图，能减少临时性设施和避免材料二次搬运，并能节约施工用地。安排进度时，应尽量发挥建筑机械的工效和一机多用，尽可能利用当地资源，以减少运费用；正确地选择运输工具，以降低运输成本。

(9)环境保护的原则。从某种程度上说，工程施工就是对自然环境的破坏与改造。环境保护是我们可持续发展的前提。因此，在施工组织设计中应体现出对环境保护的具体措施。

四、单位工程施工组织设计的编制程序

单位工程施工组织设计的编制程序是指单位工程施工组织设计各个组成部分之间的先后次序，以及相互之间的制约关系。

单位工程施工组织设计编制程序如图 5-1 所示。

五、单位工程施工组织设计的编制内容

根据工程的性质、规模、结构特点、技术复杂难易程度和施工条件的不同，单位工程施工组织设计编制内容的深度和广度也不尽相同。但单位工程施工组织设计的内容一般应包括如下几点：

(1)工程概况：主要包括工程特点、建设地点特征、施工特点分析和施工条件等内容。

(2)施工方案：主要包括确定施工程序和施工起点流向、划分施工段、确定施工顺序、主要分部(分项)工程施工方法和施工机械的选择等内容。

(3)单位工程施工进度计划：主要包括确定各分部(分项)工程名称、计算工程量、计算工作延续时间、确定施工班组人数及安排施工进度等内容。

(4)施工准备工作计划：主要包括技术准备、现场准备、劳动力及施工机具、材料、构件加工、半成品的准备等内容。

(5)各项资源需用量计划：主要包括劳动力、施工机具、主要材料、构件和半成品需用量计划等内容。

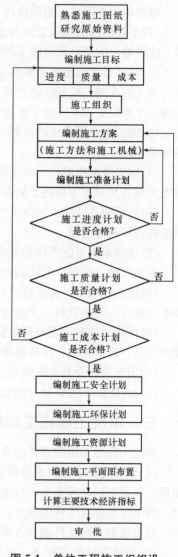

图 5-1 单位工程施工组织设计编制程序

(6)单位工程施工平面图：主要包括确定起重量、垂直运输机械、搅拌站、临时设施，材料及预制构件堆场布置，运输道路布置，临时供水、供电管线的布置等内容。

(7)主要技术组织措施：主要包括各项技术措施、质量措施、安全措施、降低成本措施和现场文明施工措施等内容。

对于一般常见的建筑结构类型或工程规模比较小、技术要求比较低且采用传统施工方法施工的一般工业与民用建筑，其施工组织设计可以编制得简单一些，其内容一般可只包括施工方案、施工进度表、施工平面图，辅以扼要的文字说明，简称为"一案一表一图"。

第二节　工程概况及施工方案的选择

一、工程概况

根据调查所得工程项目原始资料、施工图及施工组织设计文件等，工程概况主要应包括工程建设概况、工程建设地点与环境特征、设计概况、施工条件和工程施工特点五个方面的内容。

1. 工程建设概况

工程建设概况主要介绍拟建工程的工程名称、性质、用途和工程造价、开工和竣工日期；工程建设目标(投资控制目标、进度控制目标、质量控制目标)；建设单位、设计单位、施工单位、监理单位情况；施工图纸情况，组织施工的指导思想和原则。

2. 工程建设地点与环境特征

工程建设地点与环境特征主要介绍拟建工程的所在位置。环境特征如地形、地貌、地质水文，不同深度土质分析、冻结时间和厚度，气温、冬期和雨期时间、风向、风力和抗震设防烈度等。

3. 设计概况

设计概况主要介绍拟建工程的建筑设计概况、结构设计概况、专业设计概况、工程的难点与特点等。其包括平面组成、层数、建筑面积、抗震设防程度、混凝土等级、砌体要求、主要工程实物量和内外装饰情况等。

4. 施工条件

施工条件主要介绍水、电、道路、场地、"三通一平"等情况；建筑场地四周环境，材料、构件、加工品的供应来源和加工能力；施工单位的建筑机械和运输工具可供本工程使用的程度，施工技术和管理水平等。

5. 工程施工特点

工程施工特点主要介绍工程的施工特点和施工中的关键问题、主要矛盾，并提出解决方案。不同类型的建筑，不同条件下的工程施工，均有其不同的施工特点。如砖混结构建筑物的施工特点是砌砖和抹灰工程量大，水平和垂直运输量大；现浇钢筋混凝土结构建筑物的施工特点是结构和施工机具的稳定性要求高，钢材加工量大，混凝土浇筑量大，脚手架搭设要进行设计计算，安全问题突出等。

二、施工方案的选择

施工方案是单位工程施工组织设计的核心问题。施工方案合理与否，将直接影响工程的施工效率、质量、工期和技术经济效果，因此，必须引起足够的重视。

施工方案的选择一般包括：确定施工程序、划分流水段、确定施工起点流向、确定施工顺序、确定施工方法和施工机械。

1. 确定施工程序

施工程序是指单位工程中各分部工程或施工阶段的先后次序及其制约关系，其任务主要是从总体上确定单位工程的主要分部工程的施工顺序。工程施工受到自然条件和物质条件的制约，在不同施工阶段根据不同的工作内容按照其固有、不可违背的先后次序循序渐进地向前开展，它们之间有着不可分割的联系，既不能相互代替，也不允许颠倒或跨越。

单位工程的施工程序一般为：接受任务阶段→开工前的准备阶段→全面施工阶段→交工验收阶段。每一阶段都必须完成规定的工作内容，并为下一阶段工作创造条件。

施工阶段遵循的程序主要有：先地下后地上、先主体后围护、先结构后装饰、先土建后设备。具体表现如下：

(1)先地下后地上。先地下后地上主要是指首先完成管道管线等地下设施、土方工程和基础工程，然后开始地上工程施工。对于地下工程，也应按照先深后浅的程序进行，以免造成施工返工或对上部工程的干扰及施工不便，影响质量，造成浪费。

(2)先主体后围护。先主体后围护主要是指框架结构，应注意在总的程序上有合理的搭接。一般来说，多层建筑的主体结构与围护结构以少搭接为宜，而高层建筑则应尽量搭接施工，以便有效地节约时间。

(3)先结构后装饰。先结构后装饰主要是指先进行主体结构施工，后进行装饰工程的施工。但必须指出，随着新建筑体系的不断涌现和建筑工业化水平的提高，某些装饰与结构构件均可在工厂中完成。

(4)先土建后设备。先土建后设备主要是指一般的土建工程与水、暖、电、卫等工程的总体施工顺序，至于设备安装的某一工序要穿插在土建的某一工序之前，应属于施工顺序的问题。工业建筑的土建工程与设备安装工程之间的程序，主要取决于工业建筑的种类。例如，对于精密仪器厂房，一般要求土建、装饰工程完成后安装工艺设备；对于重型工业厂房，一般先安装工艺设备，后建设厂房或设备安装与土建施工同时进行，如冶金车间、发电厂的主厂房、水泥厂的主车间等。

但是，影响施工的因素很多，故施工程序并不是一成不变的，特别是随着建筑工业化的不断发展，有些施工程序也将发生变化。例如，大板结构房屋中的大板施工，已由工地生产逐渐转向工厂生产，这时结构与装饰可在工厂内同时完成。又如，考虑季节性影响，冬期施工前应尽可能地完成土建和围护结构，以利于防寒和室内作业的开展。

2. 划分流水段

建筑物按流水理论组织施工，能取得很好的效益。为便于组织流水施工，就必须将大的建筑物划分成几个流水段，使各流水段之间按照一定程序组织流水施工。

划分流水段要考虑如下一些问题：

(1)尽可能保证结构的整体性，按伸缩缝或后浇带进行划分。厂房可按跨或生产区划分；住宅可按单元、楼层划分，也可按栋分段。

(2)使各流水段的工程量大致相等，便于组织节奏流水，使施工均衡、有节奏地进行，以取得较好的效益。

(3)流水段的大小应满足工人工作面的要求和施工机械发挥工作效率的可能。目前推广小流水段施工法。

(4)流水段数应与施工过程(工序)数相适应。如流水段数少于施工过程数,则无法组织流水施工。

3. 确定施工起点流向

施工起点流向是指单位工程在平面或空间上施工的开始部位及其展开方向,这主要取决于生产需要、缩短工期和保证质量等要求。一般来说,对单层建筑物,要按其工段、跨间分区分段地确定平面上的施工流向;对多层建筑物,除了确定每层平面上的施工流向外,还要确定其层间或单元空间上的施工流向。

确定单位工程施工起点流向时,一般应考虑如下因素:

(1)车间的生产工艺流程。这往往是确定施工流向的关键因素,因此,从生产工艺上考虑,影响其他工段试车投产的工段应该先施工。如B车间生产的产品需受A车间生产的产品影响,A车间划分为三个施工段,Ⅱ、Ⅲ段的生产受Ⅰ段的约束,故其施工起点流向应从A车间的Ⅰ段开始。

(2)建设单位对生产和使用的需要。一般应考虑建设单位对生产或使用急的工段或部位先施工。

(3)工程的繁简程度和施工过程之间的相互关系。一般技术复杂、施工进度较慢、工期较长的区段部位应先施工。密切相关的分部、分项工程的流水施工,一旦前面施工过程的起点流向确定了,后续施工过程也就随之确定了。如单层工业厂房的挖土工程的起点流向,就决定着柱基础施工过程和某些预制、吊装施工过程的起点流向。

(4)房屋高低层和高低跨。如柱子的吊装应从高低跨并列处开始;屋面防水层施工应按先高后低的方向施工,同一屋面则由檐口到屋脊方向施工;基础有深浅之分时,应按先深后浅的顺序进行施工。

(5)工程现场条件和施工方案。施工场地大小、道路布置和施工方案所采用的施工方法及机械,也是确定施工流程的主要因素。例如,土方工程施工中,边开挖边外运余土,则施工起点应确定在远离道路的部位,由远及近地展开施工。又如,根据工程条件,挖土机械可选用正铲挖土机、反铲挖土机、拉铲挖土机等,吊装机械可选用履带式起重机、汽车式起重机或塔式起重机,这些机械的开行路线或布置位置决定了基础挖土及结构吊装施工的起点和流向。

(6)分部、分项工程的特点及其相互关系。如室内装修工程除平面上的起点和流向以外,在竖向上还要决定其流向,而竖向的流向确定显得更重要。就室内装饰工程的几种施工起点流向分述如下:

1)室内装饰工程自上而下的施工起点流向,是指主体结构工程封顶、做好屋面防水层后,从顶层开始,逐层往下进行。其施工流向如图5-2所示,有水平向下和垂直向下两种情况。通常,采用图5-2(a)所示的水平向下流向的较多,此种起点流向的优点是:主体结构完成后,有一定的沉降时间,能保证装饰工程的质量;做好屋面防水层后,可防止在雨期施工时因雨水渗漏而影响装饰工程的质量;并且,自上而下的流水施工,各工序之间交叉少,便于组织施工,保证施工安全,从上往下清理垃圾方便。其缺点是:不能与主体施工搭接,因而工期较长。

2)室内装饰工程自下而上的施工起点流向,是指主体结构工程施工完第三层楼板后,室内装饰从第一层插入,逐层向上进行。其施工流程包括如图5-3所示的水平向上和垂直向上两种情况。这种方案的优点是:可以和主体砌筑工程交叉施工,故可以缩短工期;其缺点是:各施工过程之间交叉多,需要很好的组织和安排,并需采取安全技术措施。

3)室内装饰工程自中而下再自上而中的施工起点流向,综合了上述两者的优缺点,适用于中、高层建筑的装饰施工。

室外装饰工程一般采取自上而下的施工起点流向。

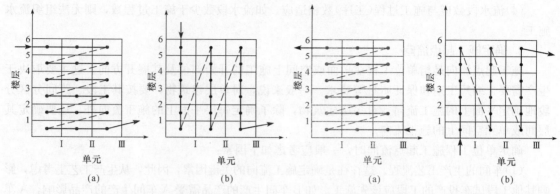

图 5-2　室内装饰工程自上而下的施工方案
(a)水平向下；(b)垂直向下

图 5-3　室内装饰工程自下而上的施工方案
(a)水平向上；(b)垂直向上

4. 确定施工顺序

施工顺序是指单项(位)工程内部各个分部(项)工程之间的先后施工次序。施工顺序合理与否，将直接影响工种间配合、工程质量、施工安全、工程成本和施工速度，因此必须科学、合理地确定单项工程施工顺序。

确定施工顺序时应考虑的因素有以下几点：

(1)遵守施工程序。施工程序确定了大的施工阶段之间的先后次序。在组织具体施工时，必须遵循施工程序。

(2)符合施工工艺。如整浇楼板的施工顺序为：支模板→绑钢筋→浇混凝土→养护→拆模。

(3)与施工方法协调一致。如单层工业厂房结构吊装工程的施工顺序，当采用分件吊装法时，其施工顺序为：吊柱→吊梁→吊屋盖系统；当采用综合吊装法时，其施工顺序为：第一节间吊柱、梁和屋盖系统→第二节间吊柱、梁和屋盖系统→……→最后节间吊柱、梁和屋盖系统。

(4)考虑施工组织的要求。如安排室内外装饰工程施工顺序时，一般情况下可遵循施工组织设计规定的顺序。

(5)考虑施工质量和安全的要求。确定施工过程先后顺序时，应以施工安全为原则，以保证施工质量为前提。例如，屋面采用卷材防水时，为了施工安全，外墙装饰在屋面防水施工完成后进行；为了保证质量，楼梯抹面在全部墙面、地面和顶棚抹灰完成之后，自上而下一次完成。

(6)受当地气候影响。如冬期室内装饰施工，应先安装门窗扇和玻璃，后做其他装饰工程。

现将常见的多层混合结构居住房屋和装配式钢筋混凝土单层工业厂房的施工顺序分述如下：

1)多层混合结构居住房屋的施工顺序。一般将多层混合结构居住房屋的施工划分为基础工程、主体结构工程和装饰工程三个主要阶段，如图 5-4 所示。

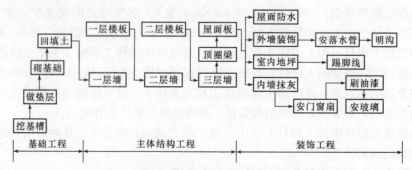

图 5-4　混合结构三层居住房屋施工顺序图

①基础工程的施工顺序：基础工程阶段是指室内地坪(±0.000)以下的所有工程施工阶段。其施工顺序一般为：挖基槽→做垫层→砌基础→铺设防潮层→回填土。如果有地下障碍物、坟穴、防空洞、软弱地基，应先进行处理。

必须注意，挖基槽与垫层施工搭接要紧凑，间隔时间不宜太长，以防下雨后基槽积水，影响地基承载力。此外，垫层施工后要留有技术间歇时间，使其具有一定强度后，再进行下道工序。各种管沟的挖土、管道铺设等，应尽可能与基础施工配合，平行搭接进行。一般而言，回填土在基础完工后一次分层夯填，为后续施工创造条件。对零标高以下室内回填土，最好与基槽回填土同时进行；如不能同时进行，也可留在装饰工程之前与主体结构工程同时交叉进行。

②主体结构工程的施工顺序：主体结构工程施工阶段的工作，通常包括搭脚手架，墙体砌筑，安门窗框，安预制过梁，安预制楼板和楼梯，现浇构造柱、楼板、圈梁、雨篷、楼梯、屋面板等分项工程。圈梁、楼板、楼梯为现浇时，其施工顺序应为：立柱筋→砌墙→安柱模→浇筑混凝土→安梁、板、梯模板→安梁、板、梯钢筋→浇梁、板、梯混凝土。楼板为预制件时，砌筑墙体和安装预制楼板工程量较大，因此砌墙和安装楼板是主体结构工程的主导施工过程，它们在各楼层之间的施工是先后交替进行的。在组织主体结构工程施工时，一方面应尽量使砌墙连续施工；另一方面应当重视现浇楼梯、厨房、卫生间的施工。现浇厨房、卫生间楼板的支模、绑筋可安排在墙体砌筑的最后一步插入，在浇筑构造柱、圈梁的同时，浇筑厨房、卫生间楼板。各层预制楼梯段的吊装应在砌墙、安装楼板的同时相继完成，特别是当采用现浇钢筋混凝土楼梯时，更应与楼层施工紧密配合；否则，由于混凝土养护时间的需要，会使后续工程不能按计划投入而延长工期。

③屋面工程的施工顺序：屋面工程的施工顺序一般为：找平层→隔汽层→保温层→找平层→防水层。对于刚性防水屋面的现浇钢筋混凝土防水层和分格缝施工，应在主体结构完成后开始并尽快完成，以便为室内装饰创造条件。一般情况下，屋面工程可以和装饰工程搭接或平行施工。

④装饰工程的施工顺序：装饰工程可分为室外装饰(外墙抹灰、勒脚、散水、台阶、明沟和落水管等)和室内装饰(顶棚、墙面、地面、楼梯、抹灰、门窗扇安装、油漆、门窗安玻璃、油墙裙和做踢脚线等)。室内外装饰工程的施工顺序通常有先内后外、先外后内、内外同时进行三种顺序，具体确定哪种顺序应视施工条件和气候条件而定。通常，室外装饰应避开冬期或雨期。当室内为水磨石楼面时，为防止楼面施工时渗漏水对外墙面的影响，应先完成水磨石的施工。如果为了加速脚手架周转或要赶在冬、雨期到来前完成室外装饰，则应采取先外后内的顺序。

同一层的室内抹灰施工顺序为：地面→顶棚→墙面或顶棚→墙面→地面。前一种顺序便于清理地面，易于保证地面质量，且便于收集墙面和顶棚的落地灰，节省材料，但由于地面需要养护时间及采取保护措施，会使墙面和顶棚抹灰时间推迟，影响工期。后一种顺序在做地面前，必须将顶棚和墙面上的落地灰和渣子扫清洗净后再做面层，否则会影响地面面层同预制楼板间的粘结，引起地面起鼓。

底层地面一般多在各层顶棚、墙面、楼面做好后进行。楼梯间和踏步抹面，由于其在施工期间易损坏，通常在其他抹灰工程完成后，自上而下统一施工。门窗安装可以在抹灰前或后进行，视气候和施工条件而定。玻璃一般在门窗扇油漆后安装。

室外装饰工程应由上往下分层装饰，当落水管等分项工程全部完成后，即开始拆除该层的脚手架，然后进行散水坡及台阶的施工。室内外装饰各施工层与施工段之间的施工顺序，由施工起点的流向定出。

⑤水、暖、电、卫等工程的施工顺序：水、暖、电、卫工程不同于土建工程，可以分成几

个明显的施工阶段，一般与土建工程中有关分部分项工程进行交叉施工，紧密配合。

a. 在基础工程施工时，先将相应的上、下水管沟和暖气管沟的垫层、管沟墙做好，然后回填土。

b. 在主体结构施工时，应在砌砖墙或现浇钢筋混凝土楼板的同时，预留上、下水管和暖气立管的孔洞、电线孔槽或预埋木砖及其他预埋件。

c. 在装饰工程施工前，安设相应的各种管道和电气照明用的附墙暗管、接线盒等。水、暖、电、卫安装可以在楼地面和墙面抹灰前或后穿插施工。若电线采用明线，则应在室内粉刷后进行。室外外网工程的施工可以安排在土建工程前，或与土建工程同时进行。

2) 装配式钢筋混凝土单层工业厂房的施工顺序。装配式钢筋混凝土单层工业厂房的施工可分为基础工程、预制工程、结构安装工程、围护工程和装饰工程五个施工阶段。其施工顺序如图 5-5 所示。

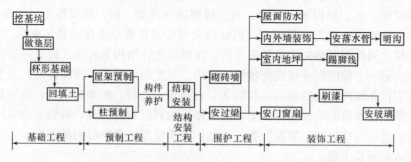

图 5-5 装配式钢筋混凝土单层工业厂房施工顺序

① 基础工程的施工顺序：挖基坑→做垫层→绑筋→支基础模板→浇混凝土基础→养护→拆模→回填土。

对于厂房的设备基础，由于其与厂房柱基础施工顺序的不同，常常会影响到主体结构的安装方法和设备安装投入的时间，因此需根据不同情况确定。通常有两种方案：

a. 当厂房柱基础的埋置深度大于设备基础的埋置深度时，可采用"封闭式"施工，即厂房柱基础先施工、设备基础后施工。

通常，当厂房于雨期或冬期施工时，或者设备基础不大、在厂房结构安装后对厂房结构稳定性并无影响时，或者对于较大较深的设备基础采用了特殊的施工方法（如沉井）时，可采用"封闭式"施工。

b. 当设备基础的埋置深度大于厂房柱基础的埋置深度时，通常采用"开敞式"施工，即厂房柱基础和设备基础同时施工。

当设备基础与厂房柱基础埋置深度相同或接近时，两种施工顺序可任意选择。只有当设备基础较大较深，其基坑的挖土范围已经与厂房柱基础的基坑挖土范围连成一片或深于厂房柱基础，以及厂房所在地点土质不佳时，方采用设备基础先施工的顺序。

② 预制工程的施工顺序：单层工业厂房构件的预制方式，一般采用加工厂预制和现场预制相结合的方法。通常，对于质量较大或运输不便的大型构件，可在拟建车间现场就地预制，如柱、托架梁、屋架、吊车梁等。中、小型构件可在加工厂预制，如大型屋面板等标准构件和木制品等，宜在专门的加工厂预制。

单层工业厂房钢筋混凝土预制构件现场预制的施工顺序为：场地平整、夯实→支模→扎筋（有时先扎筋后支模）→预留孔道→浇筑混凝土→养护→拆模→张拉预应力钢筋→锚固→灌浆。

现场内部就地预制的构件，一般来说，只要基础回填土、场地平整完成一部分以后，就可以开始制作。但构件在平面上的布置、制作的流向和先后次序，主要取决于构件的安装方法、所选择起重机性能及构件的制作方法。制作的流向应与基础工程的施工流向一致，这样既能使构件早日开始制作，又能及早让出作业面，为结构安装工程提早开始创造条件。

采用分件吊装法时，预制构件的施工有三种方案：

a. 当场地狭小而工期又允许时，构件制作可分别进行。首先预制柱和吊车梁，待柱和梁安装完毕，再进行屋架预制。

b. 当场地宽敞时，可在柱、梁预制完后，即进行屋架预制。

c. 当场地狭小而工期又紧时，可将柱和梁等预制构件在拟建车间内就地预制，同时在拟建车间外进行屋架预制。

当采用综合吊装法时，构件需一次制作。此时，应视场地具体情况确定构件是全部在拟建车间内部预制，还是一部分在拟建车间外预制。

现场后张法预应力屋架的施工顺序为：场地平整、夯实→支模(地胎模或多节脱模)→扎筋(有时先扎筋后支模)→预留孔道→浇筑混凝土→养护→拆模→预应力钢筋张拉→锚固→灌浆。

③结构安装工程的施工顺序：结构安装的施工顺序取决于吊装方法。当采用分件吊装法时，其顺序为：第一次开行吊装柱，并对其进行校正和固定，待接头混凝土强度达到设计强度的70%后，再进行第二次开行吊装；第二次开行吊装吊车梁、连系梁和基础梁；第三次开行吊装屋盖构件。采用综合吊装法时，其顺序为：先吊装第一节间四根柱，迅速校正和临时固定，再安装吊车梁及屋盖等构件，如此依次逐个节间安装，直至整个厂房安装完毕。抗风柱的吊装可采用两种顺序：一是在吊装柱的同时先安装同跨一端的抗风柱，另一端则在屋盖吊装完后进行；二是全部抗风柱的吊装，均待屋盖吊装完后进行。

结构安装工程是装配式单层工业厂房的主导施工阶段，应单独编制结构安装工程的施工作业设计。其中，结构吊装的流向通常应与预制构件制作的流向一致。当厂房为多跨且有高、低跨时，构件安装应从高、低跨柱列开始，先安装高跨，后安装低跨，以适应安装工艺的要求。

④围护工程的施工顺序：围护工程阶段的施工包括内外墙体砌筑、搭脚手架、安装门窗框和屋面工程等。在厂房结构安装工程结束后，或安装完一部分区段后，即可开始内外墙砌筑工程的分段施工。此时，不同的分项工程之间可组织立体交叉平行流水施工，砌筑一完，即开始屋面施工。

脚手架应配合砌筑和屋面工程搭设，在室外装饰之后、散水坡施工之前拆除。内隔墙的砌筑应根据内隔墙的基础形式而定，有的需在地面工程完工后进行，有的则可在地面工程之前，与外墙同时进行。

屋面工程的施工顺序，与混合结构居住房屋的屋面施工顺序相同。

⑤装饰工程的施工顺序：装饰工程的施工分为室内装饰(地面的整平、垫层、面层、门窗扇安装、玻璃安装、油漆、刷白等)和室外装饰(勾缝、抹灰、勒脚、散水坡等)。

一般而言，单层厂房的装饰工程与其他施工过程穿插进行。地面工程应在设备基础、墙体工程完成了一部分并转入地下的管道及电缆或管道沟完成后随即进行，或视具体情况穿插进行。钢门窗安装一般与砌筑工程穿插进行，或在砌筑工程完成后进行，视具体条件而定。门窗油漆可在内墙刷白后进行，也可与设备安装同时进行。刷白应在墙面干燥和大型屋面板灌缝后进行，并在开始油漆前结束。

⑥水、暖、电、卫等工程的施工顺序：水、暖、电、卫等工程与混合结构居住房屋水、暖、电、卫等工程的施工顺序基本相同，但应注意空调设备安装工程的安排。生产设备的安装一般

由专业公司承担，由于其专业性强、技术要求高，应遵照有关专业的生产顺序进行。

5. 确定施工方法和施工机械

选择施工方法和施工机械是施工方案中的关键问题，其直接影响施工进度、施工质量和安全，以及工程成本。编制施工组织设计时，必须根据工程的建筑结构、抗震要求、工程量的大小、工期长短、资源供应情况、施工现场的条件和周围环境，制订出可行方案，并且进行技术经济比较，确定出最优方案。

(1)选择施工方法。选择施工方法时，应着重考虑影响整个单位工程施工的分部、分项工程的施工方法。主要是选择在单位工程中占重要地位的分部(项)工程，施工技术复杂或采用新技术、新工艺对工程质量起关键作用的分部(项)工程，工人不熟悉的特殊结构工程或由专业施工单位施工的特殊专业工程的施工方法。而对于按照常规做法和工人熟悉的分项工程，只要提出应注意的特殊问题即可，不必详细拟定施工方法。

对一些主要的工种工程，在选择施工方法和施工机械时，应主要考虑以下几个问题：

1)测量放线。

①说明测量工作的总要求。如测量工作是一项重要、谨慎的工作，操作人员必须按照操作程序、操作规程进行操作，经常进行仪器、观测点和测量设备的检查验证，配合好各工序的穿插和检查验收工作。

②工程轴线的控制。说明实测前的准备工作、建筑物平面位置的测定方法，首层及各楼层轴线的定位、放线方法和轴线控制要求。

③垂直度控制。说明建筑物垂直度控制的方法，包括外围垂直度和内部各层垂直度的控制方法，并说明确保控制质量的措施。如某框架-剪力墙结构工程，建筑物垂直度的控制方法为：外围垂直度的控制采用经纬仪进行控制，在浇混凝土前后分别进行施测，以确保将垂直度偏差控制在规范允许的范围内；内部各层垂直度采用线坠进行控制，并用激光铅直仪进行复核，加强控制力度。

④沉降观测。可根据设计要求，说明沉降观测的方法、步骤和要求。如某工程根据设计要求，在室内外地坪上 0.6 m 处设置永久沉降观测点。设置完后进行第一次观测，以后每施工完一层作一次沉降观测，而且相邻两次观测时间间隔不得大于两个月。竣工后每两个月作一次观测，直到沉降稳定为止。

2)土方工程。对于土方工程施工方案的确定，要看是场地平整工程还是基坑开挖工程。对于前者，主要考虑施工机械选择、平整标高确定和土方调配；对于后者，首先确定是放坡开挖还是采用支护结构，如为放坡开挖，则主要考虑挖土机械选择、降低地下水水位和明排水、边坡稳定、运土方法等；如采用支护结构，则主要考虑支护结构设计、降低地下水水位、挖土和运土方案、周围环境的保护和监测等。

3)基础工程。

①浅基础的垫层、混凝土基础和钢筋混凝土基础施工的技术要求，以及地下室施工的技术要求。

②桩基础施工的施工方法和施工机械的选择。

4)砌筑工程。

①砖墙的组砌方法和质量要求。

②弹线及皮数杆的控制要求。

③确定脚手架搭设方法及安全网的挂设方法。

5)混凝土结构工程。对于混凝土结构工程施工方案，着重解决钢筋加工方法、钢筋运输和现场绑扎方法、粗钢筋的电焊连接、底板上皮钢筋的支撑、各种预埋件的固定和埋设，模板类型选择和支模方法、特种模板的加工和组装、快拆体系的应用和拆模时间、混凝土制备（如为商品混凝土，则选择供应商并提出要求）、混凝土运输（如为混凝土泵和泵车，则确定其位置和布管方式。如用塔式起重机和吊斗，则划分浇筑区、计算吊运能力等）、混凝土浇筑顺序、施工缝留设位置、保证整体性的措施、振捣和养护方法等。如为大体积混凝土，则需采取措施避免产生温度裂缝，并采取测温措施。

6）结构吊装工程。对于结构吊装工程施工方案，着重解决吊装机械选择、吊装顺序、机械开行路线、构件吊装工艺、连接方法、构件的拼装和堆放等。如为特种结构吊装，则需用特殊吊装设备和工艺，还需考虑吊装设备的加工和检验、有关的计算（稳定、抗风、强度、加固等）、校正和固定等。

7）屋面工程。

①屋面各个分项工程施工的操作要求。

②确定屋面材料的运输方式。

8）装饰工程。

①各种装饰工程的操作方法及质量要求。

②确定材料运输方式及储存要求。

（2）选择施工机械。选择施工方法必须涉及施工机械的选择。机械化施工是改变建筑工业生产落后面貌、实现建筑工业化的基础，因此，施工机械的选择是施工方法选择的中心环节。选择时应注意以下几点：

1）首先，选择主导工程的施工机械，如地下工程的土方机械，主体结构工程的垂直、水平运输机械，结构吊装工程的起重机械等。

2）各种辅助机械中，运输工具应与主导机械的生产能力协调配套，以充分发挥主导机械的效率。例如，土方工程在采用汽车运土时，汽车的载重量应为挖土机斗容量的整倍数，汽车的数量应保证挖土机连续工作。

3）在同一工地上，应力求建筑机械的种类和型号尽可能少一些，以利于机械管理；尽量使机械少而配件多，一机多能，提高机械使用率。

4）机械选择应考虑充分发挥施工单位现有机械的能力，当本单位的机械能力不能满足工程需要时，应购置或租赁所需新型机械或多用机械。

三、施工方案技术经济评价

对施工方案进行技术经济评价是选择最优施工方案的重要途径。因为任何一个分部、分项工程，一般都会有几个可行的施工方案，而施工方案的技术经济评价的目的就是在它们之间进行优选，选出一个工期短、质量好、材料省、劳动力安排合理、成本低的最优方案。

常用的施工方案技术经济评价方法有定性分析评价和定量分析评价两种。

1. 定性分析评价

施工方案的定性分析评价，是结合施工实际经验，对几个方案的优缺点进行分析和比较。通常用以下几个指标来评价：

（1）工人在施工操作上的难易程度和安全可靠性。

（2）为后续工程创造有利条件的可能性。

（3）利用现有或取得施工机械的可能性。

（4）施工方案对冬期、雨期施工的适应性。

（5）为现场文明施工创造有利条件的可能性。

2. 定量分析评价

施工方案的定量分析评价，是通过计算各方案的几个主要技术经济指标，进行综合分析和比较，从中选择技术经济指标最优的方案。定量分析评价一般分为以下两种方法：

(1)多指标分析评价法。其对各个方案的工期指标、实物量指标和价值指标等一系列单个的技术经济指标进行计算对比，从中选出优秀的方案。定量分析的指标通常有：

1)工期指标。在确保工程质量和施工安全的条件下，以国家有关规定及建设地区类似建筑物的平均工期为参考，以合同工期为目标来满足工期指标或尽量缩短工期。当合同规定工程必须在短期内投入生产或使用时，选择方案就要在确保工程质量和安全施工的条件下，把缩短工期问题放在首位考虑。

2)单位建筑面积造价。其是人工、材料、机械和管理费的综合货币指标。

$$单位建筑面积造价 = \frac{施工实际费用}{建筑总面积} \quad (元/m^2) \tag{5-1}$$

3)主要材料消耗指标。其主要反映若干施工方案的主要材料节约情况。

$$主要材料节约量 = 预算用量 - 施工组织设计计划用量 \tag{5-2}$$

$$主要材料节约率 = \frac{主要材料节约量}{主要材料预算用量} \times 100\% \tag{5-3}$$

4)降低成本指标。其能综合反映单位工程或分部、分项工程在采用不同施工方案时的经济效果。

$$降低成本率 = \frac{预算成本 - 计划成本}{预算成本} \times 100\% \tag{5-4}$$

式中，预算成本是以施工图为依据按预算价格计算的成本；计划成本是按采用的施工方案确定的施工成本。

5)投资额。当选定的施工方案需要增加新的投资时(如购买新的施工机械或设备)，对增加的投资额也要加以比较。

(2)综合指标分析评价法。综合指标分析法是以各方案的多指标为基础，将各指标的值按照一定的计算方法进行综合，得到每个方案的综合指标，对比各综合指标，从中选出优秀的方案。

首先根据多指标中各个指标在方案中的重要性，分别确定出它们的权值 W_i，再依据每一指标在各方案中的具体情况，计算出分值 $C_{i,j}$；设有 m 个方案和 n 种指标，则第 j 方案的综合指标 A_j 可按下式计算：

$$A_j = \sum_{i=1}^{n} C_{i,j} W_i \tag{5-5}$$

式中，$j=1, 2, \cdots, m$；$i=1, 2, \cdots, n$。

计算出各方案的综合指标，其中综合值最大的方案为最优方案。

第三节 单位工程施工进度计划编制

单位工程施工进度计划是在既定施工方案的基础上，根据规定工期和各种资源供应条件，按照施工过程的合理施工顺序及组织施工的原则，用横道图或网络图对单位工程从开始施工到工程竣工的全部施工过程在时间上和空间上的合理安排。

一、单位工程施工进度计划的作用与分类

1. 施工进度计划的作用

单位工程施工进度计划的作用有以下几点：

(1)控制单位工程的施工进度，保证在规定工期内完成符合质量要求的工程任务。

(2)确定单位工程的各个施工过程的施工顺序、施工持续时间及相互搭接和合理配合的关系。

(3)为编制季度、月度生产作业计划提供依据。

(4)制订各项资源需用量计划和编制施工准备工作计划的依据。

2. 施工进度计划的分类

单位工程施工进度计划可根据建设项目的规模大小、结构难易程度、工期长短、资源供应情况等因素，分为控制性进度计划和指导性进度计划两类。

(1)控制性进度计划。控制性进度计划按分部工程来划分施工过程，控制各分部工程的施工时间及其相互搭接配合关系。其不仅适用于工程结构较复杂、规模较大、工期较长而需跨年度施工的工程(如体育馆、汽车站等大型公共建筑)，还适用于虽然工程规模不大或结构不复杂，但各种资源(劳动力、机械、材料等)不落实的情况，以及建筑结构等可能变化的情况。

(2)指导性进度计划。指导性进度计划按分项工程或施工工序来划分施工过程，具体确定各施工过程的施工时间及其相互搭接、配合关系。它适用于任务具体而明确、施工条件基本落实、各项资源供应正常、施工工期不太长的工程。

二、单位工程施工进度计划的编制依据和程序

1. 施工进度计划编制依据

(1)经过审批的建筑总平面图、地形图、单位工程施工图、工艺设计图、设备基础图，采用的标准图集及技术资料。

(2)施工组织总设计对本单位工程的有关规定。

(3)施工工期要求及开、竣工日期。

(4)施工条件，如劳动力、材料、构件及机械的供应条件，分包单位的情况等。

(5)主要分部、分项工程的施工方案。

(6)劳动定额及机械台班定额。

(7)其他有关要求和资料。

2. 施工进度计划编制程序

单位工程施工进度计划编制程序如图 5-6 所示。

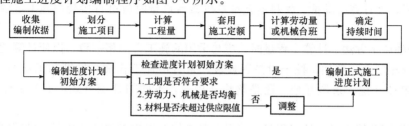

图 5-6 单位工程施工进度计划的编制程序

三、单位工程施工进度计划的编制步骤和方法

单位工程施工进度计划编制的一般方法是，根据流水作业原理，首先编制各分部工程进度

计划，然后搭接各分部工程流水，并合理安排其他不便组织流水施工的某些工序，形成单位工程进度计划。施工进度计划的编制步骤如下：

1. 划分施工项目

施工项目是包含一定工作内容的施工过程，是进度计划的基本组成单元。编制施工进度计划时，应首先按照施工图和施工顺序，把拟建工程的各施工过程按先后顺序列出，并结合施工方法、施工条件及劳动组织等因素，加以适当调整，作为编制施工进度计划所需的施工项目。

在划分使用项目时，应注意以下几点：

（1）施工项目划分的粗细程度。分部、分项工程项目划分的粗细程度应根据进度计划的具体要求而定。对于控制性进度计划，项目的划分可粗一些，一般只列出分部工程的名称；而对于实施性进度计划，项目应划分得细一些，特别是对工期有影响的项目不能漏项，以使施工进度能切实指导施工。

（2）施工项目的划分，应与施工方案的要求保持一致。如结构安装过程，采用分件吊装法和综合吊装法，施工项目的划分是不同的。

（3）施工项目的划分，需区分直接施工与间接施工。单位工程施工进度计划的施工项目仅是包括现场直接在建筑物上施工的施工过程，这些施工过程需占用工作面和工期，必须列入施工进度计划。对不占用工作面和工期的施工过程，如构件制作和运输等施工过程，则不包括在内。

（4）将施工项目适当合并，使进度计划简明清晰，重点突出。这是主要考虑将某些穿插性或次要、工程量不大的分项工程合并到主要分项工程中，如安装门窗框可以并入砌墙工程；对同一时间由同一施工队施工的过程可以合并，如工业厂房各种油漆施工，包括门窗、钢梯、钢支撑等油漆可并为一项；对于零星、次要的施工项目，可统一列入"其他工程"一项。

（5）水、暖、电、卫工程和设备安装工程的列项。这些工程通常由各专业队负责施工，在施工进度计划中只需列出项目名称，反映出这些工程与土建工程的配合关系即可，不必细分。

（6）施工项目排列顺序的要求。所有的施工项目，应按施工顺序排列，即先施工的排前面、后施工的排后面。所采用施工项目的名称可参考现行定额手册上的项目名称。

2. 计算工程量

工程量是计算劳动量、施工项目持续时间和安排资源投入量的基础，应根据施工图纸、工程量计算规则及相应的施工方法进行计算。在投标阶段，若已有工程量清单，则只需对清单工程量进行复核，然后套用清单工程量即可。计算工程量时，还应注意以下几个问题：

（1）工程量的计量单位。每个施工过程的工程量的计量单位应与采用的施工定额的计量单位相一致。例如，模板工程以 m^2 为计量单位；绑扎钢筋工程以 t 为计量单位；混凝土以 m^3 为计量单位。这样，在计算劳动量、材料消耗量及机械台班量时就可直接套用施工定额，不再进行换算。

（2）采用的施工方法。计算工程量时，应与采用的施工方法相一致，以便计算的工程量与施工的实际情况相符合。例如，挖土时是否放坡，是否增加工作面，坡度和工作面尺寸是多少；开挖方式是单独开挖、条形开挖，还是整片开挖等，不同的开挖方式，土方工程量相差是很大的。

（3）正确取用预算文件中的工程量。如果编制单位工程施工进度计划时，已编制出预算文件（施工图预算或施工预算），则工程量可从预算文件中抄出并汇总。若有些项目不一致，则应根据实际情况加以调整或补充，甚至重新计算。

3. 套用施工定额

确定了施工过程及其工程量之后，即可套用施工定额（当地实际采用的劳动定额及机械台班定额），以确定劳动量和机械台班量。

在套用国家或当地颁布的定额时，必须注意结合本单位工人的技术等级、实际操作水平、施工机械情况和施工现场条件等因素，确定定额的实际水平，使计算出来的劳动量、机械台班量符合实际需要。

有些采用新技术、新材料、新工艺或特殊施工方法的施工过程，定额中尚未编入，这时可参考类似施工过程的定额、经验资料，按实际情况确定。

根据前述确定的施工项目、工程量和施工方法，即可套用施工定额。套用施工定额时，需注意以下几个问题：

(1)确定合理的定额水平。套用本企业制定的施工定额时，一般可直接套用；套用国家或地方颁布的定额时，必须结合本单位工人的实际操作水平、施工机械情况和施工现场条件等因素，确定实际定额水平。

(2)对于采用新技术、新工艺、新材料、新结构或特殊施工方法的项目，施工定额中尚未编入，需参考类似项目的定额、经验资料，或按实际情况确定其定额水平。

(3)当施工进度计划所列项目工作内容与定额所列项目不一致时，如施工项目是由同一工种，但材料、做法和构造都不同的施工过程合并而成的，可采用其加权平均定额，计算公式如下：

$$\overline{S} = \frac{\sum\limits_{i=1}^{n} Q_i}{\sum\limits_{i=1}^{n} P_i} \tag{5-6}$$

$$\sum\limits_{i=1}^{n} P_i = P_1 + P_2 + P_3 + \cdots + P_n = \frac{Q_1}{S_1} + \frac{Q_2}{S_2} + \frac{Q_3}{S_3} + \cdots + \frac{Q_n}{S_n}$$

$$\sum\limits_{i=1}^{n} Q_i = Q_1 + Q_2 + Q_3 + \cdots + Q_n$$

式中　$\overline{S}$——某施工项目加权平均产量定额(m^3/工日、m^2/工日、m/工日、t/工日等)；

$\sum\limits_{i=1}^{n} Q_i$——该施工项目总工程量($m^3$、$m^2$、m、t等)；

$\sum\limits_{i=1}^{n} P_i$——该施工项目总劳动量(工日)；

$Q_1，Q_2，Q_3，\cdots，Q_n$——同一工种，但施工材料、做法、构造不同的各施工过程的工程量(m^3、m^2、m、t等)；

$P_1，P_2，P_3，\cdots，P_n$——与上述施工过程相对应的劳动量(工日)；

$S_1，S_2，S_3，\cdots，S_n$——与上述施工过程相对应的产量定额(m^3/工日、m^2/工日、m/工日、t/工日等)。

【例5-1】　某办公楼外墙面装饰有剁假石、真石漆、面砖三种做法，其工程量分别是246.5 m^2、500.3 m^2、320.3 m^2；采用的产量定额分别是1.53 m^2/工日、4.35 m^2/工日、4.05 m^2/工日。计算它们的加权平均产量定额。

【解】　$\overline{S} = \dfrac{Q_1 + Q_2 + Q_3}{\dfrac{Q_1}{S_1} + \dfrac{Q_2}{S_2} + \dfrac{Q_3}{S_3}} = \dfrac{246.5 + 500.3 + 320.3}{\dfrac{246.5}{1.53} + \dfrac{500.3}{4.35} + \dfrac{320.3}{4.05}}$

$\qquad = \dfrac{1\ 067.1}{161.11 + 115.01 + 79.09} = 3.0(m^2/工日)$

4. 计算劳动量及机械台班量

确定工程量采用的施工定额，即可进行劳动量及机械台班量的计算。

(1)劳动量计算。一般按下列公式计算劳动工日数：

$$P_i = \frac{Q_i}{S_i} \tag{5-7}$$

或

$$P_i = Q_i \times H_i \tag{5-8}$$

式中 P_i——该施工过程所需劳动量(工日)；

Q_i——该施工过程的工程量(m^3、m^2、m、t 等)；

S_i——该施工过程采用的产量定额(m^3/工日、m^2/工日、m/工日、t/工日等)；

H_i——该施工过程采用的时间定额(工日/m^3、工日/m^2、工日/m、工日/t 等)。

【例 5-2】 某基础工程基槽土方量为 560 m^3，采用人工挖土，其产量定额为 5.0 m^3/工日。计算完成基槽挖土所需的劳动量。

【解】 $P = \dfrac{Q}{S} = \dfrac{560}{5.0} = 112(\text{工日})$

(2)机械台班量计算。当施工项目以机械施工为主时，应按下列公式计算机械台班数：

$$P_{机械} = \frac{Q_{机械}}{S_{机械}} \tag{5-9}$$

或

$$P_{机械} = Q_{机械} \times H_{机械} \tag{5-10}$$

式中 $P_{机械}$——某施工过程需要的机械台班数(台班)；

$Q_{机械}$——机械完成的工程量(m^3、t、件等)；

$S_{机械}$——机械的产量定额(m^3/台班、t/台班等)；

$H_{机械}$——机械的时间定额(台班/m、台班/t 等)。

在实际计算中，$S_{机械}$ 或 $H_{机械}$ 的采用应根据机械的实际情况、施工条件等因素考虑、确定，以便准确地计算需要的机械台班数。

【例 5-3】 某基础工程土方开挖总量为 10 000 m^3，计划用两台挖掘机进行施工，挖掘机台班定额为 100 m^3/台班。计算挖掘机所需的台班量。

【解】 $P_{机械} = Q_{机械}/S_{机械} = 10\ 000/(100 \times 2) = 50(\text{台班})$

【例 5-4】 某分项工程依据施工图计算的工程量为 1 000 m^3，该分项工程采用的施工时间定额为 0.4 工日/m^3。计算完成该分项工程所需的劳动量。

【解】 $P_i = Q_i H_i = 1\ 000 \times 0.4 = 400(\text{工日})$

5. 确定各施工过程的持续时间

使用过程持续时间的确定方法有三种：经验估算法、定额计划法和倒排计划法。

(1)经验估算法。经验估算法也称三时估算法，即先估计出完成该施工过程的最乐观时间、最悲观时间和最可能时间三种施工时间，再根据式(5-11)计算出该施工过程的延续时间。这种方法适用于新结构、新技术、新工艺、新材料等无定额可循的施工过程。

$$t = \frac{A + 4C + B}{6} \tag{5-11}$$

式中 A——最乐观的时间估算(最短的时间)；

B——最悲观的时间估算(最长的时间)；

C——最可能的时间估算(最正常的时间)。

(2)定额计划法。这种方法是根据施工过程需要的劳动量或机械台班量，以及配备的劳动人数或机械台数，确定施工过程持续时间。其计算公式如下：

$$t=\frac{P}{RN} \tag{5-12}$$

$$t_{机械}=\frac{P_{机械}}{R_{机械}N_{机械}} \tag{5-13}$$

式中　t——以某手工操作为主的施工过程持续时间(天)；

　　　P——该施工过程所配备的劳动量(工日)；

　　　R——该施工过程所配备的施工班组人数(人)；

　　　N——每天采用的工作班制(班)；

　　　$t_{机械}$——以某机械施工为主的施工过程的持续时间(天)；

　　　$P_{机械}$——该施工过程所配备的机械台班数(台班)；

　　　$R_{机械}$——该施工过程所配备的机械台班数(台班)；

　　　$N_{机械}$——每天采用的工作台班(台班)。

【例 5-5】　某工程砌筑砖墙，需劳动量 260 工日，每天采用一班制，每班安排 20 人施工，试求完成砖墙砌筑的施工持续时间。

【解】　$t=\frac{P}{RN}=\frac{260}{20}=13$（天）

(3)倒排计划法。这种方法是根据施工的工期要求，先确定施工过程的延续时间及工作班制，再确定施工班组人数(R)或机械台数($R_{机械}$)。其计算公式如下：

$$R=\frac{P}{Nt} \tag{5-14}$$

$$R_{机械}=\frac{P_{机械}}{N_{机械}t_{机械}} \tag{5-15}$$

式中符号意义同式(5-12)、式(5-13)。

首先，按一班制计算，若算得的机械台数或工人数超过施工单位能供应的数量或超过工作面所能容纳的数量，可增加工作班次或采取其他措施，使每班投入的机械台数或工人数减少到合理的范围。

6. 编制施工进度计划的初步方案

各分部分项工程的施工顺序和施工天数确定后，应按照流水施工的原则，力求主导工程连续施工；在满足工艺和工期要求的前提下，使大多数工程能平行地进行，使各个施工队的工人尽可能地搭接起来，其方法步骤如下：

(1)首先，划分主要施工阶段，组织流水施工。要安排其中主导施工过程的施工进度，使其尽可能连续施工，然后安排其余分部工程，并使其与主导分部工程最大可能地平行进行或最大限度地搭接施工。

(2)配合主要施工阶段，安排其他施工阶段(分部工程)的施工进度。

(3)按照工艺的合理性和工序间尽量穿插、搭接或平行作业的方法，将各施工阶段流水作业用横线在表的右边最大限度地搭接起来，即得单位工程施工进度计划的初始方案。

所编制的施工进度计划初始方案，必须满足合同规定的工期要求，否则应进行调整。此外，还要保证工程质量和安全文明施工，尽量使资源的需要量均衡，避免出现过大的峰值。

7. 检查与调整施工进度计划

对于初步编制的施工进度计划，要对各个施工过程的施工顺序、平行搭接及技术间歇是否合理；编制的工期能否满足合同规定的工期要求；劳动力及物资资源方面是否能连续、均衡施工等方面进行检查并初步调整，使不满足变为满足，使一般满足变成优化满足。施工进度计划调整的方法一般有：增加或缩短某些分项工程的施工时间；在施工顺序允许的条件下，将某些分项工程的施工时间向前或向后移动；必要时，可以改变施工方法或施工组织。总之，通过调整，在工期能满足要求的条件下，使劳动力、材料、设备需要趋于均衡，主要施工机械利用率比较合理。

应当指出，上述编制施工进度计划的步骤不是孤立的，而是互相依赖、互相联系的，有的可以同时进行。还应看到，由于建筑施工是一个复杂的生产过程，受周围客观条件影响的因素很多，在施工过程中，由于劳动力、机械和材料等物资的供应及自然条件等因素的影响，经常导致其不符合原计划的要求，因而在工程进展中应随时掌握施工动态，经常检查，适时调整计划。

第四节　施工准备工作与各项资源需用量计划编制

一、施工准备工作计划

单位工程施工前，根据施工的具体情况和要求，编制施工准备工作计划，使施工准备工作有计划地进行，便于检查、监督施工准备工作的进展情况，使各项施工准备工作的内容有明确的分工，有专人负责。单位工程施工准备工作计划可用横道图或网络图表达，也可列简表说明（表5-1）。

表 5-1　施工准备工作计划

序　号	准备工作名称	准备工作内容	主办单位	协办单位	完成时间	负责人

单位工程施工准备工作主要包括以下几方面的内容：

(1)建立工程管理组织。

(2)编制施工进度控制实施细则：分解工程进度控制目标，编制施工作业计划；认真落实施工资源供应计划，严格控制工程进度目标；协调各施工部门之间的关系，做好组织协调工作；收集工程进度控制信息，做好工程进度跟踪监控工作；采取有效控制措施，保证工程进度控制目标。

(3)编制施工质量控制实施细则：分解施工质量控制目标，建立健全施工质量体系；认真确定分项工程质量控制点，落实其质量控制措施；跟踪监控施工质量，分析施工质量变化状况；采取有效质量控制措施，保证工程质量控制目标。

(4)编制施工成本控制实施细则：分解施工成本控制目标，确定分项工程施工成本控制标准；采取有效成本控制措施，跟踪监控施工成本；全面履行承包合同，减少业主索赔机会；按时结算工程价款，加快工程资金周转；收集工程施工成本控制信息，保证施工成本控制目标。

（5）做好工程技术交底工作。编制单项（位）工程施工组织设计、工程施工实施细则和施工技术标准交底。技术交底方式有书面交底、口头交底和现场示范操作交底三种，通常采用自上而下逐级进行交底。

（6）建立工作队组。根据施工方案、施工进度和劳动力需要量计划要求，确定工作队形式，并建立队组领导体系；队组内部工人技术等级比例要合理，并满足劳动组合优化要求。

（7）做好劳动力培训工作。根据劳动力需要量计划，组织劳动力进场，组建好工作队组，并安排好工人进场后的生活，然后按工作队组编制组织上岗前培训。

（8）做好施工物资准备。

1）建筑材料准备。

2）预制加工品准备。

3）施工机具准备。

4）生产工艺设备准备。

（9）做好施工现场准备。

1）清除现场障碍物，实现"三通一平"。

2）现场控制网测量。

3）建造各项施工设施。

4）做好冬期、雨期施工准备。

5）组织施工物资和施工机具进场。

二、各项资源需用量计划

单位工程施工进度计划编制确定以后，根据施工图样、工程量计算资料、施工方案、施工进度计划等有关技术资料，着手编制劳动力需要量计划，各种主要材料、构件和半成品需要量计划及各种施工机械的需要量计划。根据施工进度计划编制的各种资源需求量计划，是做好各种资源的供应、调度、平衡、落实的依据，也是施工单位编制月、季生产作业计划的主要依据之一。

1. 劳动力需求量计划

劳动力需求量计划是根据施工预算、劳动定额和进度计划编制的，主要反映工程施工所需各种技工、普工人数，它是控制劳动力平衡、调配的主要依据。其编制方法是：将施工进度计划表上每天（或旬、月）施工的项目所需工人按工种分别统计，得出每天（或旬、月）所需工种及其人数，再按时间进度要求汇总。劳动力需求量计划的表格形式见表5-2。

表5-2 劳动力需求量计划表

序 号	工程名称	劳动量 /工日	月 份							备 注
			1月			2月			…	
			上	中	下	上	中	下	…	

2. 主要材料需要量计划

主要材料需要量计划是对单位工程进度计划表中各个施工过程的工程量按组成材料的名称、规格、使用时间和消耗、储备分别进行汇总而成，用于掌握材料的使用、储备动态，确定仓库堆场面积和组织材料运输，其表格形式见表 5-3。

表 5-3　主要材料需要量计划表

序　号	材料名称	规　格	需要量		供应时间	备　注
			单　位	数　量		

3. 预制构件需要量计划

预制构件需要量计划是根据施工图、施工方案、施工方法及施工进度计划要求编制的，主要反映施工中各种预制构件的需要量及供应日期，作为落实加工单位，确定规格、数量和使用时间，组织构件加工和进场的依据。一般按钢构件、木构件、钢筋混凝土构件等不同种类分别编制，提出构件名称、规格、数量及使用时间等，其表格形式见表 5-4。

表 5-4　预制构件需要量计划表

序　号	预制构件名称	型号(图号)	规格尺寸/mm	需要量		要求供应起止日期	备　　注
				单位	数量		

4. 施工机具设备需要量计划

施工机具设备需要量计划主要用于确定施工机具设备的类型、数量、进场时间，可据此落实施工机具设备来源，组织进场。其编制方法为：将单位工程施工进度计划表中的每一个施工过程每天所需的机具设备类型、数量和施工日期进行汇总，即得出施工机具设备需要量计划，其表格形式见表 5-5。

表 5-5　施工机具设备需要量计划表

序　号	施工机具设备名称	型号	规格	电功率/(kV·A)	需要量/台	使用时间	备　注

第五节 单位工程施工平面图设计

单位工程施工平面图是用以指导单位工程施工的现场平面布置图，涉及与单位工程有关的空间问题，是施工总平面图的组成部分。单位工程施工平面图设计的主要依据是单位工程的施工方案和施工进度计划，一般按 1：200～1：500 来确定。

一、单位工程施工平面图设计的内容

(1)在单位工程施工区域内，地下、地上已建的和拟建的建筑物(构筑物)及其他设施施工的位置和尺寸。

(2)拟建工程所需的起重和垂直运输机械、卷扬机、搅拌机等布置位置及主要尺寸；起重机械开行路线及方向等。

(3)交通道路布置及宽度尺寸，现场出入口，铁路及港口位置等。

(4)各种预制构件、预制场地的规划及面积、堆放位置，各种主要材料堆场面积及位置，仓库面积及位置，装配式结构构件的就位布置等。

(5)各种生产性及生活性临时建筑、临时设施的布置及面积、位置等。

(6)临时供电、供水、供热等管线布置，水源、电源、变压器位置，现场排水沟渠及排水方向等。

(7)测量放线的标桩位置，地形等高线和土方取弃地点。

(8)一切安全及防火设施的位置。

二、单位工程施工平面图设计的依据

单位工程施工平面图设计是在经过现场勘察、调查研究并取得现场周围环境第一手资料的基础上，对拟建工程的工程概况、施工方案、施工进度及有关要求进行分析研究后进行设计的。只有这样，才能使施工平面图与施工现场的实际情况一致，真正起到指导现场施工的作用。单位工程施工平面图的主要依据如下：

(1)有关拟建工程的当地原始资料。例如，自然条件调查资料、技术经济调查资料、社会调查资料等。

(2)现场可利用的建筑设施、场地、道路、水源、电源、通信源等条件。

(3)与工程有关的设计资料。例如，标有现场的一切已建和拟建建筑物、构筑物建筑总平面图，拟建工程施工图纸及有关资料，现场原有的地下管网图，建筑区域的竖向设计资料和土方调配图等。

(4)施工组织设计资料：包括施工方案、进度计划、资源需用量计划等，用以确定各种施工机械、材料和构件堆场，施工人员办公和生活用房的位置、面积和相互关系。

(5)环境对施工的限制条件：包括施工现场周围的建筑物和构筑物对施工项目的影响，交通运输条件，以及对施工现场的废气、废液、废物、噪声和环境卫生的特殊要求。

(6)有关建设法规对施工现场管理提出的要求。

三、单位工程施工平面图设计的原则

1. 在尽可能的条件下，平面布置力求紧凑，尽量少占施工用地

对于建筑场地而言，减少场内运输距离和缩短管线长度，既有利于现场施工管理，又节省施工成本。通常，可以采用一些技术措施减少施工用地。例如，合理计算各种材料的储备量，尽量采用商品混凝土施工，有些结构构件可采用随吊随运方案，某些预制构件可采用平卧叠浇方案，临时办公用房可采用多层装配式活动房屋等。

2. 在保证工程顺利进行的条件下，尽量减少临时设施用量

为了降低临时工程的施工费用，最有效的办法是尽量利用已有或拟建的房屋和各种管线为施工服务。另外，对必须建造的临时设施，应尽量采用装拆式或临时固定式。临时道路的选择方案应使土方量最小，临时水、电系统的选择应使管网线路的长度最短等。

3. 最大限度缩短场内运输距离，减少场内二次搬运

各种主要材料、构配件堆场应布置在塔式起重机有效工作半径范围之内，尽量使各种资源靠近使用地点布置，力求转运次数最少。

4. 临时设施布置，应有利于施工管理和工人的生产和生活

如办公区应靠近施工现场，生活福利设施最好与施工区分开，分区明确，避免人流交叉。

5. 施工平面图布置要符合劳动保护、技术安全和消防要求

现浇石灰池、沥青锅应布置在生活区的下风处，木工棚、石油沥青卷材仓库也应远离生活区。同时，还要采取消防措施，易燃易爆物品场所旁应有必要的警示标志。

设计施工平面图除考虑上述基本原则外，还必须结合施工方法、施工进度，择优选择施工平面图布置方案。

四、单位工程施工平面图设计的布置

1. 起重运输机械的布置

起重运输机械的位置直接影响搅拌站、加工厂及各种材料、构件的堆场或仓库等的位置和道路、临时设施及水、电管线的布置等，其是施工现场全局布置的中心环节，应首先确定。

起重机械数量按下式确定：

$$N = \sum Q / S \tag{5-16}$$

式中　N——起重机台数；

$\sum Q$——垂直运输高峰期每班要求运输总次数；

S——每台起重机每班运输次数。

(1)塔式起重机。塔式起重机分行走式和固定式两种，目前建筑行业广泛使用的是固定式塔式起重机，如附着式起重机和爬升式起重机；行走式起重机由于其稳定性差，已逐渐被淘汰。

塔式起重机的位置要结合建筑物的平面布置、形状、高度和吊装方法等进行布置。起重高度、幅度及起重量要满足要求，使材料和构件可达建筑物的任何使用地点，尽量避免出现如图 5-7 所示的死角。塔式起重机离建筑物的距离(B)应该考虑脚手架的宽度、建筑物悬挑部位的宽度、安全距

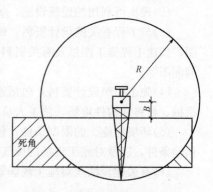

图5-7　塔式起重机布置方案

离、回转半径（R）等。

（2）自行无轨式起重机械。自行无轨式起重机械分履带式、轮胎式和汽车式三种起重机。其一般不作垂直提升和水平运输之用，适用于装配式单层工业厂房主体结构的吊装，也可用于混合结构，如大梁等较重构件的吊装方案等。

（3）井架（龙门架）卷扬机。井架（龙门架）是固定式垂直运输机械，稳定性好、运输量大，是施工中最常用的，也是最为简便的垂直运输机械，采用附着式可搭设超过 100 m 的高度。井架内设吊盘（也可在吊盘下加设混凝土料斗），井架上可视需要设置气拔杆，其起重量一般为 0.5～1.5 t，回转半径可达 10 m。井架（龙门架）卷扬机的布置应符合下列要求：

1）当房屋呈长条形，层数、高度相同时，井架（龙门架）的布置位置应处于距房屋两端的水平运输距离大致相等的适中地点，以减少在房屋上面的单程水平运距；也可以布置在施工段分界处，靠现场较宽的一面，以便在井架（龙门架）附近堆放材料或构件，达到缩短运距的目的。

2）当房屋有高低层分隔时，如果只设置一副井架（龙门架），则应将井架（龙门架）布置在分界处附近的高层部分，以照顾高低层的需要，减少架子的拆装工作。

3）井架（龙门架）的地面进口，要求道路畅通，运输不受干扰。井架的出口应尽量布置在留有门窗洞口的开间，以减少墙体留槎补洞工作。同时，应考虑井架（龙门架）揽风绳对交通、吊装的影响。

4）井架（龙门架）与卷扬机的距离应大于或等于房屋的总高，以减小卷扬机操作人员的仰望角度，如图 5-8 所示。

5）井架（龙门架）与外墙边的距离，以吊篮边靠近脚手架为宜，这样可以减少过道脚手架的搭设工作。

（4）外用施工电梯。外用施工电梯是一种安装于建筑物外部，施工期间用于运送施工人员及建筑器材的垂直运输机械。它是高层建筑施工不可缺少的关键设备之一。在确定外用施工电梯的位置时，应考虑便于施工人员上下和物料集散；由电梯口至各施工处的平均距离应最近；便于安装附墙装置；接近电源，有良好的夜间照明。

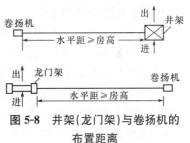

图 5-8 井架（龙门架）与卷扬机的布置距离

（5）混凝土泵和泵车。高层建筑施工中，混凝土的垂直运输量十分大，通常采用泵送方法进行。混凝土泵布置时，宜考虑设置在场地平整、道路畅通、供料方便且距离浇筑地点近，便于配管，排水、供水、供电方便的地方，并且在混凝土泵作用范围内不得有高压线。

2. 搅拌站、加工棚、仓库及各种材料堆场的布置

搅拌站、加工棚、仓库和材料堆场的布置应尽量靠近使用地点或在起重机服务范围内，并考虑到运输和装卸料方便。

（1）搅拌站的布置。

1）搅拌站应有后台上料的场地，尤其是混凝土搅拌站，要与砂石堆场、水泥库一起考虑布置，既要互相靠近，又要便于这些大宗材料的运输和装卸。

2）搅拌站应尽可能布置在垂直运输机械附近，以减小混凝土及砂浆的水平运距。当采用塔式起重机方案时，混凝土搅拌机的位置应使吊斗能从其出料口直接卸料并挂钩起吊。

3）搅拌站应设置在施工道路近旁，使小车、翻斗车运输方便。

4）搅拌站场地四周应设置排水沟，以利于清洗机械和排除污水，避免造成现场积水。

5）混凝土搅拌台所需面积约为 25 m²，砂浆搅拌台所需面积约为 15 m²，冬期施工还应考虑保温与供热设施等，相应增加其面积。

（2）加工棚的布置。木材、钢筋、水电等加工棚宜设置在建筑物四周稍远处，并有相应的材

料及成品堆场。石灰及淋灰池可根据具体情况布置在砂浆搅拌机附近。沥青灶应选择较空的场地，远离易燃、易爆品仓库和堆场，并布置在下风向。

（3）仓库及堆场的布置。仓库及堆场的面积应经计算确定，然后再根据各个阶段的施工需要及材料使用的先后顺序进行布置。同一场地可供多种材料或构件使用。仓库及堆场的布置要求如下：

1）仓库的布置。水泥仓库应选择地势较高、排水方便、靠近搅拌机的地方。各种易燃、易爆品仓库的布置应符合防火、防爆安全距离的要求。木材、钢筋及水、电器材等仓库，应与加工棚结合布置，以便就地取材。

2）材料堆场的布置。各种主要材料应根据其用量的大小、使用时间的长短、供应及运输情况等研究确定。凡用量较大、使用时间较长、供应及运输较方便的材料，在保证施工进度与连续施工的情况下，均应考虑分期分批进场，以减少堆场或仓库所需面积，达到降低耗损、节约施工费用的目的。应遵循先用先堆、后用后堆的原则，有时在同一地方，可以先后堆放不同的材料。

钢模板、脚手架等周转材料，应选择在装卸、取用、整理方便和靠近拟建工程的地方布置。基础及底层用砖可根据现场情况，沿拟建工程四周分堆布置，并距基坑、槽边不小于 0.5 m，以防止塌方。底层以上的用砖，采用塔式起重机运输时，可布置在服务范围内。砂石应尽可能布置在搅拌机后台附近，石子的堆场应更加靠近搅拌机一些，并按石子的不同粒径分别放置。

3. 现场运输道路的布置

（1）现场运输道路应按照材料和构件运输的需要，沿着仓库和堆场进行布置。

（2）尽可能利用永久性道路或先做好永久性道路的路基，在交工之前再铺路面。

（3）道路宽度要符合规定，通常单行道应不小于 3～3.5 m，双行道不小于 5.5～6 m。

（4）现场运输道路布置时应保证车辆行驶通畅，有回转的可能。因此，最好围绕建筑物布置成环形道路，便于运输车辆回转、调头。若无条件布置成一条环形道路，应在适当的地点布置回车场。

（5）道路两侧一般应结合地形设置排水沟，沟深不小于 0.4 m，底宽不小于 0.3 m。

4. 办公、生活和服务性临时设施的布置

（1）应考虑使用方便、不妨碍施工，符合安全、防火的要求。

（2）通常情况下，办公室的布置应靠近施工现场，宜设在工地出入口处；工人休息室应设在工人作业区；宿舍应布置在安全的上风方向；门卫、收发室宜布置在工地出入口处。

（3）要尽量利用已有设施或已建工程，必须修建时，要经过计算合理确定面积，努力节约临时设施费用。

5. 施工供水管网的布置

（1）施工用的临时给水管一般由建设单位的干管或自行布置的给水干管接到用水地点。布置时，应力求管网总长度最短。管径的大小和龙头数目的设置需视工程规模大小，通过计算确定。管道可埋于地下，也可铺设在地面上，视当时当地的气候条件和使用期限的长短而定。工地内要设置消火栓，消火栓距离建筑物不应小于 5 m，也不应大于 25 m，距离路边不大于 2 m。条件允许时，可利用城市或建设单位的永久消防设施。

（2）为了防止水的意外中断，可在建筑物附近设置简易蓄水池，储存一定数量的生产和消防用水。如果水压不足，须设置高压水泵。

（3）为便于排除地面水和地下水，要及时修通永久性下水道，并结合现场地形在建筑物四周设置排泄地面水和地下水的沟渠。

6. 施工供电的布置

（1）为了维修方便，施工现场一般采用架空配电线路，且要求现场架空线与施工建筑物水平距离不小于 10 m，与地面距离不小于 6 m；跨越建筑物或临时设施时，垂直距离不小于 2.5 m。

（2）现场线路应尽量架设在道路一侧，且尽量保持线路水平，以免电杆受力不均，在低压线路中，电杆间距应为25～40 m，分支线及引入线均应由电杆处接出，不得由两杆之间接线。

（3）单位工程施工用电，应在全工地施工总平面图中一并考虑。若属于扩建的单位工程，一般计算出在施工期间的用电总数，提供建设单位解决，不另设变压器。只有独立的单位工程施工时，才根据计算出的现场用电量选用变压器。变压器（站）的位置应布置在现场边缘高压线接入处，四周用钢丝网围住。变压器不宜布置在交通要道路口。

五、单位工程施工平面图的绘制

单位工程施工平面图的绘制步骤、要求和方法基本同施工总平面图，在此仅作补充说明。

施工现场平面
布置图示例

绘制单位工程施工平面图，应把拟建单位工程放在图的中心位置。图幅一般采用2～3号图纸，比例为1：200～1：500，常用的是1：200。

必须注意，建筑施工是一个复杂多变的生产过程，各种施工机械、材料、构件等是随着工程的进展而逐渐进场的，而且又随着工程的进展而逐渐变动、消耗。因此，在整个施工过程中，其在工地上的实际布置情况是随时在改变着的。为此，对于大型建筑工程、施工期限较长或施工场地较为狭小的工程，就需要按不同施工阶段分别设计几张施工平面图，以便能把不同施工阶段工地上的合理布置生动、具体地反映出来。在布置各阶段的施工平面图时，对整个施工时期使用的主要道路、水电管线和临时房屋等，不要轻易变动，以节省费用。对较小的建筑物，一般按主要施工阶段的要求来布置施工平面图，同时考虑其他施工阶段如何周转使用施工场地。布置重型工业厂房的施工平面图，还应该考虑到一般土建工程同其他专业工程的配合问题，以一般土建施工单位为主，会同各专业施工单位，通过协商编制综合施工平面图。在综合施工平面图中，根据各专业工程在各施工阶段中的要求将现场平面合理划分，使专业工程各得其所，具备良好的施工条件，以便各单位根据综合施工平面图布置现场。

六、单位工程施工平面图的评价

单位工程施工平面图主要有以下三个评价指标：

（1）施工用地面积及施工占地系数：

$$施工占地系数＝[施工用地面积(m^2)/场地面积(m^2)]×100\% \qquad (5-17)$$

（2）施工场地利用率：

$$施工场地利用率＝[施工设施占用面积(m^2)/施工用地面积(m^2)]×100\% \qquad (5-18)$$

（3）临时设施投资率：

$$临时设施投资率＝[临时设施费用总和(元)/工程总造价(元)]×100\% \qquad (5-19)$$

临时设施投资率用于临时设施包干费支出情况。

<hr>

本章小结

本章主要对单位工程施工组织设计的编制和内容方法进行阐述。重点介绍了单位工程施工组织设计中工程的施工方案与施工方法，施工进度计划的编制和对工程中各项资源需用量计划的安排，以及施工平面图设计的绘制基本方法。

单位工程施工组织设计实例

一、填空题

1. 施工方案的选择一般包括：_____、_____、_____、_____、_____和_____。

2. 施工阶段遵循的程序主要有：_____、_____、_____、_____。

3. 单位工程施工平面图设计的主要依据是单位工程的_____和_____计划，一般按1：200～1：500来确定。

4. 搅拌站、加工棚、仓库和材料堆场的布置应尽量靠近_____范围内，并考虑到_____方便。

5. 绘制单位工程施工平面图的图幅一般采用2～3号图纸，比例为_____，常用的是_____。

二、选择题

1. 在下列工程中，单位工程是指( )。
   A. 结构主体工程
   B. 建某住宅小区
   C. 建某幢住宅楼
   D. 一份施工合同的目的物

2. 单位工程施工平面图设计的依据不包括( )。
   A. 建筑总平面图
   B. 建设单位可以提供的条件
   C. 施工方案
   D. 流水施工

3. 单位工程施工组织设计的核心是( )。
   A. 施工进度计划
   B. 施工方案
   C. 施工平面图设计
   D. 技术组织措施和各项经济指标

4. 施工方案的内容包括确定施工顺序、起点流向及( )。
   A. 材料的堆放布置
   B. 现场准备工作
   C. 施工方法和施工机械
   D. 技术和组织措施

5. 确定单位工程施工起点流向时，不考虑的因素为( )。
   A. 车间的生产工艺流程
   B. 建设单位对生产和使用的需要
   C. 房屋高低层和高低跨
   D. 施工组织的要求

6. 单位工程施工进度计算工程量时应注意的问题是( )。
   A. 施工段的划分
   B. 工程量的计量单位
   C. 采用的施工方法
   D. 正确取用预算文件中的工程量

三、简答题

1. 单位工程施工组织设计的编制内容一般包括哪些？
2. 单位工程施工进度计划的作用有哪些？
3. 单位工程施工方案包括哪些内容？
4. 什么是单位工程施工起点流向？影响施工起点流向的主要因素有哪些？
5. 选择施工方和施工机械时应注意哪些问题？
6. 单位工程施工准备工作主要包括哪几方面的内容？

第六章　建筑工程资料管理的基本知识

第一节　工程资料的形成

一、工程资料的形成规定

工程资料的形成应符合《建筑工程资料管理规程》(JGJ/T 185—2009)的规定，具体如下：

(1)工程资料形成单位应对资料内容的真实性、完整性、有效性负责；由多方形成的资料，应各负其责。

(2)工程资料的填写、编制、审核、审批、签认应及时进行，其内容应符合相关规定。

(3)工程资料不得随意修改；当需要修改时，应实行划改，并由划改人签署。

(4)工程资料的文字、图表、印章应清晰。

二、工程资料的形成步骤

工程资料的形成步骤如图 6-1 所示。

建筑工程资料管理规程

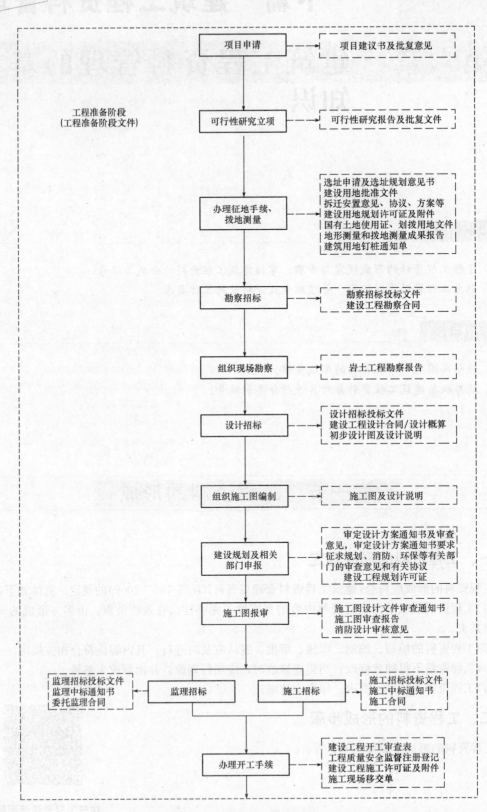

图 6-1 工程资料的形成步骤

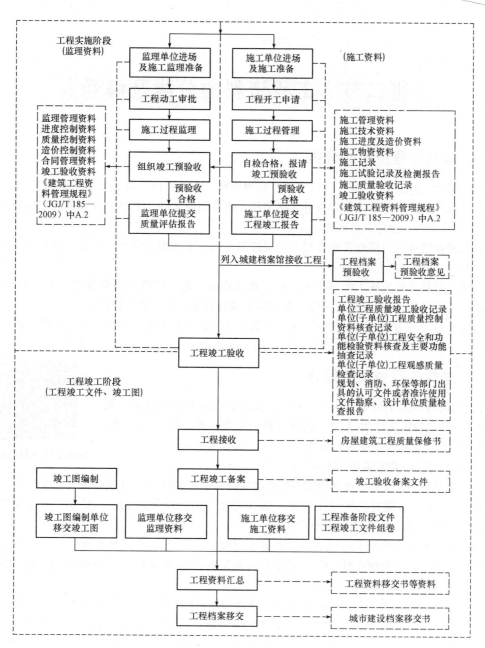

图 6-1　工程资料的形成步骤(续)

第二节 工程资料的分类及编号

一、建筑工程资料的分类

建筑工程资料包括工程准备阶段文件、监理资料、施工资料、竣工图和工程竣工文件 5 类。

(1)工程准备阶段文件可分为决策立项文件、建设用地文件、勘察设计文件、招标投标及合同文件、开工文件、商务文件 6 类。

(2)监理资料可分为监理管理资料、进度控制资料、质量控制资料、造价控制资料、合同管理资料和竣工验收资料 6 类。

(3)施工资料可分为施工管理资料、施工技术资料、施工进度及造价资料、施工物资资料、施工记录、施工试验记录及检测报告、施工质量验收记录、竣工验收资料 8 类。

(4)竣工图可分为建筑与结构竣工图、建筑装饰与装修竣工图、室外工程竣工图 3 类。

(5)工程竣工文件可分为竣工验收文件、竣工决算文件、竣工交档文件、竣工总结文件 4 类。

二、建筑工程资料的编号

分别用大写英文字母 A、B、C、D、E 来表示建筑工程资料的 5 大类，即工程准备阶段文件为 A 类，监理资料为 B 类，施工资料为 C 类，竣工图为 D 类，工程竣工文件为 E 类。

建筑工程资料的特征

5 大类下的各小类的编号方法如下：

(1)工程准备阶段文件宜按其类别和形成时间的顺序依次编号：A1 类是决策立项文件；A2 类是建设用地文件；A3 类是勘察设计文件；A4 类是招标投标及合同文件；A5 类是开工文件；A6 类是商务文件；还有一项是 A 类其他资料。

(2)监理资料按其类别和形成时间的顺序依次编号：B1 类是监理管理资料；B2 类是进度控制资料；B3 类是质量控制资料；B4 类是造价控制资料；B5 类是合同管理资料；B6 类是竣工验收资料；还有一项是 B 类其他资料。

(3)施工资料按其类别和形成时间的顺序依次编号：C1 类是施工管理资料；C2 类是施工技术资料；C3 类是进度造价资料；C4 类是施工物资资料；C5 类是施工记录；C6 类是施工试验记录及检测报告；C7 类是施工质量验收记录；C8 类是竣工验收资料；还有一项是 C 类其他资料。

(4)竣工图宜按其类别和形成时间顺序编号。

(5)工程竣工文件按其类别和形成时间的顺序依次编号：E1 类是竣工验收文件；E2 类是竣工决算文件；E3 类是竣工交档文件；E4 类是竣工总结文件；还有一项是 E 类其他资料。

工程资料的编号应及时填写，专用表格的编号应填写在表格右上角的编号栏中；非专用表格应在资料右上角的适当位置注明资料编号。

施工资料编号还应符合下列规定：

(1)施工资料编号可由分部、子分部、分类、顺序号 4 组代号组成，组与组之间应用横线隔开，如图 6-2 所示。

$$\underset{①}{\times\times} - \underset{②}{\times\times} - \underset{③}{\times\times} - \underset{④}{\times\times\times}$$

图 6-2 施工资料编号

①为分部工程代号，可按表 6-1 的规定执行；②为子分部工程

156

代号，可按表 6-1 的规定执行；③为资料的类别编号，可按前述各类的编号方法中的规定执行；④为顺序号，可根据相同表格、相同检查项目，按形成时间顺序填写。

图 6-3 为施工资料编号示例。

建筑工程施工质量验收统一标准

图 6-3　施工资料编号示例

表 6-1　建筑工程的分部工程、分项工程划分

序号	分部工程	子分部工程	分项工程
1	地基与基础 (01)	地基 (01)	素土、灰土地基，砂和砂石地基，土工合成材料地基，粉煤灰地基，强夯地基，注浆地基，预压地基，砂石桩复合地基，高压旋喷注浆地基，水泥土搅拌桩地基，土和灰土挤密桩复合地基，水泥粉煤灰碎石桩复合地基，夯实水泥土桩复合地基
		基础 (02)	无筋扩展基础，钢筋混凝土扩展基础，筏形与箱形基础，钢结构基础，钢管混凝土结构基础，型钢混凝土结构基础，钢筋混凝土预制桩基础，泥浆护壁成孔灌注桩基础，干作业成孔桩基础，长螺旋钻孔压灌桩基础，沉管灌注桩基础，钢桩基础，锚杆静压桩基础，岩石锚杆基础，沉井与沉箱基础
		基坑支护 (03)	灌注桩排桩围护墙，板桩围护墙，咬合桩围护墙，型钢水泥土搅拌墙，土钉墙，地下连续墙，水泥土重力式挡墙，内支撑，锚杆，与主体结构相结合的基坑支护
		地下水控制(04)	降水与排水，回灌
		土方(05)	土方开挖，土方回填，场地平整
		边坡(06)	喷锚支护，挡土墙，边坡开挖
		地下防水(07)	主体结构防水，细部构造防水，特殊施工法结构防水，排水，注浆
2	主体结构 (02)	混凝土结构(01)	模板，钢筋，混凝土，预应力，现浇结构，装配式结构
		砌体结构(02)	砖砌体，混凝土小型空心砌块砌体，石砌体，配筋砌体，填充墙砌体
		钢结构(03)	钢结构焊接，紧固件连接，钢零部件加工，钢构件组装及预拼装，单层钢结构安装，多层及高层钢结构安装，钢管结构安装，预应力钢索和膜结构，压型金属板，防腐涂料涂装，防火涂料涂装
		钢管混凝土 结构(04)	构件现场拼装，构件安装，钢管焊接，构件连接，钢管内钢筋骨架，混凝土
		型钢混凝土 结构(05)	型钢焊接，紧固件连接，型钢与钢筋连接，型钢构件组装及预拼装，型钢安装，模板，混凝土
		铝合金结构 (06)	铝合金焊接，紧固件连接，铝合金零部件加工，铝合金构件组装，铝合金构件预拼装，铝合金框架结构安装，铝合金空间网格结构安装，铝合金面板，铝合金幕墙结构安装，防腐处理
		木结构(07)	方木与原木结构，胶合木结构，轻型木结构，木结构的防护

序号	分部工程	子分部工程	分项工程
3	建筑装饰装修（03）	建筑地面（01）	基层铺设，整体面层铺设，板块面层铺设，木、竹面层铺设
		抹灰（02）	一般抹灰，保温层抹灰，装饰抹灰，清水砌体勾缝
		外墙防水（03）	外墙砂浆防水，涂膜防水，透气膜防水
		门窗（04）	木门窗安装，金属门窗安装，塑料门窗安装，特种门安装，门窗玻璃安装
		吊顶（05）	整体面层吊顶，板块面层吊顶，格栅吊顶
		轻质隔墙（06）	板材隔墙，骨架隔墙，活动隔墙，玻璃隔墙
		饰面板（07）	石板安装，陶瓷板安装，木板安装，金属板安装，塑料板安装
		饰面砖（08）	外墙饰面砖粘贴，内墙饰面砖粘贴
		幕墙（09）	玻璃幕墙安装，金属幕墙安装，石材幕墙安装，陶板幕墙安装
		涂饰（10）	水性涂料涂饰，溶剂型涂料涂饰，美术涂饰
		裱糊与软包（11）	裱糊，软包
		细部（12）	橱柜制作与安装，窗帘盒和窗台板制作与安装，门窗套制作与安装，护栏和扶手制作与安装，花饰制作与安装
4	屋面（04）	基层与保护（01）	找坡层和找平层，隔汽层，隔离层，保护层
		保温与隔热（02）	板状材料保温层，纤维材料保温层，喷涂硬泡聚氨酯保温层，现浇泡沫混凝土保温层，种植隔热层，架空隔热层，蓄水隔热层
		防水与密封（03）	卷材防水层，涂膜防水层，复合防水层，接缝密封防水
		瓦面与板面（04）	烧结瓦和混凝土瓦铺装，沥青瓦铺装，金属板铺装，玻璃采光顶铺装
		细部构造（05）	檐口，檐沟和天沟，女儿墙和山墙，水落口，变形缝，伸出屋面管道，屋面出入口，反梁过水孔，设施基座，屋脊，屋顶窗
5	建筑给水排水及供暖（05）	室内给水系统（01）	给水管道及配件安装，给水设备安装，室内消火栓系统安装，消防喷淋系统安装，防腐，绝热，管道冲洗、消毒，试验与调试
		室内排水系统（02）	排水管道及配件安装，雨水管道及配件安装，防腐，试验与调试
		室内热水系统（03）	管道及配件安装，辅助设备安装，防腐，绝热，试验与调试
		卫生器具（04）	卫生器具安装，卫生器具给水配件安装，卫生器具排水管道安装，试验与调试
		室内供暖系统（05）	管道及配件安装，辅助设备安装，散热器安装，低温热水地板辐射供暖系统安装，电加热供暖系统安装，燃气红外辐射供暖系统安装，热风供暖系统安装，热计量及调控装置安装，试验与调试，防腐，绝热
		室外给水管网（06）	给水管道安装，室外消火栓系统安装，试验与调试
		室外排水管网（07）	排水管道安装，排水管沟与井池，试验与调试

序号	分部工程	子分部工程	分项工程
5	建筑给水排水及供暖（05）	室外供热管网（08）	管道及配件安装，系统水压试验，土建结构，防腐，绝热，试验与调试
		建筑饮用水供应系统(09)	管道及配件安装，水处理设备及控制设施安装，防腐，绝热，试验与调试
		建筑中水系统及雨水利用系统(10)	建筑中水系统、雨水利用系统管道及配件安装，水处理设备及控制设施安装，防腐，绝热，试验与调试
		游泳池及公共浴池水系统(11)	管道及配件系统安装，水处理设备及控制设施安装，防腐，绝热，试验与调试
		水景喷泉系统(12)	管道系统及配件安装，防腐，绝热，试验与调试
		热源及辅助设备（13）	锅炉安装，辅助设备及管道安装，安全附件安装，换热站安装，防腐，绝热，试验与调试
		监测与控制仪表（14）	检测仪器及仪表安装，试验与调试
6	通风与空调（06）	送风系统(01)	风管与配件制作，部件制作，风管系统安装，风机与空气处理设备安装，风管与设备防腐，旋流风口、岗位送风口、织物(布)风管安装，系统调试
		排风系统(02)	风管与配件制作，部件制作，风管系统安装，风机与空气处理设备安装，风管与设备防腐，吸风罩及其他空气处理设备安装，厨房、卫生间排风系统安装，系统调试
		防排烟系统(03)	风管与配件制作，部件制作，风管系统安装，风机与空气处理设备安装，风管与设备防腐，排烟风阀(口)、常闭正压风口、防火风管安装，系统调试
		除尘系统(04)	风管与配件制作，部件制作，风管系统安装，风机与空气处理设备安装，风管与设备防腐，除尘器与排污设备安装，吸尘罩安装，高温风管绝热，系统调试
		舒适性空调系统(05)	风管与配件制作，部件制作，风管系统安装，风机与空气处理设备安装，风管与设备防腐，组合式空调机组安装，消声器、静电除尘器、换热器、紫外线灭菌器等设备安装，风机盘管、变风量与定风量送风装置、射流喷口等末端设备安装，风管与设备绝热，系统调试
		恒温恒湿空调系统(06)	风管与配件制作，部件制作，风管系统安装，风机与空气处理设备安装，风管与设备防腐，组合式空调机组安装，电加热器、加湿器等设备安装，精密空调机组安装，风管与设备绝热，系统调试
		净化空调系统(07)	风管与配件制作，部件制作，风管系统安装，风机与空气处理设备安装，风管与设备防腐，净化空调机组安装，消声器、静电除尘器、换热器、紫外线灭菌器等设备安装，中、高效过滤器及风机过滤器单元等末端设备清洗与安装，洁净度测试，风管与设备绝热，系统调试

序号	分部工程	子分部工程	分项工程
6	通风与空调 (06)	地下人防通风系统(08)	风管与配件制作,部件制作,风管系统安装,风机与空气处理设备安装,风管与设备防腐,过滤吸收器、防爆波活门、防爆超压排气活门等专用设备安装,系统调试
		真空吸尘系统(09)	风管与配件制作,部件制作,风管系统安装,风机与空气处理设备安装,风管与设备防腐,管道安装,快速接口安装,风机与滤尘设备安装,系统压力试验及调试
		冷凝水系统(10)	管道系统及部件安装,水泵及附属设备安装,管道冲洗,管道、设备防腐,板式热交换器,辐射板及辐射供热、供冷地埋管,热泵机组设备安装,管道、设备绝热,系统压力试验及调试
		空调(冷、热)水系统(11)	管道系统及部件安装,水泵及附属设备安装,管道冲洗,管道、设备防腐,冷却塔与水处理设备安装,防冻伴热设备安装,管道、设备绝热,系统压力试验及调试
		冷却水系统(12)	管道系统及部件安装,水泵及附属设备安装,管道冲洗,管道、设备防腐,系统灌水渗漏及排放试验,管道、设备绝热
		土壤源热泵换热系统(13)	管道系统及部件安装,水泵及附属设备安装,管道冲洗,管道、设备防腐,埋地换热系统与管网安装,管道、设备绝热,系统压力试验及调试
		水源热泵换热系统(14)	管道系统及部件安装,水泵及附属设备安装,管道冲洗,管道、设备防腐,地表水源换热管及管网安装,除垢设备安装,管道、设备绝热,系统压力试验及调试
		蓄能系统(15)	管道系统及部件安装,水泵及附属设备安装,管道冲洗,管道、设备防腐,蓄水罐与蓄冰槽、罐安装,管道、设备绝热,系统压力试验及调试
		压缩式制冷(热)设备系统(16)	制冷机组及附属设备安装,管道、设备防腐,制冷剂管道及部件安装,制冷剂灌注,管道、设备绝热,系统压力试验及调试
		吸收式制冷设备系统(17)	制冷机组及附属设备安装,管道、设备防腐,系统真空试验,溴化锂溶液加灌,蒸汽管道系统安装,燃气或燃油设备安装,管道、设备绝热,试验及调试
		多联机(热泵)空调系统(18)	室外机组安装,室内机组安装,制冷剂管路连接及控制开关安装,风管安装,冷凝水管道安装,制冷剂灌注,系统压力试验及调试
		太阳能供暖空调系统(19)	太阳能集热器安装,其他辅助能源、换热设备安装,蓄能水箱、管道及配件安装,防腐,绝热,低温热水地板辐射采暖系统安装,系统压力试验及调试
		设备自控系统(20)	温度、压力与流量传感器安装,执行机构安装调试,防排烟系统功能测试,自动控制及系统智能控制软件调试
7	建筑电气 (07)	室外电气(01)	变压器、箱式变电所安装,成套配电柜、控制柜(屏、台)和动力、照明配电箱(盘)及控制柜安装,梯架、支架、托盘和槽盒安装,导管敷设,电缆敷设,管内穿线和槽盒内敷线,电缆头制作、导线连接和线路绝缘测试,普通灯具安装,专用灯具安装,建筑照明通电试运行,接地装置安装

序号	分部工程	子分部工程	分项工程
7	建筑电气 (07)	变配电室(02)	变压器、箱式变电所安装，成套配电柜、控制柜(屏、台)和动力、照明配电箱(盘)安装，母线槽安装，梯架、支架、托盘和槽盒安装，电缆敷设，电缆头制作、导线连接和线路绝缘测试，接地装置安装，接地干线敷设
		供电干线(03)	电气设备试验和试运行，母线槽安装，梯架、支架、托盘和槽盒安装，导管敷设，电缆敷设，管内穿线和槽盒内敷线，电缆头制作、导线连接和线路绝缘测试，接地干线敷设
		电气动力(04)	成套配电柜、控制柜(屏、台)和动力配电箱(盘)安装，电动机、电加热器及电动执行机构检查接线，电气设备试验和试运行，梯架、支架、托盘和槽盒内敷线，电缆头制作、导线连接和线路绝缘测试
		电气照明(05)	成套配电柜、控制柜(屏、台)和照明配电箱(盘)安装，梯架、支架、托盘和槽盒安装，导管敷设，管内穿线和槽盒内敷线，塑料护套线直敷布线，钢索配线，电缆头制作、导线连接和线路绝缘测试，普通灯具安装，专用灯具安装，开关、插座、风扇安装，建筑照明通电试运行
		备用和不间断电源 (06)	成套配电柜、控制柜(屏、台)和动力、照明配电箱(盘)安装，柴油发电机组安装，不间断电源装置及应急电源装置安装，母线槽安装，导管敷设，电缆敷设，管内穿线和槽盒内敷线，电缆头制作、导线连接和线路绝缘测试，接地装置安装
		防雷及接地(07)	接地装置安装，防雷引下线及接闪器安装，建筑物等电位联结，浪涌保护器安装
8	智能建筑 (08)	智能化集成系统 (01)	设备安装，软件安装，接口及系统调试，试运行
		信息接入系统 (02)	安装场地检查
		用户电话交换系统 (03)	线缆敷设，设备安装，软件安装，接口及系统调试，试运行
		信息网络系统(04)	计算机网络设备安装，计算机网络软件安装，网络安全设备安装，网络安全软件安装，系统调试，试运行
		综合布线系统(05)	梯架、托盘、槽盒和导管安装，线缆敷设，机柜、机架、配线架安装，信息插座安装，链路或信道测试，软件安装，系统调试，试运行
		移动通信室内信号覆盖系统(06)	安装场地检查
		卫星通信系统(07)	安装场地检查
		有线电视及卫星电视接收系统(08)	梯架、托盘、槽盒和导管安装，线缆敷设，设备安装，软件安装，系统调试，试运行
		公共广播系统(09)	梯架、托盘、槽盒和导管安装，线缆敷设，设备安装，软件安装，系统调试，试运行
		会议系统(10)	梯架、托盘、槽盒和导管安装，线缆敷设，设备安装，软件安装，系统调试，试运行

序号	分部工程	子分部工程	分项工程
8	智能建筑 (08)	信息导引及发布系统(11)	梯架、托盘、槽盒和导管安装，线缆敷设，显示设备安装，机房设备安装，软件安装，系统调试，试运行
		时钟系统(12)	梯架、托盘、槽盒和导管安装，线缆敷设，设备安装，软件安装，系统调试，试运行
		信息化应用系统(13)	梯架、托盘、槽盒和导管安装，线缆敷设，设备安装，软件安装，系统调试，试运行
		建筑设备监控系统(14)	梯架、托盘、槽盒和导管安装，线缆敷设，传感器安装，执行器安装，控制器、箱安装，中央管理工作站和操作分站设备安装，软件安装，系统调试，试运行
		火灾自动报警系统(15)	梯架、托盘、槽盒和导管安装，线缆敷设，探测器类设备安装，控制器类设备安装，其他设备安装，软件安装，系统调试，试运行
		安全技术防范系统(16)	梯架、托盘、槽盒和导管安装，线缆敷设，设备安装，软件安装，系统调试，试运行
		应急响应系统(17)	设备安装，软件安装，系统调试，试运行
		机房(18)	供配电系统，防雷与接地系统，空气调节系统，给水排水系统，综合布线系统，监控与安全防范系统，消防系统，室内装饰装修，电磁屏蔽，系统调试，试运行
		防雷与接地(19)	接地装置，接地线，等电位联结，屏蔽设施，电涌保护器，线缆敷设，系统调试，试运行
9	建筑节能 (09)	围护系统节能(01)	墙体节能，幕墙节能，门窗节能，屋面节能，地面节能
		供暖空调设备及管网节能(02)	供暖节能，通风与空调设备节能，空调与供暖系统冷热源节能，空调与供暖系统管网节能
		电气动力节能(03)	配电节能，照明节能
		监控系统节能(04)	监测系统节能，控制系统节能
		可再生能源(05)	地源热泵系统节能，太阳能光热系统节能，太阳能光伏节能
10	电梯 (10)	电力驱动的曳引式或强制式电梯(01)	设备进场验收，土建交接检验，驱动主机，导轨，门系统，轿厢，对重，安全部件，悬挂装置，随行电缆，补偿装置，电气装置，整机安装验收
		液压电梯(02)	设备进场验收，土建交接检验，液压系统，导轨，门系统，轿厢，对重，安全部件，悬挂装置，随行电缆，电气装置，整机安装验收
		自动扶梯、自动人行道(03)	设备进场验收，土建交接检验，整机安装验收

(2)属于单位工程整体管理内容的资料，编号中的分部、子分部工程代号可用"00"代替。

(3)同一厂家、同一品种、同一批次的施工物资用在两个分部、子分部工程中时，资料编号中的分部、子分部工程代号可按主要使用部位填写。

(4)工程资料的编号应及时填写，专用表格的编号应填写在表格右上角的编号栏中；非专用表格应在资料右上角的适当位置注明资料编号。

第三节 工程资料管理规定、职责及要求

一、工程资料管理规定

工程资料的管理应符合下列规定：

（1）工程资料管理应制度健全、岗位责任明确，并应纳入工程建设管理的各个环节和各级相关人员的职责范围。

（2）工程资料的套数、费用、移交时间应在合同中明确。

（3）工程资料的收集、整理、组卷、移交及归档应及时。

二、工程资料管理职责

1. 通用职责

（1）工程资料的形成应符合国家相关的法律、法规、施工质量验收标准和规范、工程合同与设计文件等规定。

（2）工程各参建单位应将工程资料的形成和积累纳入工程建设管理的各个环节和有关人员的职责范围。

（3）工程资料应随工程进度同步收集、整理并按规定移交。

（4）工程资料应实行分级管理，由建设、监理、施工单位主管（技术）负责人组织本单位工程资料的全过程管理工作。建设过程中工程资料的收集、整理和审核工作应有专人负责，并按规定取得相应的岗位资格。

（5）工程各参建单位应确保各自文件的真实、有效、完整和齐全，对工程资料进行涂改、伪造、随意抽撤或损毁、丢失等，应按有关规定予以处罚，情节严重的，应依法追究法律责任。

2. 工程各参建单位职责

建筑工程各参建单位职责见表 6-2。

表 6-2 建筑工程各参建单位职责

序号	项目	内容
1	建设单位职责	（1）应负责基建文件的管理工作，并设专人对基建文件进行收集、整理和归档。 （2）在工程招标及与参建各方签订合同或协议时，应对工程资料和工程档案的编制责任、套数、费用、质量和移交期限等提出明确要求。 （3）必须向参与工程建设的勘察、设计、施工、监理等单位提供与建设工程有关的资料。 （4）由建设单位采购的建筑材料、构配件和设备，建设单位应保证建筑材料、构配件和设备符合设计文件和合同要求，并保证相关物资文件的完整、真实和有效。 （5）应负责监督和检查各参建单位工程资料的形成、积累和立卷工作，也可委托监理单位检查工程资料的形成、积累和立卷工作。 （6）对须建设单位签认的工程资料应签署意见。 （7）应收集和汇总勘察、设计、监理和施工等单位立卷归档的工程档案。

序号	项目	内容
1	建设单位职责	(8)应负责组织竣工图的绘制工作，也可委托施工单位、监理单位或设计单位，并按相关文件规定承担费用。 (9)列入城建档案馆接收范围的工程档案，建设单位应在组织工程竣工验收前，提请城建档案馆对工程档案进行预验收，未取得《建设工程竣工档案预验收意见》的，不得组织工程竣工验收。 (10)建设单位应在工程竣工验收后三个月内将工程档案移交城建档案馆
2	勘察、设计单位职责	(1)应按合同和规范要求提供勘察、设计文件。 (2)对需勘察、设计单位签认的工程资料应签署意见。 (3)工程竣工验收，应出具工程质量检查报告
3	监理单位职责	(1)应负责监理资料的管理工作，并设专人对监理资料进行收集、整理和归档。 (2)应按照合同约定，在勘察、设计阶段，对勘察、设计文件的形成、积累、组卷和归档进行监督、检查；在施工阶段，应对施工资料的形成、积累、组卷和归档进行监督、检查，使工程资料的完整性、准确性符合有关要求。 (3)列入城建档案馆接收范围的监理资料，监理单位应在工程竣工验收后两个月内移交建设单位
4	施工单位职责	(1)应负责施工资料的管理工作，实行技术负责人负责制，逐级建立健全施工资料管理岗位责任制。 (2)应负责汇总各分包单位编制的施工资料，分包单位应负责其分包范围内施工资料的收集和整理，并对施工资料的真实性、完整性和有效性负责。 (3)应在工程竣工验收前，将工程的施工资料整理、汇总完成。 (4)应负责编制两套施工资料，其中移交建设单位一套，自行保存一套

3. 资料员的岗位职责

资料员主要负责工程项目的资料档案管理、计划、统计管理及内业管理工作等内容。具体包括：

(1)负责工程项目资料、图纸等档案的收集与管理。

(2)参加分部分项工程的验收工作。

(3)负责计划、统计的管理工作。

(4)负责工程项目的内业管理工作。

三、资料员的工作要求

建筑工程资料员的工作要求见表6-3。

表6-3 建筑工程资料员的工作要求

序号	项目	内容
1	工程资料的收集	资料员收集工程资料必须及时，并应保持与实际施工进度同步，而且应参加生产协调会议，及时掌握管理信息，以便于对资料的管理和监控。对于收集到的资料应认真审核，及时整理、立卷与归档

序号	项目	内容
2	工程资料的分类与管理	为确保工程资料管理规范化、制度化和科学化，资料员应根据以下规定对资料进行分类管理： (1)按工程资料的归档对象进行划分，如归业主的资料应划归企业档案。 (2)按工程资料的内容进行划分。 (3)按工程同类资料产生时间的先后顺序划分。 建筑工程资料的存放和保管方法根据实际情况确定，并且必须符合档案管理的有关规定
3	工程资料的登记	(1)工程资料收发登记。无论是收回文件，还是发放文件，资料员应对这些文件进行逐件登记并备案，以便于管理。 (2)工程资料借阅登记。工程资料整理归档完毕后，由于工作的需要，单位领导或工作人员经常需借阅某件文件资料，资料员应建立资料登记表，详细列出借阅文件的时间、供阅人、借阅目的及归还日期。 (3)工程资料传阅登记。在文件处理过程中，如文件份数少而需要多人阅或须知照文件精神的人数较多，则需要传阅文件，因此要建立文件传阅登记制度
4	工程资料的复印	建筑工程资料一般不得复印，但下列文件除外：非密级文件、投标标书、票据、凭证、少量一次性非常规表格等以及非复印不可且具有应急性、单件性或少量性的其他资料。 (1)建筑工程资料的复印应由资料员统一管理，对于受控文件不得擅自复印，必须复印时，应由主要领导批准。 (2)需要复印的文件材料，有关部门应预先考虑其使用前景，适当增加自存数，避免临时突击复印。 (3)如需转发复印上一级单位文件，必须按有关规定办理相关手续，否则不得复印。密级文件复印须经本单位主管领导批准。复印的文件如无批准证明，资料员可不予复印
5	单位印章的管理	印章是对外行使权利的凭证，必须严格执行上级有关规定和印鉴的管理规定，使用印章必须登记齐全、完整，必须详细登记用印时间、单位、用印人、批准人以及用印内容等事项。印章要有专人保管

本章小结

工程资料是在建设过程中形成的各种形式信息记录的统称。工程资料应与建筑工程建设过程同步形成，且应真实反映建筑工程的建设情况和实体质量。本章主要介绍了建筑工程资料管理的基本知识，主要包括建筑工程资料的形成与分类；建筑工程资料管理的规定、职责和要求。

一、填空题

1. 监理资料可分为 _____、_____、_____、_____、_____ 和 _____ 6 类。

2. 工程竣工文件可分为 _____、_____、_____、_____ 4 类。

3. 工程资料的编号应及时填写，专用表格的编号应填写在表格的 _____ 编号栏中；非专用表格应在资料 _____ 的适当位置注明资料编号。

4. 属于单位工程整体管理内容的资料，编号中的分部、子分部工程代号可用 _____ 代替。

二、选择题

1. 建筑工程资料包括工程准备阶段文件、监理资料、施工资料、竣工图和( )5 个方面。

   A. 建筑工程资料　　　　　　　　　　B. 工程档案
   C. 试验资料　　　　　　　　　　　　D. 工程竣工文件

2. 根据《建筑工程资料管理规程》(JGJ/T 185—2009)的规定，建筑工程资料的形成范围应包括三个阶段，其中，第一阶段为( )。

   A. 工程准备阶段　　　　　　　　　　B. 工程实施阶段
   C. 工程竣工阶段　　　　　　　　　　D. 工程规划设计阶段

3. 在建筑工程资料管理中，分别用大写英文字母 A、B、C、D、E 来表示工程资料的 5 大类，其中，C 类资料指的是( )。

   A. 工程准备阶段文件　　　　　　　　B. 监理资料
   C. 施工资料　　　　　　　　　　　　D. 竣工图

4. 施工资料编号可由分部、子分部、分类、( )4 组代号组成，组与组之间应用横线隔开。

   A. 顺序号　　　　B. 分项　　　　C. 分列　　　　D. 编制单位

三、简答题

1. 工程资料的形成应符合哪些规定？

2. 工程资料的管理应符合哪些规定？

3. 工程资料管理的通用职责有哪些？

4. 资料员的岗位职责有哪些？

第七章 建筑工程准备阶段资料管理

1. 了解准备阶段文件的形成、工程准备阶段文件的管理要求。

2. 掌握决策立项文件、建设用地文件、勘察设计文件、招标投标及合同文件、开工文件、商务文件的内容。

能对建筑工程准备阶段的文件资料进行编制和管理。

第一节 工程准备阶段文件的形成和管理要求

一、工程准备阶段文件的形成

工程准备文件的形成过程如图 7-1 所示。

二、工程准备阶段文件的管理要求

(1)工程决策立项文件，建设用地、征地、拆迁文件，工程开工文件，工程竣工验收及备案文件应由建设单位按规定程序及时办理，文件内容应完整，手续应齐全。

(2)勘察、测绘、设计文件由建设单位按相关规定要求委托有资质的勘察、测绘、设计单位编制形成。

(3)工程招标投标及合同文件应由建设单位负责形成。

(4)工程商务文件由建设单位委托有资质的专业单位编制，应真实反映工程建设造价情况。

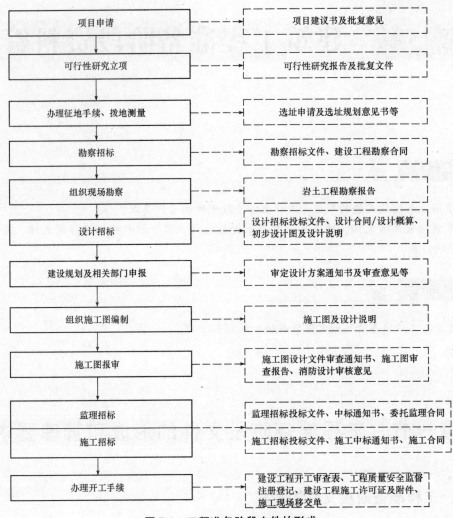

图 7-1 工程准备阶段文件的形成

项目申请	┄┄▶	项目建议书及批复意见
可行性研究立项	┄┄▶	可行性研究报告及批复文件
办理征地手续、拨地测量	┄┄▶	选址申请及选址规划意见书等
勘察招标	┄┄▶	勘察招标文件、建设工程勘察合同
组织现场勘察	┄┄▶	岩土工程勘察报告
设计招标	┄┄▶	设计招标投标文件、设计合同/设计概算、初步设计图及设计说明
建设规划及相关部门申报	┄┄▶	审定设计方案通知书及审查意见等
组织施工图编制	┄┄▶	施工图及设计说明
施工图报审	┄┄▶	施工图设计文件审查通知书、施工图审查报告、消防设计审核意见
监理招标		监理招标投标文件、中标通知书、委托监理合同
施工招标		施工招标投标文件、施工中标通知书、施工合同
办理开工手续	┄┄▶	建设工程开工审查表、工程质量安全监督注册登记、建设工程施工许可证及附件、施工现场移交单

第二节　工程准备阶段文件的种类

一、决策立项文件

决策立项文件属于 A1 类，主要包括 7 项内容，其工程资料名称、来源及保存见表 7-1。

表 7-1　决策立项文件

决策立项文件(A1 类) 工程资料名称		工程资料来源	工程资料保存			
			施工单位	监理单位	建设单位	城建档案馆
1	项目建议书	建设单位			●	●

决策立项文件(A1 类) 工程资料名称		工程资料来源	工程资料保存			
			施工单位	监理单位	建设单位	城建档案馆
2	项目建议书的批复文件	建设行政管理部门			●	●
3	可行性研究报告及附件	建设单位			●	●
4	可行性研究报告的批复文件	建设行政管理部门			●	●
5	关于立项的会议纪要、领导批示	建设单位			●	●
6	工程立项的专家建议资料	建设单位			●	●
7	项目评估研究资料	建设单位			●	●

注：工程资料保存所对应的栏中"●"表示"归档保存"。

(一)项目建议书

项目建议书又称立项申请，是项目建设筹建单位或项目法人，根据国民经济的发展、国家和地方中长期规划、产业政策、生产力布局、国内外市场、所在地的内外部条件，提出的某一具体项目的建议文件，是对拟建项目提出的框架性的总体设想。

项目建议书是由建设单位自行编制或委托其他有相应资质的咨询或设计单位编制。

1. 项目建议书的编制要求

(1)项目建议书通常由政府部门、全国性专业公司及现有企事业单位或新组成的项目法人提出。

(2)项目建议书的编制通常由建设单位项目法人委托有专业经验的咨询单位、设计单位完成。

(3)依据现行有关标准规定，建设项目是指一个总体设计或初步设计范围内，由一个或几个单位工程组成，经济上统一核算，行政上实行统一管理的建设单位。因此，凡在一个总体设计或初步设计范围内经济上统一核算的主体工程，配套工程及附属实施，应编制统一的项目建议书；在一个总体设计范围内，经济上独立核算的各个工程项目，应分别编制项目建议书；在一个总体设计范围内的分期建设工程项目，也应分别编制项目建议书。

2. 基市建设项目的编制内容

基本建设工程项目建议书的编制内容主要包括以下几个方面：

(1)建设项目提出的必要性和依据。

(2)产品方案、拟建规模和建设地点的初步设想。

(3)资源情况、建设条件、协作关系和设备技术引进国别、厂商的初步分析。

(4)投资估算、资金筹措及还贷方案设想。

(5)项目的进度安排。

(6)经济效果和社会效益的初步估计，包括初步的财务评价和国民经济评价。

(7)环境影响的初步评价，包括治理"三废"措施、生态环境影响的分析。

(8)结论。

(9)附件。

3. 项目建议书的审批

项目建议书编制完毕后，应按照国家颁布的有关文件规定及审批权限情况申请立项审批。目前，项目建议书要按现行的管理体制与隶属关系分级审批。原则上，按隶属关系，经主管部门提出意见，再由主管部门上报，或与综合部门联系上报，或分级上报。

(二)项目建议书的批复文件

项目建议书的批复文件是指建设单位的上级主管单位或国家有关主管部门(一般是发展和改革部门)对该项目建议书的批复文件。

项目建议书的批复文件内容主要包括以下几个方面:

(1)建设项目名称。

(2)建设规模及主要建设内容。

(3)总投资及资金来源。

(4)建设年限。

(5)批复意见说明、批复单位及时间。

(三)可行性研究报告及附件

1. 可行性研究报告的概念及主要内容

可行性研究报告是由项目法人通过招标投标或委托等方式,确定有资质的和相应等级的设计或咨询单位承担,对项目建议书从技术和经济角度全面进行分析与论证而做出的最佳实施方案。可行性研究报告由建设单位委托有资质的工程咨询单位编制。

可行性研究报告的内容主要包括以下几个方面:

(1)项目的意义和必要性,国内外现状和技术发展趋势及产业关联度分析,市场分析。

(2)项目的技术基础:成果来源及知识产权情况;已完成的研究开发工作及重视情况和鉴定年限;技术或工艺特点,与现有技术或工艺比较所具有的优势;该重大关键技术的突破对行业技术进步的重要意义和作用。

(3)建设方案、规模、地点。

(4)技术特点、工艺技术路线、设备选型及主要技术经济指标。

(5)原材料供应及外部配套条件落实情况。

(6)环境污染防治。

(7)建设工期和进度安排。

(8)项目实施管理、劳动定员及人员培训。

(9)项目承担单位或项目法人所有制性质及概况(销售收入、利润、税金、固定资产、资产负债率、银行信用等),项目负责人和团队构成基本情况。

(10)投资估算及明细,国拨资金使用明细(原则上不可用于人员工资、差旅费、会议费等事务性支出),资金筹措方式,贷款偿还计划,所需流动资金来源。

(11)项目内部收益率、投资利润率、投资回收期、贷款偿期等指标的计算和评估。

(12)经济效益和社会效益分析。

(13)项目风险分析。

2. 可行性研究工作程序

从接到建设项目前期工作通知书,到建设项目正式立项,可行性研究工作程序如图7-2所示。

(四)可行性研究报告的批复文件

大中型项目由国家发展和改革委员

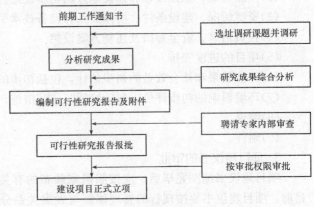

图7-2 可行性研究工作程序

会或由国家发展和改革委员会委托的有关单位审批；小型项目分别由行业或国家有关主管部门审批；建设资金自筹的企业大中型项目由城市发展与改革委员会审批，报国家及有关部门备案；地方投资的文教、卫生事业的大中型项目由城市发展与改革委员会审批。

可行性研究报告的批复文件主要包括以下内容：

(1)建设项目名称。

(2)建设单位名称。

(3)项目建设的必要性。

(4)项目选址和建设条件。

(5)功能定位。

(6)建设内容和规模。

(7)项目总平面布置。

(8)市政公用及配套。

(9)总投资与资金来源。

(10)批复意见说明、批复单位及时间。

(五)关于立项及项目评估的研究资料

1. 关于立项的会议纪要、领导批示

关于立项的会议纪要是由建设单位或其上级主管部门召开研究会议后形成的文件，并由相关领导做出批示。

2. 工程立项的专家建议资料

工程立项的专家建议资料是由建设单位或有关部门组织专家会议后所形成的有关建议性方面的文件。

3. 项目评估研究资料

项目评估研究资料是由建设单位或主管部门(一般是发展和改革部门)组织会议，对该项目的可行性研究报告进行评估论证之后所形成的资料。

项目评估研究资料基本包括以下内容：

(1)项目建设的必要性。

(2)建设规模和产品方案。

(3)厂址(地址或路线规划方案)。

(4)建设工程的方案和标准。

(5)工艺、技术和设备的先进性、适用性和可靠性；外部协作配备项目和配合条件。

(6)环境保护、投资结算及投资来源。

(7)国民经济评价。

(8)财务评价。

(9)不确定性分析。

(10)社会效益评价。

(11)项目总评估。

二、建设用地文件

建设用地文件属于 A2 类，主要包括 6 项内容，其工程资料名称、来源及保存见表 7-2。

表 7-2　建设用地文件

建设用地文件(A2 类)工程资料名称		工程资料来源	工程资料保存			
			施工单位	监理单位	建设单位	城建档案馆
1	选址申请及选址规划意见通知书	建设单位规划部门			●	●
2	建设用地批准文件	土地行政管理部门			●	●
3	拆迁安置意见、协议、方案等	建设单位			●	●
4	建设用地规划许可证及其附件	规划行政管理部门			●	●
5	国有土地使用证	土地行政管理部门			●	●
6	划拨建设用地文件	土地行政管理部门				●

注：工程资料保存所对应的栏中"●"表示"归档保存"。

(一)选址申请及选址规划意见通知书

1. 选址申请

为保证城市规划区内建设工程的选址和布局符合城市规划要求，按照国家规定需要有关部门批准或者核准的建设项目，以划拨方式提供固有土地使用权的，建设单位在报送有关部门批准或者核准前，应当向城乡规划主管部门提出选址申请。申请时一般还需提交以下申报材料：

(1)建设项目新征(占)用地。

1)建设单位出具的申报委托书和填写完整并加盖单位印章的"建设项目规划审批及其他事项申报表"。

2)市计划主管部门对项目建议书的批复文件原件 1 份。

3)建设单位新征(占)用地申请文件、选址要求及拟建项目情况说明各 1 份。

4)拟建项目设计方案图样(含主要经济技术指标)1 份。

5)在基本比例尺图样上，用铅笔画出新征(占)用地范围或位置的地形图 1 份。

6)依法需进行环境影响评价的建设项目，需持经相应环保部门批准的环境影响评价文件。

7)普测或钉桩成果。

8)其他法律、法规、规章规定的相关要求。

(2)自有用地建设项目。

1)建设单位出具的申报委托书和填写完整并加盖单位印章的"建设项目规划审批及其他事项申报表"。

2)建设用地规划许可证或国有土地使用证、房产证等其他证明土地权属的文件的复印件 1 份。

3)建设单位对拟建项目情况的说明 1 份。建设项目拟加层的，需附设计部门出具的建筑结构基础证明文件。

4)拟建项目设计方案图样(含主要经济技术指标)1 份。

5)在基本比例尺图样上，用铅笔画出新征(占)用地范围或位置的地形图 1 份。

2. 建设项目选址意见书申请表

"建设项目选址意见书申请表"(表 7-3)应由建设单位如实填写，由于填写不实而发生的一切矛盾、纠纷，均由建设单位负责。

表 7-3　建设项目选址意见书申请表　　　　编号：　×××

建设单位	名称	×××房地产开发有限公司	单位隶属	×××市建委	
	地址	××市××区××路××号	邮政编码	××××××	
	联系人	×××	电　话	××××××	
	项目建议书批准机关	××市发改委	批准文号	××××××××	

建设项目基本情况	项目名称	××大厦	投资性质	合资	
	建筑面积	56 600 m²	总投资	43 456 万元	
	建筑内容	公寓	主要产品	建筑住宅项目	
	市政公用设施用量及供应方式	用水量	306 m³/日	用电量	236 807 kW
		总排水量	245 m³/日	排水方式	市政雨、污水管网
		煤气用量	120 m³/日	通　信	—
	三废、噪声、振动情况		无		
	对周围地区控制要求		无特殊要求		

建设项目选址意向	用地位置	××区××镇××路		
	用地目前使用单位	××区××镇××村	用地目前用途	农业
	用地面积	5 126 m²	土地权属	××区××镇
	用地范围	东至××路　西至××路　南至××路　北至××路		
	拆迁民房情况	居民　××　户，面积　×××　m²		
		农民　××　户，面积　×××　m²		
	拆迁单位情况	单位　××　家，建筑面积　×××　m²		

上级主管单位审核意见：

同意

负责人：×××(盖章)

××年×月×日

送审的文件、图纸清单

编号	文件名称	应收份数	实收份数	备注
1	批准的项目建议书或其他有关计划文件	1	1	
2	地形图	3	3	
3	土地权属证	1	1	
4	联建协议书	1	1	
5	选址论证	1	1	

随同建设项目选址意见书申请表应附送的图纸、文件应满足下列要求：

(1)批准的建设项目建议书或其他有关计划文件。

(2)原址或有建设项目选址意见的，附 1/500 或 1/1 000 地形图 3 份(应标明原址用地界限或选址意向用地位置)；尚未有选址意向的，待明确选址后补送地形图。

(3)属原址改建需改变土地使用性质的，须附送土地权属证件(复印件)1份，其中，联建的应附送协议等文件。

(4)大中型建设项目应附送有相应资质的规划设计单位做出的选址论证。

(5)其他需要说明的图纸、文件等。

3. 选址规划意见通知书

建设单位的工程项目选址申请经城市规划管理部门审查，符合有关法规标准的，及时收取申请人申请材料，填写"选址规划意见通知书"。

(二)建设用地批准文件

征占用地的批准文件和对使用国有土地的批准意见分别由政府和国土资源和房屋土地管理部门批准形成(表7-4)。

表7-4　建设用地批准书

事项名称	建设用地批准书(国有土地划拨决定书)		
子项简称	建设用地批准书——土地出让		
主管部门	市国土资源局、房管局		
事项类型	行政许可	办件类别	单办件
承诺期限	20个工作日(依法需要听证、招标、拍实、检验、检测、检疫、鉴定和专家评审的除外)		
勘察天数	不需勘察	审图天数	不需审图
法律依据	法律依据名称	条目	
	《中华人民共和国土地管理法实施条例》	第22、23条	
申请条件	(1)建设项目的有关批准文件； (2)法律、法规规定的其他条件		
所需材料	材料名称 (1)建筑用地批准书申请表； (2)国有土地使用权转让合同原件及复印件； (3)建设用地规划许可证原件及复印件(原件查验后退回)； (4)出让全票据及契税根据原件及复印件； (5)标明拟建项目用地范围的1/2 000(中心城区内)、1/2 000 或 1/1 000(中心城区外)现势地形图2份； (6)核定用地图； (7)申报单位(人)委托代理的，需提交授权委托书； (8)法律、法规、规章规定的其他材料		
是否收费	收费		

(三)拆迁安置意见、协议、方案

房屋拆迁补偿安置协议是房屋拆迁双方的法律行为。协议关系主要由房屋拆迁双方当事人参加，仅有一方当事人，协议关系便不能成立。

房屋拆迁当事人之间的法律地位平等，体现在以下两个方面：一是无论当事人双方的经济实力、政治地位如何，不允许任何一方将自己的意志强加给另一方；二是体现房屋拆迁权利、义务的对等性，即一方从对方获得某项权利时，也承担相应的义务。凡明显丧失公正的协议是可撤销的。

协议必须是房屋拆迁双方的合法行为。所谓合法行为，是指按照房屋拆迁法规规定的要求而实施的行为。如当事人的资格，社会组织作为房屋拆迁协议当事人要有法人资格；承办人签订协议要有法人或法人代表的授权证明；委托代理订立协议的要有合法手续；被拆迁人签订协议时，应当出具产权证书、使用权证明等法律文件。凡违反法规规定，采取欺诈手段等所订立的协议都是无效协议。房屋拆迁补偿安置协议是具有法律效力的文件。表现在其权利依法产生后受到法律的保护；其义务依法产生后，则受到法律的强制。

依法订立的协议必须认真恪守，当事人任何一方均无权擅自变更或解除。在履行协议中发生纠纷，协议条款是解决纠纷的主要依据。

房屋拆迁补偿安置协议是一种双务有偿协议，协议的当事人依据协议享有一定的权利，同时又要承担相应的义务。

房屋拆迁安置协议必须采用书面的形式。

(四)建设用地规划许可证及其附件

规划管理部门根据城市总体规划的要求和建设项目的性质、内容以及选址定点时初步确定的用地范围界线，提出规划设计条件，核发建设用地规划许可证。建设用地规划许可证是确定建设用地位置、面积、界线的法定凭证。

办理建设用地规划许可证时应当注意以下事项：

(1)征用农村集体土地，由城市规划行政主管部门提出选址规划意见通知书，待批准后，方可办理建设用地规划许可证；使用国有土地时，由城市规划行政主管部门提出选址意见通知书，待批准后方可办理建设用地规划许可证。

(2)国有土地管理部门提出拆迁安置意见后，正式确定使用国有土地的范围和数量，并待城市规划行政主管部门审定设计方案后，方可办理建设用地规划许可证。

(3)建设用地规划许可证规定的用地性质、位置和界线，未经原审批单位同意，任何单位和个人不得擅自变更。

"建设用地规划许可证附件"见表7-5。

表7-5　建设用地规划许可证附件

用地单位：　　　　　　　　　　市规地：

用地位置：　　　　　　　　　　图幅号：

用地单位联系人：　　　　　电话：　　　　　　　　发件日期：

用地项目名称		用地面积/m²	备　　注
建设用地			其中
代征用地	城市道路用地		粮田：
代征用地	城市绿化用地		菜地：
其他用地			其他：
合计			

说明：1. 本附件与《建设用地规划许可证》具有同等法律效力。
　　　2. 遵守事项详见《建设用地规划许可证》。

(五)国有土地使用证

国有土地使用证是证明土地使用者(单位或个人)使用国有土地的法律凭证，受法律保护。国有土地使用证是住宅不动产的物权的组成部分，由国有土地管理部门办理。

土地登记申请人(使用者)应持有关土地权属来源证明相关材料，向国土资源局提出申请，申请程序如下：

(1)土地登记申请。

1)有关宗地来源的政府批复及批准文件，建设用地许可证，提交国有土地使用权通过招标、拍卖、协议等形式进行操作程序中有效性的相关土地权属材料。

2)因买卖、继承、赠予等形式取得土地使用权的，提交买卖、继承、赠予土地使用权转让协议书和公证书，原土地使用的国有土地使用证书。

3)提交土地登记申请人的身份证、户口簿，企事业单位的土地使用者应提交土地登记法人证明书和组织机构代码证、法人身份证。

(2)地籍调查。对土地登记申请人的土地采取实地调查、核实、测量、绘制宗地草图及红线图，查清土地的位置、权属性质、界线、面积、用途及土地使用者的有关情况，并要求宗地四至邻居界线清楚，无争议，确认后签字盖章。

(3)土地权属审核。土地登记机关对土地使用者提交的土地登记申请书、权属来源材料和地籍调查结果进行审核，决定对申请土地登记的使用者土地权属是否准予登记的法律程序。

(4)颁发国有土地使用权证书。

(六)划拨建设用地文件

划拨建设用地文件主要是《国有建设用地划拨决定书》，其是依法以划拨方式设立国有建设用地使用权、使用国有建设用地和申请土地登记的凭证。

三、勘察设计文件

勘察设计文件属于 A3 类，主要包括 9 项内容，其工程资料名称、来源及保存见表 7-6。

表 7-6　勘察设计文件

勘察设计文件(A3 类) 工程资料名称		工程资料来源	工程资料保存			
			施工单位	监理单位	建设单位	城建档案馆
1	岩土工程勘察报告	勘察单位	●	●	●	●
2	建设用地钉桩通知单(书)	规划行政管理部门	●	●	●	●
3	地形测量和拨地测量成果报告	测绘单位			●	●
4	审定设计方案通知书及审查意见	规划行政管理部门			●	●
5	审定设计方案通知书要求征求有关部门的审查意见和要求取得的有关协议	有关部门			●	●
6	初步设计图及设计说明	设计单位			●	
7	消防设计审核意见	公安机关消防机构	○	○	●	●
8	施工图设计文件审查通知书及审查报告	施工图审查机构	○	○	●	●
9	施工图及设计说明	设计单位	○	○	●	

注：表中工程资料保存所对应的栏中"●"表示"归档保存"，"○"表示"过程保存"，是否归档保存可自行确定。

(一)岩土工程勘察报告

1. 工程地质勘察

对于一个建设项目，为查明建筑物的地质条件而进行的综合性的地质勘察工作，称为工程地质勘察。其一般分为以下4个阶段：

(1)第一阶段选址勘察阶段：其任务是对拟选场地的稳定性和适宜性做出评价。

(2)第二阶段初步勘察阶段：其任务是对建设场地内建设地段的稳定性做出评价。

(3)第三阶段详细勘察阶段：其任务是对建筑地基做出工程地质评价，并为地基基础设计、地基处理与加固、不同地质现象的防治工程提供工程地质资料。

(4)第四阶段施工勘察阶段：其任务是对工程地质条件复杂或有特殊施工要求的建筑地基进行进一步的勘察工作。

2. 工程地质勘察报告

工程地质勘察报告是由建设单位委托勘察设计单位勘察形成的，其包含文字部分与图表部分。其具体内容如下：

(1)文字部分：文字部分主要包括前言、地形、地貌、地层结构、含水层构造、不良地质现象、土的冻结深度、地震烈度、对环境工程地质的变化进行预测等。

(2)图表部分：图表部分包括工程地质分区图、平面图、剖面图、勘探点平面位置图、钻孔柱状图以及不良地质现象的平剖面图、物探剖面图和地层的物理力学性质、试验成果资料等。

(二)建设用地钉桩通知单(书)

规划行政主管部门在核发规划许可证时，应当向建设单位一并发放"建设用地钉桩通知单(书)"。建设单位在施工前应当向规划行政主管部门提交填写完整的"建设用地钉桩通知单(书)"，规划行政主管部门应当在收到上报的验线申请后3个工作日内组织验线。经验线合格后方可施工。其表格样式见表7-7。

表 7-7　建设用地钉桩通知单(书)

工程名称		许可证号	
建设单位		涉及图幅号	
施工单位		钉桩时间	
建设项目钉线情况说明			
附图			
现场签名	建设单位代表	施工单位代表	规划院代表	规划局代表

(三)地形测量和拨地测量成果报告

工程准备阶段的工程测量工作按工作程序和作业性质分类主要有地形测量和拨地测量。测量成果报告是征用土地的依据性文件，也是工程设计的基础资料。

（1）地形测量。地形测量是指建设用地范围内的地形测量，包括地貌、水文、植被、建筑物和居民点。

（2）拨地测量。征用的建设用地要进行位置测量、形状测量和确定四至，一般称为拨地测量。拨地测量一般采用解析实钉法。

测量报告的内容包括拨地条件、成果表、工作说明、略图、条件坐标、内外作业计算记录等资料，并将拨地资料和定线成果展绘在 1∶1 000 或 1∶500 的地形图上，建立图档。

（四）设计文件

设计文件由设计单位形成，建设项目主管部门对有设计能力的单位或者中标单位提出委托设计的委托书，建设单位和设计单位签订设计合同。根据工程建设项目在审批、施工等方面对设计文件深度要求的变化，形成以下设计文件。

1. 审定设计方案通知书及审查意见

审定设计方案通知书及审查意见由规划行政管理部门形成。设计方案通知书规定了规划设计的条件，主要包括以下内容：

（1）用地情况。

（2）用地的主要性质。

（3）用地的使用度。

（4）建设设计要求。

（5）市政设计要求。

（6）市政要求。

（7）其他应遵守的事项。

2. 有关部门的相关协议

有关部门对审定设计方案通知书的审查意见和要求取得的有关协议，分别由人防、环保、消防、交通、园林、市政、文物、通信、保密、河湖、教育等部门审批形成。

3. 初步设计图及设计文件

初步设计图样主要包括总平面图、建筑图、结构图、给水排水图、电气图、弱电图、采暖通风及空气调节图、动力图、技术与经济概算等。

初步设计说明由设计总说明和各专业的设计说明书组成。设计总说明一般应包括下列几个方面的内容：

（1）工程设计的主要依据。

（2）工程设计的规模和设计范围。

（3）设计的指导思想和设计特点。

（4）总指标。

（5）需提请在设计审批时解决或确定的主要问题。

4. 消防设计审核意见

消防设计审核意见由消防机构审批形成。

5. 施工图设计文件审查通知书及审查报告

（1）"工程施工图设计文件审查申请表"。施工图会审前应填写"工程施工图设计文件审查申请表"，见表 7-8。

表 7-8　工程施工图设计文件审查申请表　　　　　　编号：　×××

工程名称		××公寓		
工程概况	地址	××市××区××路××号		
	建筑面积	56 600 m²	总投资	43 456 万元
	建筑层数	地上 26 层，地下 4 层	建筑高度	90 m
建设单位	名称	××房地产开发有限公司		
	地址	××市××区××路××号	邮编	××××××
	联系人	×××	联系电话	×××××××
设计单位	名称	×××建筑设计院	证书编号	××××××
	联系人	×××	联系电话	×××××××
设计合同	合同编号	××××××	设计费	××万元
	签订日期	××年×月×日	已付费用	××万元
需同时提交的文件、材料： (1)方案设计、初步设计批准文件和规划、消防、人防、环保、卫生、地震等专业管理部门审查意见。 (2)完整的施工图设计文件(蓝图)一式两份(待审查合格后加送原蜡纸图一份以盖审查合格章)。 (3)结构计算书和计算软件名称及授权序号、结构计算数据软盘。 (4)设计合同一份(复印件)。 (5)消防设计专篇说明。				

(2)施工图审查记录。图纸会审前，甲方代表应组织各专业专家对施工图进行审查，并填写"施工图审查记录"(表 7-9)，经工程技术主管审核后保存。

表 7-9　施工图审查记录

工程名称：××公寓　　　　　　　　　　　　　　　　　编号：　×××

专业类别	建筑工程、结构工程、给水排水及采暖工程、建筑电气工程		审查人	×××	时间	××年×月×日
审核人	×××				时间	××年×月×日
施工图中存在的问题			拟采用解决的方案			
钻灌桩的桩长超标			将原设计的 26 m 改为 22 m			

6. 施工图及设计说明

建筑施工图就是建筑工程上所用的一种能够十分准确地表达出建筑物的外形轮廓、大小尺寸、结构构造和材料做法的图样，它是房屋建筑施工的依据。施工图及设计说明由设计单位形成。

施工图主要包括以下几个方面的内容：

(1)总平面图。

(2)建筑物、构筑物和公用设施详图。

(3)工艺流程和设备安装图等工程建设、安装、施工所需的全部图纸。

(4)施工图设计说明。

(5)结构计算书、预算书和设备材料明细表等文字材料。

四、招标投标及合同文件

招标投标及合同文件属于 A4 类，主要包括 8 项内容，其工程资料名称、来源及保存见表 7-10。

表 7-10　招标投标及合同文件

招标投标及合同文件（A4 类）工程资料名称		工程资料来源	工程资料保存			
			施工单位	监理单位	建设单位	城建档案馆
1	勘察招标投标文件	建设单位、勘察单位			●	
2	勘察合同 *	建设单位、勘察单位			●	●
3	设计招标投标文件	建设单位、设计单位			●	
4	设计合同 *	建设单位、设计单位			●	●
5	监理招标投标文件	建设单位、监理单位		●	●	
6	委托监理合同 *	建设单位、监理单位		●	●	●
7	施工招标投标文件	建设单位、施工单位	●	○	●	
8	施工合同 *	建设单位、施工单位	●	○	●	●

注：表中工程资料保存所对应的栏中"●"表示"归档保存"，"○"表示"过程保存"，是否归档保存可自行确定。表中注明"＊"的资料，宜由施工单位和监理或建设单位共同形成。

(一)勘察招标投标文件

建设项目的招标投标是建设市场中建设单位遵循公开、公平、公正和诚实信用的原则，也是选择承包商的主要方式。招标和投标既是双方互相选择的过程，又是承包商互相竞争的过程。

对拟建工程项目，建设单位招请具备法定资格的承包商投标，称为"招标"；经资格审查后取得招标文件的承包商填写标书，提出报价和其他有关文件，在限定的时间内送达招标单位，称为"投标"。招标投标文件包括勘察设计招标投标文件、监理招标投标文件和施工招标投标文件。这些招标投标文件由建设单位与勘察、设计、施工、监理单位形成。

项目进行招标投标应具备以下条件：

(1)勘察招标投标文件。实行勘察招标的建设项目应具备以下条件：

1)具有经过有审批权限的机关批准的设计任务书。

2)具有建设规划管理部门同意的用地范围许可文件。

3)具有符合要求的地形图。

(2)设计招标投标文件。建设项目进行项目设计招标应具备以下条件：

1)建设单位必须是法人或依法成立的组织。

2)具有与招标的工程项目相适应的技术、经济管理人员。

3)具有编制招标文件，审查投标单位资格和组织投标、开标、评标、定标的能力。

不具备上述条件时必须委托具有相应资质和能力的建设监理、咨询服务单位代理。

(3)施工招标投标文件。施工招标投标文件是指建设单位选择工程项目施工单位过程中所进行的招标、投标活动的文件资料。

(4)监理招标投标文件。监理招标投标文件是指建设单位选择工程项目监理单位过程中所进行的招标、投标活动的文件资料。

(5)设备、材料招标文件。建设工程材料、设备采购是指采购主体对所需要的工程设备、材料，向供货商进行询价或通过招标的方式设定包括商品质量、期限、价格为主的标的，邀请若干供货商通过投标报价进行竞争，采购主体从中选择优胜者并与其达成交易协议，随后按合同实现标的的采购方式。

(二)勘察、设计合同

工程项目勘察、设计合同是指建设单位(委托方也称发包方)与工程勘察、设计单位(承包方或者承接方)为完成特定工程项目的勘察、设计任务，签订的明确双方权利、义务关系的协议。在此类合同中，委托方通常是工程项目的业主(建设单位)或者项目管理部门，承包方是持有与其承担任务相符的勘察、设计资格证书的勘察、设计单位。根据勘察、设计合同，承包方完成委托方委托的勘察、设计项目，委托方接受符合约定要求的勘察、设计成果，并付给承包方报酬。

勘察、设计合同简介

(三)委托监理合同

建设工程委托监理合同简称监理合同，是指委托人与监理人就委托的工程项目管理内容签订的明确双方权利、义务的协议。

工程建设监理制度是我国建筑业在市场经济条件下保证工程质量、规范市场主体行为、提高管理水平的一项重要措施。建设监理与发包人和承包商共同构成了建筑市场的主体，为了使建筑市场的管理规范化、法制化，大型工程建设项目不仅要实行建设监理制度，而且要求发包人必须以合同形式委托监理任务。监理工作的委托与被委托实质上是一种商业行为，所以，必须以书面合同的形式来明确工程服务的内容，以便为发包人和监理单位的共同利益服务。监理合同不仅明确了双方的责任和合同履行期间应遵守的各项约定，成为当事人的行为准则，而且可以作为保护任何一方合法权益的依据。

作为合同当事人一方的工程建设监理公司应具备相应的资格，不仅要求其是依法成立并已注册的法人组织，而且要求它所承担的监理任务应与其资质等级和营业执照中批准的业务范围相一致，既不允许低资质的监理公司承接高等级工程的监理业务，也不允许承接虽与资质级别相适应但工作内容超越其监理能力范围的工作，以保证所监理工程的目标顺利圆满实现。

(四)施工招标投标文件

1. 施工招标文件的组成

《中华人民共和国标准施工招标文件》(2007年版)规定，招标文件由以下部分组成。

第一卷

第一章　招标公告、招标邀请书、投标邀请书

第二章　投标人须知

第三章　评标办法

第四章　合同条款及格式

第五章　工程量清单

第二卷

第六章　图纸

第三卷

第七章　技术标准和要求

第四卷

第八章　投标文件格式

2. 施工招标文件的编制

施工招标文件的编制应遵循以下原则：

(1)招标文件的编制必须遵守国家有关招标、投标的法律、法规和部门规章的规定。

(2)招标文件必须遵循公开、公平、公正的原则，不得以不合理的条件限制或者排斥潜在投标人，不得对潜在投标人实行歧视待遇。

(3)招标文件必须遵循诚实信用的原则，招标人向投标人提供的工程情况，特别是工程项目的审批、资金来源和落实等情况，都要确保真实和可靠。

(4)招标文件介绍的工程情况和提出的要求，必须与资格预审文件的内容相一致。

(5)招标文件的内容要能清楚地反映工程的规模、性质、商务和技术要求等内容，设计图纸应与技术规范或技术要求相一致，使招标文件系统、完整、准确。

(6)招标文件不得要求或者标明特定的建筑材料、构配件等生产供应者以及含有倾向或者排斥投标申请人的其他内容。

(五)施工合同

建设工程施工合同简称施工合同，是工程发包人为完成一定的建筑、安装工程的施工任务与承包人签订的合同，由承包人负责完成拟定的工程任务，发包人提供必要的施工条件并支付工程价款。

建设工程施工合同属建设工程合同中的主要合同，是工程建设质量控制、进度控制和投资控制的主要依据。《中华人民共和国合同法》《中华人民共和国建筑法》《中华人民共和国招标投标法》都对建筑工程施工合同的相关方面做出了规定，这些法律条文都是施工合同管理的重要依据。

建设工程施工合同的当事人是发包人和承包人，双方是平等的民事主体。发包人可以是建设工程的业主，也可以是取得工程总承包资格的总承包人。作为业主的发包人可以是具备法人资格的国家机关、事业单位、企业、社会团体或个人，不论是哪种发包人都应具备一定的组织协调能力和履行合同义务的能力(主要是支付工程价款的能力)。承包人应是具备有关部门核定的资质等级并持有营业执照等证明文件的施工企业。

五、开工文件

开工文件属于 A5 类，主要包括 8 项内容，其工程资料名称、来源及保存见表 7-11。

表 7-11 开工文件

开工文件(A5 类) 工程资料名称		工程资料来源	工程资料保存			
			施工单位	监理单位	建设单位	城建档案馆
1	建设项目列入年度计划的申报文件	建设单位			●	●
2	建设项目列入年度计划的批复文件或年度计划项目表	建设行政管理部门			●	●
3	规划审批申报表及报送的文件和图纸	建设单位、设计单位			●	
4	建设工程规划许可证及其附件	规划部门			●	●
5	建设工程施工许可证及其附件	建设行政管理部门	●	●	●	●
6	工程质量安全监督注册登记	质量监理机构	○	○	●	●
7	工程开工前的原貌影像资料	建设单位	●	●	●	●
8	施工现场移交单	建设单位	○	○	○	
注：表中工程资料保存所对应的栏中"●"表示"归档保存"，"○"表示"过程保存"，是否归档保存可自行确定。						

(一)建设项目列入年度计划的申报与批复文件

(1)建设项目列入年度计划的申报与批复文件由建设单位形成。

(2)建设项目列入年度计划的批复文件或年度计划项目表由建设行政管理部门形成。

(二)规划审批申报表及报送的文件和图纸

规划审批申报表及报送的文件和图纸由规划部门形成。

(三)建设工程规划许可证及其附件

建设工程规划许可证是由市、县规划委员会对施工方案与施工图纸审查后，确定该工程符合整体规划而出的证书。建设工程规划许可证应包括附件和附图，它们是建设工程许可证的配套证件，具有同等法律效力；按不同工程的不同要求，由发证单位根据法律、法规和实际情况制定。使用建设工程规划许可证及其附件时应注意以下几点：

(1)工程放线完毕，通知测绘院、规划部门验线无误后方可施工。

(2)有关消防、绿化、交通、环保、市政、文物等未尽事宜，应由建设单位负责与有关主管部门联系，妥善解决。

(3)设计责任由设计单位负责。对于由非正式设计单位进行设计的工程，按规定其设计责任由建设单位负责。

(4)《建设工程规划许可证》及附件发出后，因年度建设计划变更或因故未建满2年者，《建设工程规划许可证》及附件自行失效，需建设时，应向审批机关重新申报，经审核批准后方可施工。

(5)凡属按规定应编制竣工图的工程必须按照国家编制竣工图的有关规定编制竣工图，送城市建设档案馆。

建设工程规划许可证及其附件格式见表7-12和表7-13。

(四)建设工程施工许可证

建设工程施工许可证是建筑施工单位符合各种施工条件、允许开工的批准文件，是建设单位进行工程施工的法律凭证，也是房屋权属登记的主要依据之一。

申请建设工程施工许可证应递交以下材料：

(1)中标通知书。

(2)交费通知书。

(3)质量监督报告。

(4)监理单位合同书、资料材料。

(5)发包方与承包方合同书。

(6)施工单位资质材料。

(7)安全施工许可证。

(8)项目经理、施工员、质检员、材料员证书。

(9)施工图审批报告。

(10)银行资信证书。

(五)工程质量安全监督注册登记

工程质量监督手续由建设单位在领取施工许可证前向当地建设行政主管部门委托的工程质量监督部门申报报监备案登记。

表 7-12　建设工程规划许可证

中华人民共和国

建设工程规划许可证

编号　×××－规建字－0008

　　根据《中华人民共和国城乡规划法》第三十七条规定，经审定，本建设工程符合城市规划要求，准予建设。

　　特发此证

发证机关

日　期　××年×月×日

建设单位	××集团开发有限公司
建设项目名称	××大厦
建设位置	××市××区××街××号
建设规模	25 598 m²

附图及附件名称

本工程建设工程规划许可证附件一份

本工程设计图一份

遵守事项：

一、本证是城乡规划区内，经城乡规划主管部门审定，许可建设各类工程的法律凭证。

二、凡未取得本证或不按本证规定进行建设，均属违法建设。

三、未经发证机关许可，本证的各项规定均不得随意变更。

四、建设工程施工期间，根据城乡规划主管部门的要求，建设单位有义务随时将本证提交查验。

五、本证所需附图与附件由发证机关依法确定，与本证具有同等法律效力。

表 7-13　建设工程规划许可证（附件）

建设单位：××房地产开发有限公司××—规建字—008

建设位置：××市××区××街××号　　　　　　图幅号：122—19

建设单位联系人：×××　　　　　电话：×××××××　　　　　发件日期：××年×月×日

建设项目名称	建设规模/m²	层数		高度/m	栋数	结构类型	造价/万元	备　注
		地上	地下					
××公寓	56 600	26	4	90	1	框剪	43 456	

抄送单位：×××××　　　　　　　　　　承建单位：××××

（1）监督实施范围。凡在省行政区域内，投资额在 20 万元或建筑面积在 500 m² 及以上的土木建筑、设备安装、建筑工程、管线敷设、装饰装修以及市政设施等工程的竣工验收，必须由各级质量监督机构对其实施监督。

（2）实施监督过程中，发现有违反国家有关建设工程质量管理规定行为或工程质量不合格的，质量监督机构有权责令建设单位进行整改。建设单位接到整改通知书后，必须立即进行整改，并将整改情况书面报送工程质量监督机构。

（3）建设单位在质量监督机构监督下进行工程竣工验收通过后，5 日内未收到工程质量监督机构签发的重新组织验收通知书的，即可进入验收备案程序。

（4）工程质量监督机构在工程竣工验收通过后并收到建设单位的竣工报告 15 个工作日内，向负责竣工验收备案部门提交建设工程质量监督报告。

（六）工程开工前的原貌影像资料及施工现场移交单

工程开工前的原貌影像资料由建设单位收集、提供；施工现场移交单由建设单位办理。工程开工前的原貌影像资料及施工现场移交单应提供下列资料：

（1）施工图设计文件审查报告、审查合格书及备案证明原件或批准书（复印件）。

（2）经审查合格施工图纸一套。

（3）中标通知书和施工、监理合同（原件和复印件）。

（4）建设单位、施工单位和监理单位工程项目的负责人或机构组成（单位工程主要技术人员登记表）。

（5）其他需要的文件资料（施工组织设计、监理规划、监理实施细则、检测合同、监理单位见证人员资格证书等）。

六、商务文件

商务文件属于 A6 类，主要包括 3 项内容，其工程资料名称、来源及保存见表 7-14。

表 7-14　商务文件

	商务文件（A6 类）工程资料名称	工程资料来源	工程资料保存			
			施工单位	监理单位	建设单位	城建档案馆
1	工程投资估算资料	建设单位			●	
2	工程设计概算资料	建设单位			●	
3	工程施工图预算资料	建设单位			●	
注：表中工程资料保存所对应的栏中"●"表示"归档保存"。						

(一)工程投资估算资料

投资估算是投资决策阶段的项目建议书,它包括从工程筹建到竣工验收、交付使用所需的全部费用。其具体包括建筑安装工程费、设备及工器具购置费、工程建设其他费用、预备费、固定资产投资方向调节税、建设期贷款利息等。

投资估算由建设单位编制或委托设计单位(或工程造价咨询单位)编制,主要依据相应建设项目投资估算招标,参照以往类似工程的造价资料编制。

1. 建筑安装工程费

建筑安装工程费是指建设单位为从事该项目建筑安装工程所支付的全部生产费用,包括直接用于各单位工程的人工、材料、机械使用费,其他直接费以及分摊到各单位工程中的管理费及利税。

2. 设备及工器具购置费

设备及工器具购置费是指建设单位按照建设项目设计文件要求而购置或自备的设备及工器具所需的全部费用,包括需要安装与不需要安装设备及未构成固定资产的各种工具、器具、仪器、生产家具的购置费用。

3. 工程建设其他费用

工程建设其他费用是指除上述工程设备与工器具费用以外的,根据有关规定在固定资产投资中支付,并列入建设项目总概算或单项工程综合概算的费用。

4. 预备费

预备费是指初步设计和概算中难以预料的工程费用,包括实行按施工图概算加系数包干的概算包干费用。

(二)工程设计概算资料

设计概算是初步设计概算的简称,是指在初步设计或扩大初步设计阶段,由设计单位根据初步设计图纸、定额、指标、其他工程费用定额等,对工程投资进行的概略计算,这是初步设计文件的重要组成部分,是确定工程设计阶段的投资依据,经过批准的设计概算是控制工程建设投资的最高限额。工程设计概算文件由建设单位委托工程造价咨询单位形成。

(三)工程施工图预算资料

施工图预算是建筑企业和建设单位签订承包合同和办理工程结算的依据,也是建筑企业编制计划、实行经济核算和考核经营成果的依据。在实行招标承包制的情况下,施工图预算是建设单位确定标底和建筑企业投标报价的依据。

施工图预算文件由建设单位委托工程造价咨询单位形成。施工图预算由一系列计算数字和文字说明组成。工程项目(如工厂、学校等)总预算包含若干个单项工程(如车间、教室楼等)综合预算;单项工程综合预算包含若干个单位工程(如土建工程、机械设备及安装工程)预算。总预算和综合预算由以下五项费用构成:①建筑工程费;②安装工程费;③设备购置费;④工具、器具购置费;⑤其他工程费用。单位工程预算由人工费、材料费、施工机械使用费、企业管理费、利润、规费及税金构成;设备及安装工程的单位工程预算还包括设备及其备件的购置费。

本章小结

工程准备阶段文件在整个工程建设中具有重要地位,是其他后续工作开展的基础和主要依据。本章主要介绍了建筑工程准备阶段文件的编制及管理工作,建设项目决策立项阶段项目建议书、可行性研究报告的编制，建设用地规划报建阶段用地的申请及报批、勘察设计阶段相应报告的内容和说明、招标投标阶段文件的基本格式等。

思考与练习

一、填空题

1. 可行性研究报告由_____委托有资质的工程咨询单位编制。

2. _____是房屋拆迁双方的法律行为。

3. 土地登记申请人(使用者)应持有关土地权属来源证明相关材料，向_____提出申请。

4. 工程地质勘察报告是由建设单位委托勘察设计单位勘察形成的，成果包含_____与_____。

5. 工程准备阶段的工程测量工作按工作程序和作业性质分类主要有_____和_____。

6. _____是指建设单位选择工程项目监理单位过程中所进行的招标、投标活动的文件资料。

7. _____是指初步设计和概算中难以预料的工程费用，包括实行按施工图概算加系数包干的概算包干费用。

二、选择题

1. 项目建议书应由(　　)编制并申报。

　　A. 建设单位　　　　B. 施工单位　　　　C. 监理单位　　　　D. 咨询公司

2. 项目建议书的批复文件内容不包括(　　)。

　　A. 确定项目建设的机构、人员、法人代表、法定代表人

　　B. 建设项目名称

　　C. 建设规模及主要建设内容

　　D. 总投资及资金来源

3. 立项的会议纪要、领导批示由(　　)形成。

　　A. 建设单位　　　　　　　　　　　B. 其上级主管单位

　　C. 建设单位或其上级主管单位　　　D. 监理单位

4. 施工图及设计说明资料来源于(　　)。

　　A. 设计单位　　　　　　　　　　　B. 测绘单位

　　C. 勘察单位　　　　　　　　　　　D. 规划行政管理部门

5. 开标由(　　)主持，邀请所有的投标人参加。

　　A. 投标人　　　B. 咨询公司人员　　　C. 招标人　　　　D. 监理单位人员

三、简答题

1. 工程准备阶段文件的管理要求有哪些？

2. 基本建设工程项目建议书的编制内容主要包括哪几个方面？

3. 项目评估研究资料包括哪些内容？

4. 随同建设项目选址意见书申请表应附送的图纸、文件应满足哪些要求？

5. 办理建设用地规划许可证时应注意哪些事项？

6. 施工图主要包括哪几方面的内容？

第八章　建筑工程监理资料管理

1. 了解监理资料的形成；监理资料的管理要求。
2. 掌握监理管理资料、进度控制资料、质量控制资料、造价控制资料、合同管理资料的内容。

1. 能正确填写工程监理资料的各种表单。
2. 能进行工程监理资料的接受、清点、登记、发放、归档等管理工作。

第一节　监理资料的形成和管理要求

一、监理资料的形成

监理资料的形成过程如图 8-1 所示。

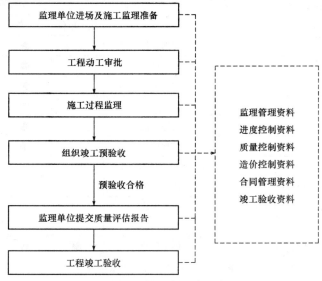

图 8-1　监理资料的形成

二、监理资料的管理要求

(1)监理资料是监理单位在工程建设监理活动过程中形成的全部资料。

(2)监理(建设)单位应在工程开工前按相关规定确定本工程的见证人员。见证人应履行见证职责，填写见证记录。

(3)监理规划应由总监理工程师审核签字，并经监理单位技术负责人批准。

(4)监理实施细则应由监理工程师根据专业工程特点编制，经总监理工程师审核批准。

(5)监理单位在编制监理规划时，应针对工程的重要部位及重要施工工序制定旁站监理方案，明确旁站监理的范围、内容、程序和旁站监理人员职责等。监理人员应根据旁站监理方案实施旁站。在实施旁站监理时应填写旁站监理记录。

(6)监理月报应由总监理工程师签认并报送建设单位和监理单位。

(7)监理会议纪要由项目监理部根据会议记录整理，经总监理工程师审阅，由与会各方代表会签。

(8)项目监理部的监理工作日志应由专人负责逐日记载。

(9)监理工程师对工程所用物资或施工质量进行随机抽检时，应填写监理抽检记录。

(10)监理工程师在监理过程中，发现不合格项时应填写不合格项处置记录。

第二节　工程监理资料的分类

一、监理管理资料

监理管理资料属于 B1 类，主要包括 11 项内容，其工程资料名称、来源及保存见表 8-1。

表 8-1　监理管理资料

	监理管理资料(B1 类) 工程资料名称	工程资料来源	工程资料保存			
			施工单位	监理单位	建设单位	城建档案馆
1	监理规划	监理单位		●	●	●
2	监理实施细则	监理单位	○	●	●	●
3	监理月报	监理单位		●	●	
4	监理会议纪要	监理单位	○	●	●	
5	监理工作日志	监理单位		●		
6	监理工作总结	监理单位		●	●	●
7	工作联系单(表 8-2)	监理单位、施工单位	○	○		
8	监理工程师通知(表 8-3)	监理单位	○	○		
9	监理工程师通知回复单＊(表 8-4)	施工单位	○	○		
10	工程暂停令(表 8-5)	监理单位		○	○	●
11	工程复工报审表＊(表 8-6)	施工单位	●	●	●	●

注：表中工程资料保存所对应的栏中"●"表示"归档保存"，"○"表示"过程保存"，是否归档保存可自行确定。表中注明"＊"的表，宜由施工单位和监理或建设单位共同形成。

(一)监理规划

1. 监理规划的概念及作用

监理规划是在监理委托合同签订后，由总监理工程师主持制定的、指导开展监理工作的纲领性文件，它起着指导监理单位内部自身业务工作的作用。它是项目监理组织对项目管理过程的组织、控制、协调等工作设想的文字表述，是监理人员有效地进行监理工作的依据和指导性文件。

监理规划的主要作用如下：

(1)指导监理单位的项目监理组织全面开展监理工作。

(2)监理规划是建设工程监理主管机构对监理单位实施监督管理的重要依据。

(3)监理规划是业主确认监理单位是否全面、认真履行建设工程监理合同的主要依据。

(4)监理规划是监理单位重要的存档资料。

2. 监理规划的编制原则和程序

监理规划可在签订建设工程监理合同及收到工程设计文件后由总监理工程师组织编制，并应在召开第一次工地会议前报送建设单位。

监理规划的编审应遵循下列程序：

(1)总监理工程师组织专业监理工程师编制。

(2)总监理工程师签字后由工程监理单位技术负责人审批。

3. 监理规划的基市内容

《建设工程监理规范》(GB/T 50319—2013)中明确规定，监理规划应包括下列主要内容：

(1)工程概况。

(2)监理工作的范围、内容、目标。

(3)监理工作依据。

(4)监理组织形式、人员配备及进退场计划、监理人员岗位职责。

(5)监理工作制度。

(6)工程质量控制。

(7)工程造价控制。

(8)工程进度控制。

(9)安全生产管理的监理工作。

(10)合同与信息管理。

(11)组织协调。

(12)监理工作设施。

监理规划报审程序

(二)监理实施细则

1. 监理实施细则的概念与范围

监理实施细则是指针对某一专业或某一方面建设工程监理工作的操作性文件。对专业性较强、危险性较大的分部分项工程，项目监理机构应编制监理实施细则。对工程规模较小、技术较简单且有成熟管理经验和措施的，可不必编制监理实施细则。

监理实施细则应在相应工程施工开始前由专业监理工程师编制，并应报总监理工程师审批。

2. 监理实施细则的编制依据

《建设工程监理规范》(GB/T 50319—2013)规定，监理实施细则的编制应依据下列资料：

(1)监理规划。

(2)工程建设标准、工程设计文件。

(3)施工组织设计、(专项)施工方案。

除了《建设工程监理规范》(GB/T 50319—2013)中规定的相关依据，监理实施细则在编制过程中，还可以融入工程监理单位的规章制度和经认证发布的质量体系，以达到监理内容的全面、完整，有效提高建设工程监理自身的工作质量。

3. 监理实施细则的主要内容

《建设工程监理规范》(GB/T 50319—2013)明确规定了监理实施细则应包含的内容，即专业工程特点、监理工作流程、监理工作要点以及监理工作方法和措施。

(三)监理月报

监理月报是项目监理机构每月向建设单位提交的建设工程监理工作及建设工程实施情况分析总结报告。监理月报应由总监理工程师组织编写，编写完成由总监理工程师签认后报建设单位和本监理单位。

1. 监理月报的编制依据

监理月报的编制应依据下列资料：

(1)《建设工程监理规范》(GB/T 50319—2013)。

(2)工程质量验收系列规范、规程和技术标准。

(3)监理单位的有关规定。

2. 监理月报的内容

监理月报主要包括下列内容：

(1)本月工程概况。

(2)监理工作控制要点及目标。

(3)工程进度：本月实际完成情况与计划进度比较，对进度完成情况及采取措施效果进行分析。

(4)工程质量：本月工程质量情况分析；本月采取的工程质量措施及效果。

(5)工程计量与工程款支付：工程量审核情况、工程款审批情况及月支付情况、工程款支付情况分析、本月采取的措施及效果。

(6)合同其他事项的处理情况：工程变更、工程延期、费用索赔。

(7)本月监理工作小结、下月监理工作重点。

(四)监理会议纪要

监理会议纪要应由项目监理部根据会议记录整理，经总监理工程师审阅，并经与会各方代表会签。监理会议纪要包括工地会议纪要和专题会议纪要。

(五)监理工作日志

监理工作日志是一项非常重要的监理资料，项目监理组必须认真、详细、如实、及时地予以记录。记录前应对当天的施工情况、监理工作情况进行汇总、整理，做到书写清楚、版面整齐、条理分明、内容全面。

监理工作日志应以项目监理部的监理工作为记载对象，从监理工作开始起至监理工作结束止，由专人负责逐日记载。具体应符合以下要求：

(1)准确记录时间、气象。监理人员在书写监理日志时，往往只重视时间记录，而忽视了气象记录，气象记录的准确性与工程质量也有直接的联系。

(2)做好现场巡查，真实、准确、全面地记录工程相关问题。

(3)关心安全文明施工管理，做好安全检查记录。

(4)书写工整、用语规范、内容严谨。

(5)书写好监理日记后，要及时交总监审查，以便及时沟通和了解，从而促进监理工作正常有序地开展。

(六)监理工作总结

项目竣工后，项目监理机构应对监理工作进行总结，监理工作总结经总监理工程师签字并加盖工程监理单位公章后报送建设单位。监理工作总结主要包括下列内容：

(1)工程概况。

(2)勘察、设计技术文件简况。

(3)施工单元项目组织状况。

(4)建设监理现场机构设置与实际变化过程。

(5)投资、质量、进度控制与合同管理的措施与方法。

(6)材料报验和工程报验情况。

(7)监理工作情况。

(8)经验与教训。

(9)工程交付使用后的注意事项。

(七)监理管理资料常用表格

1. 工作联系单

工人在施工过程中，监理工作联系单用于工程有关各方之间传递意见、决定、通知、要求与信息，即与监理有关的某一方需向另一方或几方告知某一事项或督促某项工作或提出某项建议等，对方执行情况不需要书面回复时均用此表。当不需回复时应有签收记录，并应注明收件人的姓名、单位和收件日期，并由有关单位各保存一份。"工作联系单"表格样式见表8-2。

表 8-2　工作联系单

工程名称：××大厦工程	编号：×××
致：　××工程监理公司××项目经理部、××建筑安装工程有限公司××项目部 　我方已与设计单位定于××年×月×日×时进行本工程设计交底和图纸会审工作，请贵方做好有关准备工作。 　　　　　　　　　　　　　　　　　　　　发文单位：××置业公司 　　　　　　　　　　　　　　　　　　　　负责人(签字)：××× 　　　　　　　　　　　　　　　　　　　　××年×月×日	

2. 监理工程师通知

项目监理机构在实施监理过程中，发现工程存在安全事故隐患的，应签发监理通知，要求施工单位整改。按委托监理合同授予的权限，对承包单位所发出的指令、提出的要求，除另有规定外，均应采用监理工程师通知单表。监理工程师现场发出的口头指令及要求，也应采用此表予以确认。

"监理工程师"通知应符合现行国家标准《建设工程监理规范》(GB/T 50319—2013)的有关规定。监理单位填写的监理工程师通知应一式两份，并应由监理单位、施工单位各保存一份。

"监理工程师通知"样式见表 8-3。

表 8-3　监理工程师通知

工程名称：××大厦工程　　　　　　　　　　　　　　　　　　　　　　编号：×××

致：　　××建筑安装工程有限公司　　(施工总承包单位/专业承包单位) 　　事由：　　关于 7 F 梁板钢筋验收事宜 　　内容： 我部监理工程师在 7 F 梁板钢筋安装验收过程发现现场钢筋安装存在以下问题： 　　1.①～⑤轴/Ⓐ～Ⓕ轴处框架梁处楼板上层钢筋保护层过厚，偏差大于《混凝土结构工程施工质量验收规范》(GB 50204—2015)的相关规定。 　　2.楼板留洞(④～⑤轴/Ⓒ～Ⓓ轴)补强钢筋长度不符合设计要求。 　　要求贵项目部立即对 7 F 梁板钢筋架设高度及补强钢筋长度按设计要求进行整改，自检合格后再报送我部验收，整改未合格前不得进入下道工序施工。   　　　　　　　　　　　　　　　　　　　　　　　　　　　监理单位：××监理公司 　　　　　　　　　　　　　　　　　　　　　　　　　　　总/专业监理工程师(签字)：××× 　　　　　　　　　　　　　　　　　　　　　　　　　　　　××年×月×日

3. 监理工程师通知回复单

"监理工程师通知回复单"是指监理单位发出监理通知，施工承包单位对监理工程师通知或工程质量整改通知执行完成后，报项目监理机构请求复查的回复用表。

"监理工程师通知回复单"样式见表 8-4。

表 8-4　监理工程师通知回复单

工程名称：<u>　××工程　</u>　　　　　　　　　　　　　　　　　　　　编号：×××

致：<u>　××监理公司　</u>（监理单位）

　　我方接到编号为<u>　×××　</u>的监理工程师通知后，已按要求完成了<u>　对硬质阻燃塑料管(PVC)暗敷设工程质量问</u>
<u>题的整改　</u>工作，现报上，请予以复查。

详细内容：
　　我项目部收到编号为<u>　×××　</u>的"监理工程师通知单"后，立即组织有关人员对现场已完成的硬质阻燃塑料管
(PVC)暗敷设工程进行了全面的质量复查，共发现此类问题10处，并立即进行了如下整改处理：
　　(1)对稳埋盒、箱先用后坠找正，位置正确后再进行固定稳埋。
　　(2)暗装的盒口或箱口与墙面平齐，不出现凸出墙面或凹陷的现象。
　　(3)暗箱的贴脸与墙面缝隙预留适中。
　　(4)用水泥砂浆将盒底部四周填实抹平，盒子收口平整。

　　经自检达到了《建筑电气工程施工质量验收规范》(GB 50303—2015)的要求。同时，对电气工程施工人员进行了
质量意识教育，并保证在今后的施工过程中严格控制施工质量，确保工程质量目标的实现。

承包单位(盖章)：<u>　××建筑工程公司　</u>

项目经理(签字)：<u>　×××　</u>

日　　期：<u>　××年×月　</u>

复查意见：
　　对编号为×××"监理通知回复单"提出的复查，项目部已按"监理工程师通知单"整改完毕，经检查符合要求。
　　(如不符合要求，应具体指明不符合要求的项目或部位，签署"不符合要求，要求承包单位继续整改"的意见)

项目监理机构(盖章)：<u>　××监理公司××项目监理部　</u>

总/专业监理工程师(签字、加盖执业印章)：<u>　×××　</u>

日　　期：<u>　××年×月×日　</u>

4. 工程暂停令

监理人员在施工监理过程中，发现施工现场存在重大安全隐患，总监理工程师应及时签发"工程暂停令"，暂停部分或全部在施工程的施工，责令限期整改，并抄报建设单位。施工单位整改后应书面回复，经监理人员复查合格。总监理工程师批准后，方可复工。项目监理机构发现下列情况之一时，总监理工程师应及时签发"工程暂停令"。

(1)建设单位要求暂停施工且工程需要暂停施工的。

(2)施工单位未经批准擅自施工或拒绝项目监理机构管理的。

(3)施工单位未按审查通过的工程设计文件施工的。

(4)施工单位违反工程建设强制性标准的。

(5)施工存在重大质量、安全事故隐患或发生质量、安全事故的。

"工程暂停令"样式见表8-5。

表 8-5　工程暂停令

工程名称：××大厦工程　　　　　　　　　　　　　　　　　　　　　　　编号：×××

致：　　××建筑工程有限公司　　（施工总承包单位/专业承包单位） 　　由于　　××大厦工程基坑开挖导致基坑西侧管线竖向位移从××年×月×日起连续×天超出设计报警值的　　原因，现通知你方于　　××　年　×月　×日　×　时起，暂停　基坑开挖　部位(工序)施工，并按下述要求做好后续工作。 　　要求： 　　暂停基坑开挖，采取有效措施控制因基坑变形而导致的基坑西侧管线竖向位移，待管线位移得到有效控制后再上报"工程复工报审表"申请复工。   　　　　　　　　　　　　　　　　　　　　　　　　监理单位(盖章)：××监理公司 　　　　　　　　　　　　　　　　　　　　　　　　总监理工程师(签字、加盖执业印章)：××× 　　　　　　　　　　　　　　　　　　　　　　　　　　　　　　　　××年×月×日

5. 工程复工报审表

暂停施工事件发生时，项目监理机构应如实记录所发生的情况。当暂停施工原因消失、具备复工条件，施工单位提出复工申请时，项目监理机构应审查施工单位报送的复工报审表及有关材料，符合要求后，总监理工程师应及时签发复工令；施工单位未提出复工申请的，总监理工程师应根据工程实际情况指令施工单位恢复施工。

"工程复工报审表"用于工程项目停工的恢复施工报审用表，施工单位报项目监理机构复核和批复复工时间。"工程复工报审表"应一式三份，项目监理机构、建设单位、施工单位各一份。

"工程复工报审表"样式见表8-6。

表 8-6　工程复工报审表

工程名称：××工程　　　　　　　　　　　　　　　　　　　　　　　编号：×××

致：　××建设工程监理有限公司××监理项目部　（项目监理机构）

　　编号为　×××　"工程暂停令"所停工的　基坑开挖　部位(工序)已满足复工条件，我方申请于　××　年　×
　月　×　日复工，请予以审批。

　　附件：证明文件资料

　　　　　基坑监测报告

项目经理部(盖章)：××项目经理部
项目经理(签字)：×××
××年×月×日

审核意见：

　　施工单位采取了有效措施控制基坑变形，通过基坑监测数据分析，基坑南侧市政管线竖向位移已得到有效控制，
具备复工条件，同意复工要求。

项目监理机构(盖章)：××项目监理部
总监理工程师(签字)：×××
××年×月×日

审批意见：

　　具备复工条件，同意复工。

建设单位(盖章)：××置业公司
建设单位代表(签字)：×××
××年×月×日

二、进度控制资料

进度控制资料属于 B2 类，主要包括 2 项内容，其工程资料名称、来源及保存见表 8-7。

表 8-7　进度控制资料

进度控制资料(B2 类) 工程资料名称		工程资料来源	工程资料保存			
			施工单位	监理单位	建设单位	城建档案馆
1	工程开工报审表＊(表 8-8)	施工单位	●	●	●	●
2	施工进度计划报审表＊(表 8-9)	施工单位	○	○		

注：表中工程资料保存所对应的栏中"●"表示"归档保存"，"○"表示"过程保存"，是否归档保存可自行确定。表
　　中注明"＊"的表，宜由施工单位和监理或建设单位共同形成。

(一)工程开工报审表

当现场具备开工条件且已做好各项施工准备后，施工单位应及时填写"工程开工报审表"。
经项目监理部审批、总监理工程师审批后报建设单位。

工程开工报审的一般程序如下：

(1)承包单位自查认为施工准备工作已完成，具备开工条件时，向项目监理机构报送"工程

开工报审表"及相关资料。

（2）专业监理工程师审核承包单位报送的"工程开工报审表"及相关资料，现场核查各项准备工作的落实情况，报项目总监理工程师审批。

（3）项目总监理工程师根据专业监理工程师的审核，签署审查意见，具备开工条件时按《委托监理合同》的授权报建设单位备案或审批。

"工程开工报审表"样式见表8-8。

表8-8　工程开工报审表

工程名称：××大厦工程　　　　　　　　　　　　　　　　　　　编号：×××

致：　×× 房地产开发公司　（建设单位） 　　××监理公司××大厦工程项目监理部　（项目监理机构） 　我方承担的　××大厦　工程，已完成相关准备工作，具备开工条件，申请于_××_年_×_月_×_日开工，请予以审批。 附件：证明文件资料 　　　施工现场质量管理检查记录表   　　　　　　　　　　　　　　　　　　　　　　　　　施工单位（盖章）：××建筑工程有限公司 　　　　　　　　　　　　　　　　　　　　　　　　　项目经理（签字）：××× 　　　　　　　　　　　　　　　　　　　　　　　　　　　　　　　××年×月×日
审核意见： 　1. 建设单位已组织工程建设各方完成了设计交底和图纸会审工作，且图纸会审中的相关意见已落实。 　2. 施工组织设计已由项目监理机构审核同意。 　3. 施工单位已建立了完整的施工现场质量及安全生产管理体系。 　4. 施工管理人员及特种施工人员资质已审查并已到位，主要施工机械已进场并具备使用条件，主要工程材料已进行采购。 　5. 施工现场"五通一平"工作已按施工组织设计的要求完成。 　经审查，本工程施工现场准备工作满足开工要求，请建设单位审批。 　　　　　　　　　　　　　　　　　项目监理机构（盖章）：××监理公司××大厦工程项目监理部 　　　　　　　　　　　　　　　　　总监理工程师（签字加盖执业印章）：××× 　　　　　　　　　　　　　　　　　　　　　　　　　　　　　　　××年×月×日
审批意见： 　本工程已取得施工许可证，相关资金已经落实并按合同约定拨付给施工单位，同意开工。   　　　　　　　　　　　　　　　　　　　　　　　　建设单位（盖章）：××建筑工程有限公司 　　　　　　　　　　　　　　　　　　　　　　　　建设单位代表（签字）：××× 　　　　　　　　　　　　　　　　　　　　　　　　　　　　　　　××年×月×日

（二）施工进度计划报审表

承包单位应根据建设工程施工合同的约定，按时编制施工总进度计划、年进度计划、季进度计划、月进度计划，并按时填写"施工进度计划报审表"，报项目监理机构审批，见表8-9。

表8-9 施工进度计划报审表

工程名称：××大厦工程   编号：×××

致：　__××监理公司××项目监理部__　（项目监理机构） 　　根据施工合同的约定，我方已完成__××大厦__工程施工进度计划的编制与批准，请予以审查。 　　附件：☑施工总进度计划：工程总进度计划 　　　　　□阶段性进度计划   　　　　　　　　　　　　施工项目经理部(盖章)：　__××建筑工程有限公司××项目部__ 　　　　　　　　　　　　项目经理(签字)：　__×××__ 　　　　　　　　　　　　　　　　　　　　　　　　　××年×月×日
审查意见： 　　经审查，本工程总进度计划内容完整，总工期满足合同要求，符合国家相关工期管理规定，同意按此计划组织施工。   　　　　　　　　　　　　专业监理工程师(签字)：××× 　　　　　　　　　　　　　　　　　　　　　　　　　××年×月×日
审核意见： 　　同意按此施工进度计划组织施工。   　　　　　　　　　　　　项目监理机构(盖章)：××监理公司××项目监理部 　　　　　　　　　　　　总监理工程师(签字)：××× 　　　　　　　　　　　　　　　　　　　　　　　　　××年×月×日

三、质量控制资料

质量控制资料属于B3类，主要包括5项内容，其工程资料名称、来源及保存见表8-10。

表 8-10　质量控制资料

质量控制资料(B3 类) 工程资料名称		工程资料来源	工程资料保存			
			施工单位	监理单位	建设单位	城建档案馆
1	质量事故报告及处理资料	施工单位	●	●	●	●
2	旁站监理记录＊(表 8-11)	监理单位	○	●	●	
3	见证取样和送检见证人员备案表(表 8-12)	监理单位或建设单位	●	●	●	
4	见证记录＊(表 8-13)	监理单位	●	●	●	
5	工程技术文件报审表＊	施工单位	○	○		

注：表中工程资料保存所对应的栏中"●"表示"归档保存"，"○"表示"过程保存"，是否归档保存可自行确定。表中注明"＊"的表，宜由施工单位和监理或建设单位共同形成。

(一)旁站监理记录

"旁站监理记录"是指监理人员在房屋建筑工程施工阶段监理中，对关键部位、关键工序的施工质量，实施全过程现场跟班的监理活动所见证的有关情况的记录。

"旁站监理记录"样式见表 8-11。

表 8-11　旁站监理记录

工程名称：××大厦工程　　　　　　　　　　　　　　　　　　　　　　　　编号：×××

旁站的关键部位、关键工序	屋面②～⑥轴混凝土浇筑	施工单位	××建筑工程有限公司
旁站开始时间	××年×月×日×时×分	旁站结束时间	××年×月×日×时×分

旁站的关键部位、关键工序施工情况：

　　采用商品混凝土，混凝土强度等级为 C25，配合比编号为×××。现场采用汽车泵 1 台进行混凝土的浇筑施工。

　　检查混凝土坍落度 4 次，实测坍落度为 150 mm，符合混凝土配合比的要求。制作混凝土试块 2 组(编号：××、××，其中编号为××的试块为见证试块)，混凝土浇筑过程符合施工验收规范的要求。

发现问题及处理情况：

　　混凝土浇筑后没有及时进行覆盖。

　　在混凝土表面覆盖塑料布进行养护。

　　　　　　　　　　　　　　　　　　　　　　　　　旁站监理人员(签字)：×××

　　　　　　　　　　　　　　　　　　　　　　　　　　　　　　××年×月×日

(二)见证取样和送检见证人员备案表

"见证取样和送检见证人员备案表"应由监理单位填写，一式五份，并由质量监督站、检测单位、建设单位、监理单位、施工单位各保存一份。

每个单位工程须设定 1～2 名取样和送检见证人，见证人由施工现场监理人员担任，或由建设单位委派具备一定试验知识的、责任心强、工作认真的专业人员担任。施工和材料、设备供应单位人员不得担任。

见证人员应经市建委统一培训考试合格并取得"见证人员岗位资格证书"后，方可上岗任职（取得国家和北京市监理工程师资格证书者免考）。单位工程见证人设定后，建设单位应向承监该工程的质量监督机构递交"见证取样和送检见证人备案表"进行备案。见证人更换须办理变更备案手续。所取试样必须送到具有相应资质的检测单位。

"见证取样和送检见证人备案表"样式见表 8-12。"见证记录"样式见表 8-13。

表 8-12　见证取样和送检见证人备案表

工程名称		编号	
质量监督站		日期	
检测单位			
施工总承包单位			
专业承包单位			
见证人员签字		见证取样和送检印章	
建设单位(章)		监理单位(章)	

表 8-13　见证记录

工程名称		编号		
样品名称		试件编号	取样数量	
取样部位/地点		取样日期		
见证取样说明				
见证取样和送检印章				
签字栏	取样人员		见证人员	

四、造价控制资料

造价控制资料属于 B4 类，主要包括 5 项内容，其工程资料名称、来源及保存见表 8-14。

表 8-14　造价控制资料

	造价控制资料(B4 类) 工程资料名称	工程资料来源	工程资料保存			
			施工单位	监理单位	建设单位	城建档案馆
1	工程款支付申请表(表 8-15)	施工单位	○	○	●	
2	工程款支付证书(表 8-16)	监理单位	○	○	●	
3	工程变更费用报审表＊(表 8-17)	施工单位	○	○	●	
4	费用索赔申请表(表 8-18)	施工单位	○	○	●	
5	费用索赔审批表(表 8-19)	监理单位	○	○	●	

注：表中工程资料保存所对应的栏中"●"表示"归档保存"，"○"表示"过程保存"，是否归档保存可自行确定。表中注明"＊"的表，宜由施工单位和监理或建设单位共同形成。

(一)工程款支付申请表

工程款支付申请时，承包单位应根据施工合同中有关工程款支付约定的条款，向项目监理机构申请支付工程预付款、工程进度款、工程结算款。申请支付的工程款金额应包括合同内工程款、工程变更增减费用、批准的索赔费用，扣除应扣预付款、保留金及施工中约定的其他费用。

施工单位提交的工程款支付申请由专业监理工程师审查；专业监理工程师进行工程计量，对工程支付申请提出审查意见；总监理工程师签发工程款支付证书。

"工程款支付申请表"的样式及填写范例见表 8-15。此表一式三份，并应由项目监理机构、建设单位、施工单位各保存一份。

表 8-15　工程款支付申请表

工程名称：　×× 工程　　　　　　　　　　　　　　　　　　　　　　编号：×××

致：　××监理公司　(监理单位) 　　我方已完成了　±0.000～+10.500 的主体结构工程施工　工作，按施工合同的规定，建设单位应在　×× 年　×× 月　×× 日前支付该项工程款共(大写)　壹佰叁拾伍万柒仟贰佰捌拾玖元整　(小写：　¥1 357 289.00　)，现报上　××　工程付款申请表，请予以审查并开具工程款支付证书。 　　附件： 　　(1)工程量清单。 　　(2)计算方法。 　　(略)   　　　　　　　　　　　　　　　　　　　　　承包单位(盖章)：　××建筑工程公司 　　　　　　　　　　　　　　　　　　　　　项目经理(签字)：　××× 　　　　　　　　　　　　　　　　　　　　　日　　期：　××年×月×日

（二）工程款支付证书

"工程款支付证书"是项目监理机构在收到承包单位的"工程款支付申请表"、项目监理机构收到经建设单位签署审批意见的"工程复工报审表"后，根据建设单位的审批意见签发。

"工程款支付证书"的样式见表 8-16。

表 8-16　工程款支付证书

工程名称：××大厦工程　　　　　　　　　　　　　　　　　　　　　　　编号：×××

致：　__××有限公司__　（建设单位）

根据施工合同约定，经审核编号为__×××__工程款支付申请表，扣除有关款项后，同意支付工程款共计（大写）__贰佰柒拾万叁仟肆佰玖拾捌元整__（小写：__￥2 703 498.00__）。

其中：

1. 施工单位申报款为：__贰佰玖拾陆万伍仟零肆拾元整__

2. 经审核施工单位应得款为：__贰佰捌拾叁万柒仟零伍拾伍元整__

3. 本期应扣款为：__壹拾叁万叁仟伍佰伍拾柒元整__

4. 本期应付款为：__贰佰柒拾万叁仟肆佰玖拾捌元整__

附件：1. 施工单位的工程款支付申请表及附件

　　　2. 项目监理机构审查记录

　　　　　　　　　　　　　　　　　　　　监理单位（盖章）：××监理公司

　　　　　　　　　　　　　　　　　　　　总监理工程师（签字、加盖执业印章）：×××

　　　　　　　　　　　　　　　　　　　　日　　期：××年×月×日

（三）工程变更资料

工程变更一般是指施工条件和设计的变更，根据国际咨询工程师联合会（FIDIC）制定的《土木工程施工合同条件》，施工单位应根据工程变更单完成的工程量，填写"工程变更费用报审表"，报项目监理部审查。

表 8-17　工程变更费用报审表

工程名称	××工程			编号		××××

致：　　××监理公司　（监理单位）

根据第（　××　）号工程变更单，申请费用如下表，请予以审核。

项目名称	变更前			变更后			工程量增（＋）减（－）/元
	工程量/m³	单价/元	合价/元	工程量/m³	单价/元	合价/元	
土方工程	58 025	7.00	406 175.00	62 365	7.00	436 555.00	＋30 380
合　　计			406 175.00			436 555.00	＋30 380

施工单位名称：××建筑工程有限公司

项目经理(签字)：×××

日期：××年×月×日

审核意见：

1. 工程量符合实际情况。
2. 此变更符合"工程变更单"所包括的工作内容。
3. 定额项目选用合理，单价、合价计算正确。

同意施工单位提出的该项变更费用申请。

监理工程师(签字)：×××

监理单位名称：××监理公司

总监理工程师(签字)：×××

(四)费用索赔申请表

"费用索赔申请表"(表 8-18)是施工单位向建设单位提出费用索赔的事项，报送监理单位审查、确认和批复的资料。

表 8-18 费用索赔申请表

工程名称：××大厦工程　　　　　　　　　编号：×××　　　　　　　　日期：××年×月×日

致：　__××监理公司××项目监理部__　（项目监理机构）

　　根据施工合同___×___条___×___款的约定，由于___甲供材料未及时进场，致使工程工期延误，且造成我公司现场施__工人员停工__的原因，我方申请索赔金额(大写)___柒仟伍佰元整___，请予以批准。

附件：
1. 索赔的详细理由及经过
2. 索赔金额的计算
3. 证明材料

专业承包单位　__××有限公司__　　　　　　项目经理/责任人　__×××__

施工总承包单位　__××建筑工程公司__　　　项目经理/责任人　__×××__

(五)费用索赔审批表

　　总监理工程师应在施工合同约定的期限内签发"费用索赔审批表"(表 8-19)，或发出要求施工单位提交有关索赔的进一步详细资料的通知。"费用索赔审批表"应一式三份，并应由建设单位、监理单位、施工单位各保存一份。

表 8-19 费用索赔审批表

工程名称：××大厦工程　　　　　　　　　　　　　　　　　　　　　　编号：×××

致：　__××建筑工程公司__　（施工总承包/专业承包单位）

　　根据施工合同___×___条___×___款的约定，你方提出的__甲供材料未及时进场，致使工程工期延误的__费用索赔申请(第___×××___号)，索赔(大写)___柒仟伍佰元整___，经我方审核评估：

□ 不同意此项索赔。

□ 同意此项索赔，金额为(大写)___柒仟伍佰元整___。

同意/不同意索赔的理由：

索赔金额的计算：

由于停工 5 天中有 2 天为施工单位承担责任，另外 3 天需赔付机械租赁费及人员窝工费。

3×(1 000＋15×100)＝7 500(元)

注：根据协议，机械租赁费每天按 1 000 元、人员窝工费每天按 100 元计算。

监理单位：×××监理公司

总监理工程师：×××

日期：××年×月×日

五、合同管理资料

合同管理资料属于 B5 类，主要包括 4 项内容，其工程资料名称、来源及保存见表 8-20。

表 8-20　合同管理资料

	合同管理资料(B5 类) 工程资料名称	工程资料来源	工程资料保存			
			施工单位	监理单位	建设单位	城建档案馆
1	委托监理合同 *	监理单位		●	●	●
2	工程延期申请表(表 9-17)	施工单位	●	●	●	●
3	工程延期审批表(表 8-21)	监理单位	●	●	●	●
4	分包单位资质报审表 *(表 8-22)	施工单位	●	●	●	

注：表中工程资料保存所对应的栏中"●"表示"归档保存"；表中注明"＊"的资料，宜由施工单位和监理或建设单位共同形成。

(一)工程延期审批表

工程延期审批是发生了施工合同约定由建设单位承担的延长工期事件后，承包单位提出的工程索赔，报项目监理机构审核确认。总监理工程师在签认工程延期前应与建设单位、承包单位协商，宜与费用索赔一并考虑处理。总监理工程师应在施工合同约定的期限内签发"工程延期审批表"，或发出要求承包单位提交有关延期的进一步详细资料的通知。

"工程延期审批表"应符合现行国家标准《建设工程监理规范》(GB/T 50319—2013)的有关规定。监理单位填写的工程延期审批表应一式四份，并由建设单位、监理单位、施工单位、城建档案馆各保存一份。其样式及填写范例见表 8-21。

表 8-21　工程延期审批表

工程名称：××大厦工程　　　　　　　　　　　　　　　　　　　　编号：×××

致：　　××建筑工程公司　　(施工总承包/专业承包单位)

　　根据施工合同　××　条　××　款的约定，我方对你方提出的　××××　工程延期申请(第　×××　号)要求延长工期 2 日历天的要求，经过审核评估：

　　同意工期延长 2 日历天。使竣工日期(包括已指令延长的工期)从原来的　××　年　×　月　×　日延迟到　××　年　×　月　×　日。请你方执行。

　　不同意延长工期，请按约定竣工日期组织施工。

　　说明：

　　　　　　　　　　　　　　　　　　　　　　　　　　　监理单位：×××监理公司
　　　　　　　　　　　　　　　　　　　　　　　　　　　总监理工程师：×××
　　　　　　　　　　　　　　　　　　　　　　　　　　　日期：××年×月×日

(二)分包单位资质报审资料

分包单位资格报审是指总承包单位在分包工程开工前，应对分包单位的资格报审项目监理机构审查确认。未经总监理工程师确认，分包单位不得进场施工，总监理工程师对分包单位资格的确认不解除总承包单位应负的责任。施工合同中已明确或经过招标确认的分包单位（即建设单位书面确认的分包单位），承包单位可不再对分包单位资格进行报审。"分包单位资质报审表"（表 8-22）由施工单位填报，建设单位、监理单位、施工单位各保存一份。

表 8-22　分包单位资格报审表

工程名称：××大厦工程　　　　　　　　　　　　　　　　　　　编号：×××

<table>
<tr><td colspan="3">致：　××监理公司××项目监理部　(项目监理机构)
　　经考察，我方认为拟选择的　××安装工程有限公司　(分包单位)具有承担下列工程的施工或安装资质和能力，可以保证本工程按施工合同第　××　条款的约定进行施工或安装。请予以审查。</td></tr>
<tr><td>分包工程名称(部位)</td><td>分包工程量</td><td>分包工程合同额</td></tr>
<tr><td>电气安装工程</td><td>××</td><td>××</td></tr>
<tr><td>给水排水安装工程</td><td>××</td><td>××</td></tr>
<tr><td></td><td></td><td></td></tr>
<tr><td></td><td></td><td></td></tr>
<tr><td>合计</td><td></td><td></td></tr>
<tr><td colspan="3">　附件：1. 分包单位资质材料
　　　　2. 分包单位业绩材料
　　　　3. 分包单位专职管理人员和特种作业人员的资格证书
　　　　4. 施工单位对分包单位的管理制度

　　　　　　　　　　　　　　　　施工项目经理部(盖章)：××建筑工程有限公司××项目经理部
　　　　　　　　　　　　　　　　项目经理(签字)：×××
　　　　　　　　　　　　　　　　　　　　　　　　　　　　××年×月×日</td></tr>
<tr><td colspan="3">审查意见：
　　该分包单位具备分包条件，拟同意分包，请总监理工程师审核。

　　　　　　　　　　　　　　　　　　　　　　专业监理工程师(签字)×××
　　　　　　　　　　　　　　　　　　　　　　××年×月×日</td></tr>
<tr><td colspan="3">审核意见：
　　同意分包。

　　　　　　　　　　　　　　　　项目监理机构(盖章)：××监理公司××项目监理部
　　　　　　　　　　　　　　　　总监理工程师(签字)：×××
　　　　　　　　　　　　　　　　　　　　　　　　　　××年×月×日</td></tr>
</table>

监理资料的编制及保存应按有关规定严格执行，监理资料的管理应由总监理工程师负责，并指定专人具体实施。本章主要介绍建设监理资料的编制及管理工作，主要包括监理管理资料、进度控制资料、质量控制资料、造价控制资料、合同管理资料。

思考与练习

一、填空题

1. _____是在监理委托合同签订后，由总监理工程师主持制定的、指导开展监理工作的纲领性文件，它起着指导监理单位内部自身业务工作的作用。

2. _____是指针对某一专业或某一方面建设工程监理工作的操作性文件。

3. 监理月报是项目监理机构每月向_____提交的建设工程监理工作及建设工程实施情况分析总结报告。

4. 监理会议纪要应由项目监理部根据会议记录整理，经_____审阅，并经与会各方代表会签。

5. _____是指监理人员在房屋建筑工程施工阶段监理中，对关键部位、关键工序的施工质量，实施全过程现场跟班的监理活动所见证的有关情况的记录。

6. _____是承包单位向建设单位提出费用索赔，报项目管理机构审查、确认和批复。

二、选择题

1. 下列不属于监理规划主要作用的是（   ）。

   A. 指导监理单位的项目监理组织全面开展监理工作

   B. 监理规划是建设工程监理主管机构对监理单位实施监督管理的重要依据

   C. 监理规划是业主确认监理单位是否全面、认真履行建设工程监理合同的主要依据

   D. 监理规划指导具体监理业务的开展

2. 下列不符合监理工作日志要求的是（   ）。

   A. 准确记录时间、气象

   B. 做好现场巡查，真实、准确、全面地记录工程相关问题

   C. 关心施工质量、进展问题

   D. 书写好监理日记后，要及时交总监审查，以便及时沟通和了解，从而促进监理工作正常有序地开展

3. 下列文件中，（   ）是编制设计阶段监理规划的重要依据。

   A. 监理文件   B. 施工合同   C. 设计文件   D. 设计合同

三、简答题

1. 监理资料的管理要求有哪些？

2. 工程开工报审的一般程序是什么？

3. 监理月报主要包括哪些内容？

4. 项目监理机构发现哪些情况时，总监理工程师应及时签发工程暂停令？

第九章 施工资料管理

知识目标

1. 了解施工资料的形成、施工资料的管理要求。

2. 掌握施工管理和控制资料、施工物资资料、施工记录、施工试验记录及检测报告、施工质量验收记录与竣工验收资料的表格样式、填写要求。

能力目标

1. 能对建筑工程土建施工管理资料、技术资料及控制资料进行分类，具备分类、整理、填写常用表格的能力。

2. 能对建筑工程施工质量验收资料进行分类，具备编制单位工程土建部分施工验收资料的能力。

第一节 施工资料的形成和管理要求

一、施工资料的形成

施工资料的形成宜符合图 9-1 所示的程序。

二、施工资料的管理要求

(1)施工资料应真实反映工程施工质量。

(2)施工组织设计应由施工单位企业技术负责人审批，报监理单位批准后实施。

(3)对于危险性较大的分部分项工程，施工单位应组织不少于 5 人的专家组，对专项施工方案进行论证审查。专家组应填写《危险性较大的分部分项工程专家论证表》，并将其作为专项施工方案的附件。

(4)建筑工程所使用的涉及工程质量、使用功能、人身健康和安全的各种主要物资，必须有质量证明文件。质量证明文件应反映工程物资的品种、规格、数量、性能指标等，并与实际进场物资相符。

(5)进口物资使用说明书为外文版的，应翻译为中文，翻译责任者应签字。

（6）涉及安全、消防、卫生、环保、节能的有关物资的质量证明文件中，应有相应资质等级检测单位出具的相应检测报告，或市场准入制度要求的法定机构出具的有效证明文件。

（7）工程物资供应单位或加工单位负责收集、整理和保存所供物资原材料的质量证明文件，施工单位则需收集、整理和保存供应单位或加工单位提供的质量证明文件和进场后进行的试（检）验报告。各单位应对各自范围内工程资料的汇集、整理结果负责，并保证工程资料的可追溯性。

（8）凡使用的新材料、新产品，均应有由具备鉴定资格的单位或部门出具的鉴定证书，同时具有产品质量标准和试验要求的，使用前应按其质量标准和试验要求进行试验或检验。新材料、新产品还应提供安装、维修、使用说明和工艺标准等相关技术文件。

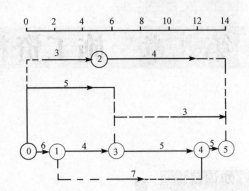

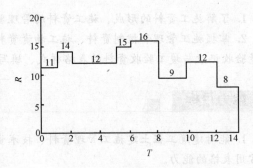

图 9-1　施工资料形成的程序

（9）施工单位应在完成分项工程检验批施工，自检合格后，由项目专业质量检查员填写检验批质量验收记录表，报请项目专业监理工程师组织质量检查员等进行验收确认。

（10）分项工程所包含的检验批全部完工并验收合格后，应由施工单位技术负责人填写分项工程质量验收记录表，报请项目专业监理工程师组织有关人员验收确认。

（11）分部（子分部）工程所包含的全部分项工程完工并验收合格后，应由施工单位技术负责人填写分部（子分部）工程质量验收记录表，报请项目总监理工程师组织有关人员验收确认。

（12）地基与基础、主体结构分部工程完工，应由建设、监理、勘察、设计和施工单位进行分部工程验收并加盖公章。

（13）单位（子单位）工程的室内环境、建筑设备与工程系统节能性能等，应检测合格并有检测报告。

（14）单位（子单位）工程完工后，应由施工单位填写单位工程竣工预验收报验表，报项目监理部申请工程竣工预验收。总监理工程师组织项目监理部人员与施工单位进行检查预验收，合格后总监理工程师签署单位工程竣工预验收报验表、单位（子单位）工程质量控制资料核查记录、单位（子单位）工程安全和功能检查资料核查及主要功能抽查记录和单位（子单位）工程观感质量检查记录等，并报建设单位申请竣工验收。

（15）建设单位应组织设计、监理、施工等单位对工程进行竣工验收，各单位应在单位（子单位）工程质量竣工验收记录上签字并加盖公章。

施工单位资料管理制度

第二节 施工管理与控制资料

一、施工管理资料

施工管理资料是施工阶段各方责任主体对施工过程采取组织、技术、质量措施进行管理，实施过程控制，记录施工过程中组织、管理、监督实体形成情况资料文件的统称。

施工管理资料属于 C1 类，主要包括 11 项内容，其工程资料名称、来源及保存见表 9-1。

表 9-1　施工管理资料

施工管理资料（C1 类） 工程资料名称	工程资料来源	工程资料保存			
		施工单位	监理单位	建设单位	城建档案馆
1　工程概况表（表 9-2）	施工单位	●	●	●	●
2　施工现场质量管理检查记录＊（表 9-3）	施工单位	○	○		
3　企业资质证书及相关专业人员岗位证书	施工单位	○	○		
4　分包单位资质报审表＊（表 9-4）	施工单位	●	●	●	
5　建设工程质量事故调查、勘察记录（表 9-5）	调查单位	●	●	●	●
6　建设工程质量事故报告书	调查单位	●	●	●	●
7　施工检测计划	施工单位	○	○		
8　见证记录＊	监理单位	●	●	●	
9　见证试验检测汇总表（表 9-6）	施工单位	●	●		
10　施工日志（表 9-7）	施工单位	●			
11　监理工程师通知回复表＊（表 8-4）	施工单位	○	○		

注：表中工程资料保存所对应的栏中"●"表示"归档保存"，"○"表示"过程保存"，是否归档保存可自行确定。表中注明"＊"的表，宜由施工单位和监理或建设单位共同形成。

（一）工程概况表

"工程概况表"是对工程基本情况的简述，应包括单位工程的一般情况、构造特征、机电系统等。"工程概况表"由施工单位填写，并应由建设单位、监理单位、施工单位、城建档案馆各保存一份。填写时，工程名称应填写全称，并与建设工程规划许可证、施工许可证及施工图纸中的名称一致。其样式及填写范例见表 9-2。

表 9-2　工程概况表

工程名称：××工程　　　　　　　　　　　　　　　　　　　　　　　编号：×××

一般情况	建设单位		
	建设用途	住宅	设计单位	××建筑设计院
	建设地点	××区×路××号	监理单位	××监理公司
	总建筑面积	4 680 m²	施工单位	××建筑工程公司
	开工日期	××年×月×日	竣工日期	××年×月×日
	结构类型	框架	基础类型	筏形
	层数	地上六层	建筑檐高	18.6 m
	地上面积	4 680 m²	地下室面积	1 185 m²
	人防等级	—	抗震等级	二级，设防烈度 8 度
构造特征	地基与基础	基础为筏式基础，设有地梁		
	柱、内外墙	柱为 C30 混凝土，围护墙为陶粒砌块和红机砖		
	梁、板、楼盖	梁板为 C30 混凝土		
	外墙装饰	浮雕涂料		
	内墙装饰	耐擦洗涂料		
	楼地面装饰	大部分为现制水磨石，部分为细石混凝土地面		
	屋面构造	保温层、找平层、SBS 改性沥青防水卷材层		
	防火设备	各层均设消火栓箱		
机电系统名称		本工程含动力，照明为交流电源，火灾报警为集中报警装置		
其他				

（二）施工现场质量管理检查记录

"施工现场质量管理检查记录"应符合现行《建筑工程施工质量验收统一标准》(GB 50300—2013)的有关规定；施工单位填写的"施工现场质量管理检查记录"应一式两份，并应由监理单位、施工单位各保存一份。其样式及填写范例见表 9-3。

表 9-3　施工现场质量管理检查记录

工程名称	××大厦工程	施工许可证（开工证）	×××	编　号	×××	
建设单位	××集团公司		项目负责人	×××		
设计单位	××建筑设计院		项目负责人	×××		
勘察单位	××勘察设计院		项目负责人	×××		
监理单位	××监理公司		总监理工程师	×××		
施工单位	××建筑工程公司	项目经理	×××	项目技术负责人	×××	
序号	项目		内容			
1	现场质量管理制度		质量例会制度；月评比及奖罚制度；三检及交接检制度；质量与经济挂钩制度			
2	质量责任制		岗位责任制；设计交底制；技术交底制；挂牌制度			

序号	项目	内容
3	主要专业工程操作上岗证书	测量工、钢筋工、起重工、木工、混凝土工、电焊工、架子工等，须有证
4	专业承包单位资质管理制度	—
5	施工图审查情况	审查报告及审查批准书××设××号
6	地质勘察资料	地质勘探报告
7	施工组织设计编制及审批	施工组织设计编制、审批齐全
8	施工技术标准	有模板、钢筋、混凝土灌注等20多种
9	工程质量检验制度	有原材料及施工检验制度；抽测项目的检验计划
10	混凝土搅拌站及计量设置	有管理制度和计量设施精确度及控制措施
11	现场材料、设备存放与管理制度	钢材、砂石、水泥及玻璃、地面砖的管理办法
12		

检查结论：

施工现场质量管理制度完整，符合要求，工程质量有保障。

监理工程师(建设单位项目负责人)：×××　　　　　　　　　　　　　××年×月×日

(三)分包单位资质报审表

"分包单位资质报审"是总承包单位实施分包时，提请项目监理机构对其分包单位资质审查确认的批复。施工合同中已明确的分包单位，承包单位可不再对分包单位资质进行报审。"分包单位资质报审表"应符合现行国家标准《建设工程监理规范》(GB/T 50319—2013)的有关规定。施工总承包单位填报的"分包单位资质报审表"应一式三份，并应由建设单位、监理单位、施工总承包单位各保存一份。"分包单位资质报审表"样式见表9-4。

表9-4　分包单位资质报审表

工程名称	××大厦工程	施工编号	×××
		监理编号	×××
		日　期	××年×月×日

致：　××监理公司　(监理单位)

经考察，我方认为拟选择的　××建筑工程公司　(专业承包单位)具有承担下列工程的施工或安装资质和能力，可以保证本工程按施工合同的约定进行施工或安装。分包后，我方仍然承担总包单位的责任。请予以审查和批准。

附件：1.□分包单位资质材料

2.□分包单位业绩材料

3.□中标通知书

工程名称	××大厦工程	施工编号	×××
		监理编号	×××
		日 期	××年×月×日

分包工程名称(部位)	分包工程量	分包工程合同额	备注
××主体结构工程	包括混凝土结构、砌体结构、钢筋(管)混凝土结构等工程	×××元	
合计		×××元	

施工总承包单位(盖章)：　×× 建筑工程公司

项目经理(签字)：　×××

专业监理工程师审查意见：

经核查，××建筑工程公司具备主体结构工程施工资质，未超资质范围承担业务；已取得施工许可证，且在有效期内；各类人员资质符合要求，人员配置满足施工要求；具有同类施工资历，且无不良记录。

专业监理工程师(签字)：　×××

日期：　××年×月×日

总监理工程师审核意见：

同意××建筑工程公司进场施工。

监理单位(盖章)：　××监理公司

总监理工程师(签字)：　×××

日期：××年×月×日

(四)建设工程质量事故调查、勘察记录

调查单位填写"建设工程质量事故调查、勘察记录"应一式五份，并应由调查单位、建设单位、监理单位、施工单位、城建档案馆各保存一份。

"建设工程质量事故调查、勘察记录"样式及填写范例见表9-5。

表 9-5　建设工程质量事故调查、勘察记录

工程名称	××大厦工程		编　号	×××
			日　期	××年×月×日
调查(勘察)时间	××年×月×日×时×分至×时×分			
调查(勘察)地点	×××区×××(工程项目所在地)			
参加人员	单位	姓名	职务	电话
被调查人	×××建筑工程公司	×××	项目经理	×××
陪同调查 (勘察)人员	×××	×××	施工员	×××
	×××	×××	质检员	×××
调查(勘察)笔录	××年×月×日在六层柱混凝土施工时，由于振捣工没有按照混凝土振捣操作规程操作，致使六层轴交接处一根柱混凝土发生漏筋、孔洞等质量缺陷			
现场证物照片	☑有　□无　共 5 张　共 4 页			
事故证据资料	☑有　□无　共 8 条　共 4 页			
被调查人签字	×××		调查(勘察)人签字	×××

(五)见证试验检测汇总表

有见证取样送检项目的试验报告应加盖"有见证试验专用章"，然后由施工单位填写"见证试验检测汇总表"，与其他施工资料一起纳入工程技术档案，作为评定工程质量的依据。其中：

"试验项目"指规范规定的应进行见证取样的某一项目。

"应试验组/次数"指该项目按照设计、规范、相关标准要求及试验计划应送检的总次数。

"见证试验组/次数"指该项目按见证取样要求的实际试验次数。

"见证试验检测汇总表"样式及填写范例见表 9-6。

表 9-6　见证试验检测汇总表

工程名称	××工程		编　号	×××
			填表日期	××年×月×日
建设单位	×××建设集团有限公司		检测单位	×××质量检测单位
监理单位	×××监理公司		见证人员	×××
施工单位	×××建筑工程公司		取样人员	×××
试验项目	应试验组/次数	见证试验组/次数	不合格次数	备注
混凝土试块	65	27	0	
砌筑砂浆试块	20	8	0	
钢筋原材	42	15	0	
直螺纹钢筋接头	20	8	0	
SBS 防水卷材	5	3	0	
制表人(签字)	×××			

(六)施工日志

"施工日志"以单位工程为记载对象,记录从工程开工之日起至工程竣工之日止的施工情况,是验收施工质量的原始记录,也是编制施工文件、积累资料,总结施工经验的重要依据。要求由各专业工长分别填写,并要逐日记载。保持内容的真实性、连续性和完整性。若工程施工期间有间断,应在日志中加以说明(可在停工最后一天或复工第一天里描述)。

"施工日志"样式及填写范例见表9-7。

"施工日志"填写内容应根据工程实际情况确定,一般应包含工程概况、当日生产情况、技术质量安全情况、施工中发生的问题及处理情况、各专业配合情况、安全生产情况等。

"施工日志"可以采用计算机录入、打印,也可按规定样式手工填写,并装订成册,必须保证字迹清晰、内容齐全。

表9-7 施工日志

工程名称	×××工程	编号	×××
		日期	××年×月×日
施工单位	×××建筑工程公司		
天气状况	风力		最高/最低温度
晴	2~3级		24 ℃/19 ℃

施工情况记录(施工部位、施工内容、机械使用情况、劳动力情况、施工中存在的问题等):

地下二层

(1)Ⅰ段(___×___/___×___轴)顶板钢筋绑扎,埋件固定,塔式起重机作业,型号××,钢筋班组15人,组长:×××。

(2)Ⅱ段(___×___/___×___轴)梁开始钢筋绑扎,塔式起重机作业,型号××,钢筋班组18人。

(3)Ⅲ段(___×___/___×___轴)该部位施工图纸由设计单位提出修改,待设计通知单下发后,组织相关人员施工。

(4)Ⅳ段(___×___/___×___轴)剪力墙、柱模板安装,塔式起重机作业,型号××,木工班组21人。

(5)发现问题:Ⅰ段(___×___/___×___轴)顶板钢筋保护层厚度不够,马镫铁间距未按要求布置。

技术、质量、安全工作记录(技术、质量安全活动、检查验收、技术质量安全问题等):

(1)建设、设计、监理、施工单位在现场召开技术质量安全工作会议,参加人员:×××(职务)等。

会议决定:

1)±0.000以下结构于×月×日前完成。

2)地下三层回填土×月×日前完成,地下二层回填土×月×日前完成。

3)对施工中发现问题(××××××××××问题),立即返修,整改复查,须符合设计、规范要求。

(2)安全生产方面:由安全员带领3人巡视检查,主要是"三宝、四边、五临边",检查全面到位,无隐患。

(3)检查评定验收:各施工班组施工工序合理、科学,对Ⅱ段(___×___/___×___轴)梁、Ⅳ段(___×___/___×___轴)剪力墙、柱予以验收,实测误差应达到规范要求。

记录人(签字)	×××

二、施工技术资料

施工技术资料属于C2类,主要包括7项内容,其工程资料名称、来源及保存见表9-8。

表 9-8　施工技术资料

	施工管理资料(C2 类) 工程资料名称	工程资料来源	工程资料保存			
			施工单位	监理单位	建设单位	城建档案馆
1	工程技术文件报审表 *（表 9-9）	施工单位	○	○		
2	施工组织设计及施工方案	施工单位	○	○		
3	危险性较大分部分项工程施工方案专家论证表（表 9-10）	施工单位	○	○		
4	技术交底记录（表 9-11）	施工单位	○			
5	图纸会审记录 * *（表 9-12）	施工单位	●	●	●	●
6	设计变更通知单 * *（表 9-13）	设计单位	●	●	●	●
7	工程洽商记录（技术核定单）* *（表 9-14）	施工单位	●	●	●	●

注：表中工程资料保存所对应的栏中"●"表示"归档保存"，"○"表示"过程保存"，是否归档保存可自行确定。表中注明"*"的表，宜由施工单位和监理或建设单位共同形成。表中注明"* *"的表，宜由建设、设计、监理、施工等多方共同形成。

（一）工程技术文件报审表

"工程技术文件"是反映建设工程项目的规模、内容、标准、功能等的文件。施工单位填报的工程技术文件报审表应一式两份，并应由监理单位、施工单位各保存一份。"工程技术文件报审表"样式及填写范例见表 9-9。

表 9-9　工程技术文件报审表

工程名称	××工程	施工编号	×××
		监理编号	×××
		日期	××年×月×日

致：　××监理公司　（监理单位）

　　我方已编制完成了　×××　技术文件，并经相关技术负责人审查批准，请予以审定。

　　附：技术文件＿＿页＿＿册

　　施工总承包单位：　×××　　　　　项目经理/负责人：　×××

　　专业承包单位：　×××　　　　　　项目经理/负责人：　×××

专业监理工程师审查意见：

　　工程技术文件合理、可行，请总监理工程师审核。

　　　　　　　　　　　　　　　　　　　　　　　专业监理工程师：×××

　　　　　　　　　　　　　　　　　　　　　　　日期：××年×月×日

工程名称		××工程		施工编号	×××
				监理编号	×××
				日期	××年×月×日

总监理工程师审批意见：

审定结论：☑同意　　□修改后再报　　□重新编制

监理单位：××监理公司

总监理工程师：×××

日期：××年×月×日

(二)危险性较大分部分项工程施工方案专家论证表

施工单位填报"危险性较大分部分项工程施工方案专家论证表"应一式两份，并应由监理单位、施工单位各保存一份。"危险性较大分部分项工程施工方案专家论证表"样式及填写范例见表 9-10。

表 9-10　危险性较大分部分项工程施工方案专家论证表

工程名称	××工程		编　号	×××	
施工总承包单位	××建筑集团公司		项目负责人	×××	
专业承包单位	××建筑公司		项目负责人	×××	
分项工程名称	模板工程及支撑体系				
专家一览表					
姓名	性别	年龄	工作单位	职务	职称	专业
专家论证意见：					
				年　月　日	
签字栏	组长： 专家：				

(三)技术交底记录

技术交底记录应包括施工组织设计交底、专项施工方案技术交底、分项工程施工技术交底、"四新"(新材料、新产品、新技术、新工艺)技术交底和设计变更技术交底。各项交底应有文字记录，交底双方签认应齐全。"技术交底记录"样式及填写范例见表 9-11。

表 9-11 技术交底记录

工程名称	××工程	编　号	×××
		交底日期	××年×月×日
施工单位	××建筑工程公司	分项工程名称	灰土地基
交底摘要	灰土地基(垫层)施工技术交底	页　数	共 3 页，第 1 页
交底内容： 　(略)			
签字栏	交底人	×××	审核人	×××
	接受交底人	×××		

(四)图纸会审记录

图纸会审应由建设单位组织设计、监理和施工单位技术负责人及有关人员参加。设计单位对各专业问题进行交底，施工单位负责将设计交底内容按专业汇总、整理，形成图纸会审记录。

图纸会审记录应根据专业(建筑、结构、给水排水及采暖、电气、通风空调、智能系统等)汇总、整理。图纸会审记录一经各方签字确认后即成为设计文件的一部分，是现场施工的依据。

施工单位整理汇总的图纸会审记录应一式五份，并应由建设单位、设计单位、监理单位、施工单位、城建档案馆各保存一份。

"图纸会审记录"样式及填写范例见表 9-12。表中设计单位签字栏应为项目专业设计负责人的签字，建设单位、监理单位、施工单位签字栏应为项目技术负责人或相关专业负责人的签字。

表 9-12 图纸会审记录

工程名称	××工程		编　号	×××
			日　期	××年×月×日
设计单位	×××建筑设计院		专业名称	建筑结构
地　点	×××会议室		页　数	共 页，第 页
序号	图号	图纸问题		答复意见
1	结—1	结构说明 3 中，混凝土材料中，地下室底板外墙使用抗渗混凝土，未给出抗渗等级		抗渗等级为 P8
2	结—3，结—5	地下一层顶板③～⑤/ⓒ～Ⓔ轴分布筋未标注		分布筋双向双排，均为 Φ8@200
3	结—10	Z14 中标高为 25.200～28.000 m 与剖面图不符		Z14 标高应改为 21.500～28.000 mm
4	建—1，结—3，结—12	地下室外墙防水层使用 SBSⅡ型防水卷材，是否需加砌砖墙做防水保护层		砌 120 厚砖墙做保护层
5				
签字栏	建设单位	监理单位	设计单位	施工单位
	×××	×××	×××	×××

(五)设计变更通知单

设计变更是由设计方提出,对原设计图纸的某个部位局部或全部进行修改的一种记录,设计单位应及时下达设计变更通知单,内容翔实,必要时应附图,并逐条注明应修改图纸的图号。"设计变更通知单"样式及填写范例见表9-13。设计变更通知单应由设计专业负责人以及建设(监理)和施工单位的相关负责人签认。

设计单位签发的"设计变更通知单"应一式五份,并应由建设单位、设计单位、监理单位、施工单位、城建档案馆各保存一份。

表 9-13   设计变更通知单

工程名称	××工程	编 号	×××	
		日 期	××年×月×日	
设计单位	××建筑设计院	专业名称	建筑结构	
变更摘要	建筑结构设计变更	页 数	共 页,第 页	
序号	图号	变更内容		
1	结施—2、3	DL1、DL2梁底标高—2.000应改为—1.800,且DL1上挑耳取消		
2	结施—14	Z10中配筋 φ18 改为 φ20,根数不变		
3	结施—30	KL—42、44的梁高700应改为900		
4	结施—40	二层梁顶LL—18梁高出板面0.55应改为0.60		
5	结施—50	结构图中标注尺寸878应全部改为873		
签字栏	建设单位	设计单位	监理单位	施工单位
	×××	×××	×××	×××

(六)工程洽商记录(技术核定单)

洽商是建筑工程施工过程中一种协调业主和施工方、施工方和设计方的记录。工程洽商记录应收集所附的图纸及说明文件等。洽商记录应分专业办理,内容翔实,必要时应附图,并逐条注明应修改图纸的图号。工程资料中只对技术洽商进行存档。

"工程洽商记录"应由设计专业负责人以及建设、监理和施工单位的相关负责人签认。设计单位如委托建设(监理)单位办理签认,应办理委托手续。

工程洽商提出单位填写的"工程洽商记录"应一式五份,并应由建设单位、设计单位、监理单位、施工单位、城建档案馆各保存一份。"工程洽商记录"样式及填写范例见表9-14。

表 9-14　工程洽商记录（技术核定单）

工程名称	××工程		编　号	×××
			日　期	××年×月×日
提出单位	×××		专业名称	建筑
洽商摘要	关于主变间、地下电缆夹层装修做法		页　数	共　页，第　页
序号	图号	洽商内容		
1	建—1	主变间、主变间夹层、地下电缆夹层，原设计顶棚为喷大白浆，现改为耐擦洗涂料		
2	建—1	主变间内墙、地下电缆夹层墙面，原设计为1∶3石灰膏砂浆打底，纸筋灰罩面，现改为水泥砂浆打底、压光		
3	建—1	主变间内墙、地下电缆夹层内墙，面层原设计为喷大白浆，现改为耐擦洗涂料		
签字栏	建设单位	设计单位	监理单位	施工单位
	×××	×××	×××	×××

三、进度造价资料

进度造价资料属于 C3 类，主要包括 9 项内容，其工程资料名称、来源及保存见表 9-15。

表 9-15　进度造价资料

	进度造价资料（C3 类）工程资料名称	工程资料来源	工程资料保存			
			施工单位	监理单位	建设单位	城建档案馆
1	工程开工报审表＊（表 8-8）	施工单位	●	●	●	●
2	工程复工报审表＊（表 8-6）	施工单位	●	●	●	●
3	施工进度计划报审表＊（表 8-9）	施工单位	○	○		
4	施工进度计划	施工单位	○	○		
5	人、机、料动态表（表 9-16）	施工单位	○	○		
6	工程延期申请表（表 9-17）	施工单位	●	●	●	●
7	工程款支付申请表（表 8-15）	施工单位	○	○	●	
8	工程变更费用报审表＊（表 8-17）	施工单位	○	○	●	
9	费用索赔申请表＊（表 8-18）	施工单位	○	○	●	

注：表中工程资料保存所对应的栏中"●"表示"归档保存"，"○"表示"过程保存"，是否归档保存可自行确定。表中注明"＊"的表，宜由施工单位和监理或建设单位共同形成。

（一）工程开工、复工报审表

"工程开工报审表"应符合现行国家标准《建设工程监理规范》(GB/T 50319—2013)的有关规定。施工单位填写的"工程开工报审表"应一式四份，并应由建设单位、监理单位、施工单位、城建档案馆各保存一份，其样式见表 8-8。

"工程复工报审表"应符合现行国家标准《建设工程监理规范》(GB/T 50319—2013)的有关规定。施工单位填写的"工程复工报审表"应一式四份，并应由建设单位、监理单位、施工单位、城建档案馆各保存一份。"工程复工报审表"格式见表 8-6。

(二)施工进度计划报审表

施工单位填写的"施工进度计划报审表"应一式三份，并应由建设单位、监理单位、施工单位各保存一份。"施工进度计划报审表"格式见表 8-9。

(三)施工进度计划

施工进度计划是施工组织设计的中心内容，分为施工总进度计划、单位工程施工进度计划、分部分项工程进度计划和季度(月、旬、周)进度计划 4 个层次。

施工计划的编制步骤如下：

(1)划分施工过程。

(2)计算工作量。

(3)确定劳动量和机械台班数量。

(4)确定各施工过程的持续施工时间(天或周)。

(5)编制施工进度计划的初始方案。

(6)检查和调整施工进度计划初始方案。

(四)人、机、料动态表

"人、机、料动态表"应由施工单位填报，一式两份，监理单位、施工单位各保存一份。"人、机、料动态表"样式见表 9-16。

表 9-16 ____年____月人、机、料动态表

工程名称		编　号		
		日　期		
致：_____(监理单位) 根据____年____月施工进度情况，我方现报上____年____月人、机、料统计表。				
劳动力	工种			合计
	人数			
	持证人数			
主要机械	机械名称	生产厂家	规格、型号	数量
主要材料	名称	单位	上月库存量	本月进场量	本月消耗量	本月库存量
附件：				
			施工单位：_____ 项目经理：_____	

（五）工程延期申请表

"工程延期申请表"是依据合同规定，非施工单位原因造成的工期延期，导致施工单位要求工期补偿时采用的申请用表。施工单位填报的"工程延期申请表"应一式三份，由监理单位、建设单位和施工单位各保存一份。"工程延期申请表"样式及填写范例见表 9-17。

表 9-17　工程延期申请表

工程名称	××大厦工程	编　号	×××
		日　期	××年×月×日

致：　××监理公司　（监理单位）

根据施工合同　　××　　（条款），由于　　非我方原因停水的　　原因，我方申请工程临时/最终延期　　1　　天（日历天），请予以批准。

附件：
1. 工程延期依据及工期计算：8 小时/1 天
2. 证明材料：停水通知/公告

专业承包单位：×××　　　　　　　　项目经理/负责人：×××

施工总承包单位：×××　　　　　　　项目经理/负责人：×××

第三节　施工物资资料

一、出厂质量证明文件及检测报告

出厂质量证明文件及检测报告属于 C4 类，主要包括 6 项内容，其工程资料名称、来源及保存见表 9-18。

表 9-18　出厂质量证明文件及检测报告

施工物资资料(C4类)　工程资料名称		工程资料来源	工程资料保存			
			施工单位	监理单位	建设单位	城建档案馆
1	砂, 石, 砖, 水泥, 钢筋, 隔热保温, 防腐材料, 轻集料出厂质量证明文件	施工单位	●	●	●	●
2	其他物资出厂合格证、质量保证书、检测报告和报关单或商检证等	施工单位	●	○	○	
3	材料、设备的相关检验报告、型式检测报告、3C强制认证合格证书或 3C 标志	采购单位	●	○	○	
4	主要设备、器具的安装使用说明书	采购单位	●	○	○	
5	进口的主要材料、设备的商检证明文件	采购单位	●	○	●	●
6	涉及消防、安全、卫生、环保、节能的材料、设备的检测报告或法定机构出具的有效证明文件	采购单位	●	●	●	

注：表中工程资料保存所对应的栏中"●"表示"归档保存"，"○"表示"过程保存"，是否归档保存可自行确定。

(一)出厂质量证明文件及检测报告管理要点

(1)工程物资主要包括建筑材料、成品、半成品、构配件、设备等，建筑工程所使用的工程物资均应有出厂质量证明文件[包括产品合格证、出厂检验(试验)报告、产品生产许可证和质量保证书等]。

(2)涉及结构安全和使用功能的材料需要代换且改变了设计要求时，必须有设计单位签署的认可文件。涉及安全、卫生、环保的物资应有相应资质等级检测单位的检测报告，如压力容器、消防设备、生活供水设备、卫生洁具等。

(3)凡使用的新材料、新产品，应由具备鉴定资格的单位或部门出具鉴定证书，同时，具有产品质量标准和试验要求，使用前应按其质量标准和试验要求进行试验或检验。新材料、新产品还应提供安装、维修、使用和工艺标准等相关技术文件。

(4)进口材料和设备等应有商检证明[国家认证委员会公布的强制性(CCC)产品除外]、中文版的质量证明文件、性能检测报告以及中文版的安装、维修、使用、试验要求等技术文件。

(二)出厂质量证明文件及检测报告相关表格

1. 预拌混凝土出厂合格证

施工现场使用预拌混凝土前应有技术交底和具备混凝土工程的标准养护条件。预拌混凝土搅拌单位必须按规定向施工单位提供质量合格的混凝土并随车提供预拌混凝土证明文件。预拌混凝土出厂价格证由搅拌单位负责提供，应包括以下内容：订货单位、合格证编号、工程名称与浇筑部位、混凝土强度等级、抗渗等级、供应数量、供应日期、配合比编号、原材料名称、品种及规格、试验编号、混凝土 28 d 抗压强度值、抗渗等级性能试验、抗压强度统计结果及结论；技术负责人签字、填表人签字、供货单位盖章。

2. 预制混凝土构件出厂合格证

预制混凝土构件应有出厂合格证，其出厂合格证中的以下各项应填写齐全，不得有错填和漏填：包括构件名称、合格证编号、构件型号及规格、供应数量、制造厂名称、企业资质等级证编号、标准图号及设计图纸号、混凝土设计强度等级及浇筑日期、构件出厂日期、构件性能检验评定结果及结论、技术负责人签字、填表人签字及单位盖章等内容。

对于国家实行产品许可证的大型屋面板，预应力短（长）向圆孔板，按相关规定应有产品许可证编号。

资料员应及时收集、整理和验收预制构件的出厂合格证，任何单位不得涂改、伪造、损毁或抽撤预制构件的出厂合格证。如果预制构件的合格证是抄件（如复印件），则应注明原件的编号、存放单位、抄件时间，并有抄件人、抄件单位签字和盖章。

3. 钢构件出厂合格证

钢构件出厂时，其质量必须合格，并符合《钢结构工程施工质量验收规范》（GB 50205—2001）中的有关规定。钢构件出厂合格证应包括以下主要内容：工程名称、委托单位、合格证编号、钢材材质报告及其复试报告编号、焊条或焊丝及焊药型号、供货总量、加工及出厂日期、构件名称及编号、构件数量、防腐状况及使用部位、技术负责人签字、填表人签字及单位盖章等。合格证要填写齐全，不得漏填或错填。数据真实，结论正确，并符合标准要求。

二、进场检验通用表格

进场检验通用表格属于 C4 类，主要包括 3 项内容，其工程资料名称、来源及保存见表 9-19。

表 9-19　进场检验通用表格

	施工物资资料(C4 类) 工程资料名称	工程资料来源	工程资料保存			
			施工单位	监理单位	建设单位	城建档案馆
1	材料、构配件进场检验记录 *（表 9-20）	施工单位	○	○		
2	设备开箱检验记录 *（表 9-21）	施工单位	○	○		
3	设备及管道附件试验记录 *（表 9-22）	施工单位	●	○	●	

注：表中工程资料保存所对应的栏中"●"表示"归档保存"，"○"表示"过程保存"，是否归档保存可自行确定。

（一）材料、构配件进场检验记录

"材料、构配件进场检验记录"由直接使用所检查的材料及配件的施工单位填写，作为工程物资进场报验资料进入资料管理流程。工程物资进场后，施工单位应及时组织相关人员检查外观、数量及供货单位提供的质量证明文件等，合格后填写材料、构配件进场检验记录。

"材料、构配件进场检验记录"应符合国家现行有关标准的规定。施工单位填写的"材料、构配件进场检验记录"应一式两份，并应由监理单位、施工单位各保存一份。"材料、构配件进场检验记录"样式及填写范例见表 9-20。

表 9-20　材料、构配件进场检验记录

工程名称				×× 工程		编　号	×××
						检验日期	×× 年 × 月 × 日
序号	名称	规格型号	进场数量	生产厂家	外观检验项目	试件编号	备注
				质量证明书编号	检验结果	复验结果	
1	普通硅酸盐水泥	P·O 42.5	200 t	×××	外观、质量证明文件	×××	
				×××	合格	合格	
2	砂	中砂	500 m³	×××	外观、质量证明文件	×××	
				×××	合格	合格	
3	螺纹钢筋	Φ22 HRB335	2.353 t	×××	外观、质量证明文件	×××	
				×××	合格	合格	
4	圆盘	Φ8 Q235A	8.46 t	×××	外观、质量证明文件	×××	
				×××	合格	合格	
5							
6							

检查意见(施工单位)：

以上材料、构配件经外观检查合格，管径壁厚均匀，材质、规格型号及数量经复验均符合设计、规范要求，产品质量证明文件齐全。

附件：共____页

验收意见(监理/建设单位)

☑同意　□重新检验　□退场　　验收日期：

签字栏	施工单位	××× 建筑工程公司	专业质检员	专业工长	质检员
			×××	×××	×××
	监理或建设单位	×××		专业工程师	×××

(二)设备开箱检验记录

建筑工程所使用的设备进场后，应由施工单位、建设(监理)单位、供货单位共同开箱检查，并进行记录，然后填写工程物资进场报验单报请监理单位核查确认，并填写"设备开箱检验记录"。"设备开箱检验记录"应由施工单位填写，一式两份，并应由监理单位、施工单位各保存一份。设备开箱检查项目主要包括设备的名称、型号、规格、外观、数量、附件等。"设备开箱检验记录"样式及填写范例见表 9-21。

表 9-21　设备开箱检验记录

工程名称	××给水工程	编　号	×××
		检验日期	××年×月×日
设备名称	离心水泵	规格型号	×××
生产厂家	××设备制造公司	产品合格证编号	×××
总数量	×××台	检验数量	×××台
进场检验记录			
包装情况	包装完整良好，无损坏，标识明确		
随机文件	设备装箱单 1 份，中文质量合格证明 1 份，安装使用说明书 1 份		
备件与附件	配套法兰、螺栓、螺母等齐全		
外观情况	外观良好，无损坏锈蚀现象		
测试情况	良好		

缺、损附备件明细

序号	附备件名称	规格	单位	数量	备注

检查意见(施工单位)：

设备包装、外观状况、测试情况良好，随机文件、备件与附件齐全，符合设计及施工质量验收规范要求。

附件：共＿＿页

验收意见(监理/建设单位)：

合格

☑同意　　□重新检验　　□退场　　　　　　　　　验收日期：××年×月×日

签字栏	供应单位	×××	责任人	×××
	施工单位	×××	专业工长	×××
	监理或建设单位	×××	专业工程师	×××

(三)设备及管道附件试验记录

设备、阀门、闭式喷头、密闭水箱或水罐、风机盘管、成组散热器及其他散热设备等在安装前按规定进行试验时，均应填写"设备及管道附件试验记录"，并应由建设单位、监理单位、施工单位各保存一份。"设备及管道附件试验记录"样式及填写范例见表 9-22。

表 9-22　设备及管道附件试验记录

<table>
<tr><td>工程名称</td><td colspan="2">××办公楼</td><td>编　号</td><td colspan="3">15—03—C028—001</td></tr>
<tr><td>使用部位</td><td colspan="2">采暖系统阀门</td><td>试验日期</td><td colspan="3">2015 年 8 月 10 日</td></tr>
<tr><td>试验要求</td><td colspan="6">阀门工程压力为 1.6 MPa，金属密封；强度试验压力为公称压力的 1.5 倍，严密性试验压力为公称压力的 1.1 倍；试验压力在试验时间内应保持不变，且壳体填料及阀瓣封面无渗漏。</td></tr>
<tr><td colspan="2">设备/管道附件名称</td><td>阀门</td><td colspan="2">阀门</td><td></td></tr>
<tr><td colspan="2">材质、型号</td><td>铜截止阀</td><td colspan="2">铸钢法兰闸阀</td><td></td></tr>
<tr><td colspan="2">规格</td><td>DN40～DN20</td><td colspan="2">DN70～DN150</td><td></td></tr>
<tr><td colspan="2">试验数量</td><td>48</td><td colspan="2">4</td><td></td></tr>
<tr><td colspan="2">试验介质</td><td>自来水</td><td colspan="2">自来水</td><td></td></tr>
<tr><td colspan="2">公称或工作压力/MPa</td><td>1.6</td><td colspan="2">1.6</td><td></td></tr>
<tr><td rowspan="5">强度试验</td><td>试验压力/MPa</td><td>2.4</td><td colspan="2">2.4</td><td></td></tr>
<tr><td>试验持续时间/s</td><td>180</td><td colspan="2">180</td><td></td></tr>
<tr><td>试验压力降/MPa</td><td>0</td><td colspan="2">0</td><td></td></tr>
<tr><td>渗漏情况</td><td>无</td><td colspan="2">无</td><td></td></tr>
<tr><td>试验结论</td><td></td><td colspan="2"></td><td></td></tr>
<tr><td rowspan="5">严密性试验</td><td>试验压力/MPa</td><td>1.8</td><td colspan="2">1.8</td><td></td></tr>
<tr><td>试验持续时间/s</td><td>120</td><td colspan="2">120</td><td></td></tr>
<tr><td>试验压力降/MPa</td><td>0</td><td colspan="2">0</td><td></td></tr>
<tr><td>渗漏情况</td><td>无</td><td colspan="2">无</td><td></td></tr>
<tr><td>试验结论</td><td>合格</td><td colspan="2"></td><td></td></tr>
<tr><td rowspan="3">签字栏</td><td rowspan="2">施工单位</td><td rowspan="2">××建筑有限公司</td><td>专业技术负责人</td><td>专业质检员</td><td>专业工长</td></tr>
<tr><td>×××</td><td>×××</td><td>×××</td></tr>
<tr><td>监理或建设单位</td><td colspan="2">××监理有限责任公司</td><td>专业工程师</td><td colspan="2">×××</td></tr>
</table>

三、进场复试报告

进场复试报告属于 C4 类，主要包含 23 项内容，其工程资料名称、来源及保存见表 9-23。

表 9-23　进场复试报告

施工物资资料(C4 类) 工程资料名称		工程资料来源	工程资料保存			
			施工单位	监理单位	建设单位	城建档案馆
1	钢材试验报告	检测单位	●	●	●	●
2	水泥试验报告	检测单位	●	●	●	●
3	砂试验报告	检测单位	●	●	●	●
4	碎(卵)石试验报告	检测单位	●	●	●	●
5	外加剂试验报告	检测单位	●	●	○	●
6	防水涂料试验报告	检测单位	●	○	●	
7	防水卷材试验报告	检测单位	●	○	●	
8	砖(砌块)试验报告	检测单位	●	●	●	●
9	预应力筋复试报告	检测单位	●	●	●	●
10	预应力锚具、夹具和连接器复试报告	检测单位	●	●	●	●
11	装饰装修用门窗复试报告	检测单位	●	○	●	
12	装饰装修用人造木板复试报告	检测单位	●	○	●	
13	装饰装修用花岗石复试报告	检测单位	●	○	●	
14	装饰装修用安全玻璃复试报告	检测单位	●	○	●	
15	装饰装修用外墙面砖复试报告	检测单位	●	○	●	
16	钢结构用钢材复试报告	检测单位	●	●	●	●
17	钢结构用防火涂料复试报告	检测单位	●	●	●	●
18	钢结构用焊接材料复试报告	检测单位	●	●	●	●
19	钢结构用高强度大六角头螺栓连接副复试报告	检测单位	●	●	●	●
20	钢结构用扭剪型高强度螺栓连接副复试报告	检测单位	●	●	●	●
21	幕墙用铝塑板、石材、玻璃、结构胶复试报告	检测单位	●	●	●	●
22	散热器、采暖系统保温材料、通风与空调工程绝热材料、风机盘管机组、低压配电系统电缆的见证取样复试报告	检测单位	●	○	●	
23	节能工程材料复试报告	检测单位	●	●	●	

注：表中工程资料保存所对应的栏中"●"表示"归档保存"，"○"表示"过程保存"，是否归档保存可自行确定。

第四节　施工记录

一、施工记录通用表格资料

施工记录通用表格属于 C5 类，主要包括 3 项内容，其工程资料名称、来源及保存见表 9-24。

表 9-24　施工记录通用表格

施工记录(C5类) 工程资料名称		工程资料来源	工程资料保存			
			施工单位	监理单位	建设单位	城建档案馆
1	隐蔽工程验收记录＊(表 9-25)	施工单位	●	●	●	●
2	施工检查记录＊(表 9-26)	施工单位	○			
3	交接检查记录＊(表 9-27)	施工单位	○			

注：表中工程资料保存所对应的栏中"●"表示"归档保存"，"○"表示"过程保存"，是否归档保存可自行确定。表中注明"＊"的表，宜由施工单位和监理或建设单位共同形成。

(一)隐蔽工程验收记录

"隐蔽工程验收记录"应符合国家相关标准的规定，应由项目专业工长填报，项目资料员按照不同的隐检项目分类汇总整理。施工单位填写的"隐蔽工程验收记录"应一式四份，并应由建设单位、监理单位、施工单位、城建档案馆各保存一份。"隐蔽工程验收记录"样式及填写范例见表 9-25。

表 9-25　隐蔽工程验收记录

工程名称	××工程	编号	×××
隐检项目	钢筋绑扎	隐检日期	××年×月×日
隐检部位	地下二层　①/Ⓐ～Ⓓ轴线　－2.950～0.100 标高		

　　隐检依据：施工图图号　结施－3，结施－4，结施－11，结施－12　，设计变更/洽商(编号＿×××＿)及有关国家现行标准等。
　　主要材料名称：　钢筋，绑扎丝
　　规格/型号　φ12，φ14

隐检内容：
　　(1)墙厚 300 mm，钢筋双向双层，水平筋 φ12@200，在内侧，竖向筋 φ14@150，在外侧。
　　(2)墙体的钢筋搭接绑扎，搭接长度 42d(φ12：405 mm，φ14：588 mm)，接头纵横错开 50%，接头净距 50 mm。
　　(3)墙体筋定位筋采用 φ12 竖向梯子筋，每跨 3 道，上口设水平梯子筋与主筋绑牢。
　　(4)竖向筋起步距柱 50 mm，水平筋起步距梁 50 mm，间距排距均匀。
　　(5)绑扎丝为双铅丝，每个相交点八字扣绑扎，丝头朝向混凝土内部。
　　(6)墙外侧保护层 35 mm，内侧 20 mm，采用塑料垫块间距 600 mm，梅花形布置。
　　(7)钢筋均无锈，污染已清理干净，如钢筋原材做复试，另附钢筋原材复试报告。试验编号(××)。
　　隐检内容已做完，请予以检查。

申报人：×××

隐检内容：

经检查：

(1)地下二层，①/Ⓐ～Ⓓ轴墙体所用钢筋品种、级别、规格、配筋数量、位置、间距符合设计要求。

(2)钢筋绑扎安装质量牢固，无漏扣现象，观感符合要求，搭接长度42d。

(3)墙体定位梯子筋各部位尺寸间距准确与主筋绑扎。

(4)保护层厚度符合要求，采用塑料垫块绑扎牢固，间距600 mm，梅花形布置。

(5)钢筋无锈蚀无污染，进场复试合格，符合《混凝土结构工程施工质量验收规范》(GB 50204—2015)规定。

检查结论：　☑同意隐蔽　　□不同意，修改后进行复查

复查结论：

复查人：　　　　　　　　　　　　　　　　　　复查日期：

签字栏	施工单位	××建筑工程公司	专业技术负责人	专业质检员	专业工长
			×××	×××	×××
	监理或建设单位	×××		专业工程师	×××

(二)施工检查记录

"施工检查记录"应收集所需的相关图表、图片、照片及说明文件等，其样式及填写范例见表9-26。对隐蔽检查记录不适用的其他重要工序，应按照现行规范要求进行施工质量检查。施工单位填写的"施工检查记录"应一式一份，并由施工单位自行保存。

表9-26　施工检查记录

编号：　×××

工程名称	××幼儿园	检查项目	砌筑
检查部位	三层①/Ⓐ～Ⓓ轴墙体	检查日期	××年×月×日

检查依据：

(1)施工图纸建－1，建－5。

(2)《砌体结构工程施工质量验收规范》(GB 50203—2011)。

检查内容：

(1)瓦工班15人砌筑①/Ⓐ～Ⓓ轴填充墙，并于当日全部完成。

(2)质检员检查时发现一处填充墙砌筑不合格(①/Ⓐ～Ⓓ轴卧室)并责令瓦工班进行返工处理。

(3)试验员制作两组砌筑砂浆试块，强度等级 M7.5。

检查结论：		
经检查：①/Ⓐ～Ⓓ轴卧室处填充墙返工重新砌筑，检查内容已整改完成，符合设计及《砌体结构工程施工质量验收规范》(GB 50203—2011)规定。		

复查结论：

复查人：　　　　　　　　　　　　　　　　　　复查日期：

签字栏	施工单位	××建筑工程公司	
	专业技术负责人	专业质检员	专业工长
	×××	×××	×××

(三)交接检查记录

分项(分部)工程完成，在不同专业施工单位之间应进行工程交接，且应进行专业交接检查，填写"交接检查记录"。移交单位、接收单位和见证单位共同对移交工程进行验收，并对质量情况、遗留问题、工序要求、注意事项、成品保护等进行记录，填写交接检查记录，其样式及填写范例见表 9-27。

表 9-27　交接检查记录　　　　　　　　　　编号：＿×××＿

工程名称	××大学科技综合楼	检查日期	××年×月×日
移交单位	××工程公司	见证单位	××工程公司
交接部位	设备基础	接收单位	××工程公司

交接内容：

按《建筑给水排水及采暖工程施工质量验收规范》(GB 50242—2002)和《通风与空调工程施工质量验收规范》(GB 50243—2016)相关规定及施工图纸××要求，设备就位前对其基础进行验收。

内容包括：混凝土强度等级(C25)、坐标、标高、几何尺寸及螺栓孔位置等。

检查结论：

经检查：设备基础混凝土强度等级达到设计强度等级的 132%，坐标、标高、螺栓孔位置准确，几何尺寸偏差最大值为－1 mm，符合设计要求及《建筑给水排水及采暖工程施工质量验收规范》(GB 50242—2002)和《通风与空调工程施工质量验收规范》(GB 50243—2016)要求，验收合格，同意进行设备安装。

复查结论(由接收单位填写):	
复查人:	复查日期:
见证单位意见: 　　符合设计要求及《建筑给水排水及采暖工程施工质量验收规范》(GB 50242—2002)和《通风与空调工程施工质量验收规范》(GB 50243—2016)的规定,同意交接。	

签字栏	移交单位	接收单位	见证单位
	×××	×××	×××

二、施工记录专用表格资料

　　施工记录专用表格属 C5 类,主要包括 32 项内容,其工程资料名称、来源及保存见表 9-28。

表 9-28　施工记录专用表格

	施工记录(C5 类) 工程资料名称	工程资料来源	工程资料保存			
			施工单位	监理单位	建设单位	城建档案馆
1	工程定位测量记录＊(表 9-29)	施工单位	●	●	●	●
2	基槽验线记录	施工单位	●	●	●	●
3	楼层平面放线记录	施工单位	○	○		
4	楼层标高抄测记录	施工单位	○	○		
5	建筑物垂直度、标高观测记录＊ (表 9-30)	施工单位	●	○	●	
6	沉降观测记录	建设单位委托 测量单位提供	●	○		●
7	基坑支护水平位移监测记录	施工单位	○	○		
8	桩基、支护测量放线记录	施工单位	○	○		
9	地基验槽记录＊＊(表 9-31)	施工单位	●	●	●	●
10	地基钎探记录	施工单位	○	○	●	●
11	混凝土浇灌申请书	施工单位	○	○		

	施工记录(C5 类) 工程资料名称	工程资料来源	工程资料保存			
			施工单位	监理单位	建设单位	城建档案馆
12	预拌混凝土运输单	施工单位	○			
13	混凝土开盘鉴定	施工单位	○	○		
14	混凝土拆模申请单	施工单位	○			
15	混凝土预拌测温记录	施工单位	○			
16	混凝土养护测温记录	施工单位	○			
17	大体积混凝土养护测温记录	施工单位	○			
18	大型构件吊装记录	施工单位	○	○	●	●
19	焊接材料烘焙记录	施工单位	○			
20	地下工程防水效果检查记录 * （表 9-32）	施工单位	○	○	●	
21	防水工程试水检查记录 *（表 9-33）	施工单位	○	○	●	
22	通风道、烟道、垃圾道检查记录 * （表 9-34）	施工单位	○	○	●	
23	预应力筋张拉记录	施工单位	●	○	●	●
24	有粘结预应力结构灌浆记录	施工单位	●	○	●	●
25	钢结构施工记录	施工单位	●	○	●	●
26	网架(索膜)施工记录	施工单位	●	○	●	●
27	木结构施工记录	施工单位	●	○	●	
28	幕墙注胶检查记录	施工单位	●	○	●	
29	自动扶梯、自动人行道的相邻区域检查记录	施工单位	●	○	●	
30	电梯电气装置安装检查记录	施工单位	●	○	●	
31	自动扶梯、自动人行道电气装置检查记录	施工单位	●	○	●	
32	自动扶梯、自动人行道整机安装质量检查记录	施工单位	●	○	●	

注：表中工程资料保存所对应的栏中"●"表示"归档保存"，"○"表示"过程保存"，是否归档保存可自行确定。表中注明"*"的表，宜由施工单位和监理或建设单位共同形成。表中注明"**"的表，宜由建设、设计、监理、施工等各方共同形成。

(一)工程定位测量记录

工程定位测量是施工单位根据测绘部门提供的放线成果、红线桩及场地控制网或建筑物控制网，测定建筑物的位置、主控轴线、建筑物±0.000 处绝对高程等，标明现场标准水准点、坐标点位置。施工单位填写的"工程定位测量记录"应一式四份，并应由建设单位、监理单位、施工单位和城建档案馆各保存一份。"工程定位测量记录"样式及填写范例见表9-29。

表9-29 工程定位测量记录

工程名称	×××大学综合楼	编 号	×××
		图纸编号	×××
委托单位	××公司	施测日期	××年×月×日
复测日期	××年×月×日	平面坐标依据	××—036 A、方1、D
高程依据	测××—036BMG	使用仪器	DS 196007
允许误差	±13 mm	仪器校验日期	××年×月×日

定位抄测示意图：

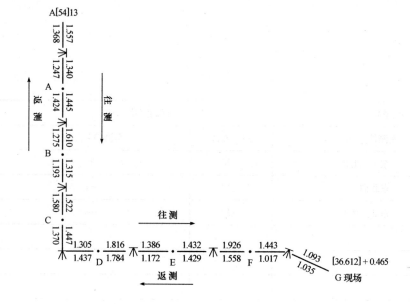

复测结果：

$$h_{往} = \sum_{后} - \sum_{前} = +0.273(\text{m})$$

$$h_{返} = \sum_{后} - \sum_{前} = -0.281(\text{m})$$

$$f_{测} = \sum_{后} + \sum_{前} = -8(\text{m})$$

$f_{允} = \pm 5$ mm　　$\sqrt{N} = \pm 5$ mm　　允许误差±13 mm＞$f_{测}$，精度合格。

高差 $h = +0.277$ m

签字栏	施工单位	××建筑工程公司	测量人员岗位证书号	02—001038	专业技术负责人	×××
	施工测量负责人	×××	复测人	×××	施测人	×××
	监理或建设单位	×××			专业工程师	×××

(二)建筑物垂直度、标高观测记录

施工单位应在结构工程完成和工程完工竣工时，对建筑物进行垂直度测量记录和标高全高实测并控制记录，填写"建筑物垂直度、标高观测记录"，并报监理单位审核。超过允许偏差且影响结构性能的部位，应由施工单位提出技术处理方案，并经建设(监理)单位认可后进行处理。

施工单位填写的"建筑物垂直度、标高观测记录"应一式三份，并由建设单位、监理单位和施工单位各保存一份。"建筑物垂直度、标高观测记录"样式及填写范例见表 9-30。

表 9-30　建筑物垂直度、标高观测记录

工程名称	××大学综合楼	编号	×××
施工阶段	结构工程	观测日期	××年×月×日

观测说明(附观测示意图):
图略

垂直度测量(全高)		标高测量(全高)	
观测部位	实测偏差/mm	观测部位	实测偏差/mm
一层	东 3、北 2	一层	3
二层	东北向-2	二层	-4
三层	东 2、北 1	三层	-3

结论:

　　工程垂直度、标高测量结果符合设计要求及规范规定。

签字栏	施工单位	××建筑工程公司	专业技术负责人	专业质检员	施测人
			×××	×××	×××
	监理或建设单位	××监理公司	专业工程师		×××

(三)地基验槽记录

"地基验槽记录"应符合现行国家标准《建筑地基基础工程施工质量验收规范》(GB 50202—2002)的规定。施工单位填写的"地基验槽记录"应一式六份，并应由建设单位、监理单位、勘察单位、设计单位、施工单位、城建档案馆各保存一份。"地基验槽记录"样式及填写范例见表9-31。

表9-31　地基验槽记录

工程名称	××工程		编　　号	×××
验槽部位	基槽①～⑩/Ⓐ～Ⓟ		验槽日期	××年×月×日

依据：施工图纸(施工图纸号___结-1、结-3___)
　　　设计变更/洽商(编号_____)及有关规范、规程

验槽内容：
1. 基槽开挖至勘探报告第___×___层，持力层为___×___层。
2. 土质情况___2类黏土___基底为老土层，均匀密实___。
3. 桩位置_____/_____、桩类型_____/_____、数量_____/_____，承载力满足设计要求。
4. 基底绝对高程和相对标高___××m　−8.700 m___。

申报人：×××

检查结论：
槽底土均匀密实，与地质勘探报告(编号××)相符，基槽平面位置、几何尺寸、基槽底标高、定位符合设计要求。
地下水情况：槽底地下水水位上 1.5 m，无坑或穴洞。

☑无异常，可进行下道工序　　□需要地基处理

签字公章栏	施工单位	勘察单位	设计单位	监理单位	建设单位
	×××	×××	×××	×××	×××

(四)地下工程防水效果检查记录

施工单位填写的"地下工程防水效果检查记录"应一式三份，并由建设单位、监理单位、施

工单位各保存一份。"地下工程防水效果检查记录"样式及填写范例见表9-32。

表 9-32　地下工程防水效果检查记录

工程名称	×××工程	编　　号	×××
检查部位	地下室底板、外墙	检查日期	××年×月×日

检查方法及内容：

　　依据《地下防水工程质量验收规范》(GB 50208—2011)及施工方案，渗漏水水量调查与量测方法执行《地下防水工程质量验收规范》(GB 50208—2011)相关规定。

检查结论：

　　经检查：地下室底板、外墙不存在渗漏水现象，施工工艺及观感质量合格，符合设计要求和《地下防水工程质量验收规范》(GB 50208—2011)的有关规定。

复查结论：

　　符合标准。

复查人：×××　　　　　　　　　　　　　　　　　　　　复查日期：××年×月×日

签字栏	施工单位	××建筑工程公司	专业技术负责人	专业质检员	专业工长
			×××	×××	×××
	监理或建设单位	××监理公司	专业工程师		×××

（五）防水工程试水检查记录

　　建筑物内凡浴室、厕所等有防水要求的房间必须有蓄水检查记录。检查内容包括蓄水方式、蓄水时间、蓄水深度、水落口及边缘封堵情况和有无渗漏现象。同一房间应做两次蓄水试验，分别在室内防水完成后及单位工程竣工后做。

　　屋面工程完毕后，应对细部构造(屋面天沟、檐沟、檐口、泛水、水落口、变形缝、伸出屋面的管道等)、接缝处和保护层进行雨期观察或淋水、蓄水检查。淋水试验持续时间不得少于2 h；做蓄水检查的屋面，蓄水时间不得少于24 h。

　　"防水工程试水检查记录"应符合现行国家标准《建筑地面工程施工质量验收规范》(GB 50209—2010)、《屋面工程质量验收规范》(GB 50207—2012)的有关规定。由施工单位填写的"防水工程试水检查记录"应一式三份，并由建设单位、监理单位、施工单位各保存一份。"防水工程试水检查记录"样式及填写范例见表9-33。

表9-33 防水工程试水检查记录

工程名称	××工程	编　号	×××
检查部位	地上三层厕浴间	检查日期	××年×月×日
检查方式	☑第一次蓄水　□第二次蓄水	蓄水时间	从＿＿××＿年＿×＿月＿×＿日＿8＿时 至＿＿××＿年＿×＿月＿×＿日＿8＿时
	□淋水　□雨期观察		

检查方法及内容：

　　厕浴间一次蓄水试验，在门口处用水泥砂浆做挡水墙，地漏周围挡高5 cm，用球塞（或棉丝）把地漏堵严密且不影响试水，蓄水浅水位为20 mm，蓄水时间为24 h。

检查结论：

　　经检查，厕浴间一次蓄水试验，蓄水前水位高出地面最高点20 mm，经24 h无渗漏现象，检查合格，符合标准。

复查结论：

　　符合标准。

复查人：×××　　　　　　　　　　　　　　　　　　　　复查日期：××年×月×日

签字栏	施工单位	××建筑工程公司	专业技术负责人	专业质检员	专业工长
			×××	×××	×××
	监理或建设单位	××监理公司		专业工程师	×××

（六）通风道、烟道、垃圾道检查记录

　　通风道、烟道都应100％做通风试验，并做好自检记录。通风试验可在风（烟）道口处划根火柴，观察火苗的朝向和烟的去向，即可判别是否通风。烟道除做通风试验外，还应进行观感检查。

　　施工单位填写的"通风道、烟道、垃圾道检查记录"应一式三份，并由建设单位、监理单位、施工单位各保存一份。"通风道、烟道、垃圾道检查记录"样式及填写范例见表9-34。

表 9-34　通风道、烟道、垃圾道检查记录

工程名称	×××工程					编　号		×××
						检查日期		××年×月×日
检查部位和检查结果								
检查部位	主烟(风)道		副烟(风)道		垃圾道	检查人		复检人
	烟道	风道	烟道	风道				
/	☐		☐			×××		
/		☐		☐		×××		
/		☐		×		×××		×××
/	☐		☐			×××		
Ⓜ~Ⓝ/	×		☐			×××		×××
Ⓝ/	☐	☐				×××		
/	×		☐	☐		×××		×××
签字栏	施工单位		××建筑工程公司					
	专业技术负责人		专业质检员			专业工长		
	×××		×××			×××		

第五节　施工试验记录及检测报告

一、施工试验记录及检测报告通用表格资料

施工试验记录通用表格属于 C6 类，主要包括 4 项内容，其工程资料名称、来源及保存见表 9-35。

表 9-35　施工试验记录通用表格

	施工试验记录及检测报告(C6 类)	工程资料来源	工程资料保存			
	工程资料名称		施工单位	监理单位	建设单位	城建档案馆
1	设备单机试运转记录＊(表 9-36)	施工单位	●	○	●	●
2	系统试运转调试记录＊(表 9-37)	施工单位	●	○	●	●
3	接地电阻测试记录＊(表 9-38)	施工单位	●	○	●	●
4	绝缘电阻测试记录＊(表 9-39)	施工单位	●	○	●	●

注：表中工程资料保存所对应的栏中"●"表示"归档保存"，"○"表示"过程保存"，是否归档保存可自行确定。表中注明"＊"的表，宜由施工单位和监理或建设单位共同形成。

(一)设备单机试运转记录

为保证系统的安全、正常运行，设备在安装中应进行必要的单机试运转试验。"设备单机试

运转记录"应符合现行国家标准《建筑给水排水及采暖工程施工质量验收规范》(GB 50242—2002)、《通风与空调工程施工质量验收规范》(GB 50243—2016)、《建筑节能工程施工质量验收规范》(GB 50411—2007)的有关规定。

施工单位填写的"设备单机试运转记录"应一式四份，并由建设单位、监理单位、施工单位、城建档案馆各保存一份。"设备单机试运转记录"样式及填写范例见表9-36。

表 9-36　设备单机试运转记录(通用)

工程名称	×××工程	编　号	×××
		试运转时间	××年×月×日
设备名称	消防水泵	设备编号	×××
规格型号	×××	额定数据	$N=×××kW$ $L=×××m^3/h$ $H=×××m$
生产厂家	××设备制造生产厂	设备所在系统	消防系统
序号	试验项目	试验记录	试验结论
1	试运转时间	2 h	正常
2	水泵试运转的轴承温升	符合设备说明书的规定	正常
3	流量	×××	正常
4	扬程	×××	正常
5	功率	×××	正常
6	叶轮与泵壳不应相碰，进、出口部位的阀门应灵活	符合要求	正常
7			
8			

试运转结论：
　　设备运转正常、稳定，无异常现象发生，测试结果符合设计要求及《建筑给水排水及采暖工程施工质量验收规范》(GB 50242—2002)的规定，同意进行下道工序。

签字栏	施工单位	××建筑工程公司	专业技术负责人	专业质检员	专业工长
			×××	×××	×××
	监理或建设单位	××监理公司	专业工程师		×××

(二)系统试运转调试记录

"系统试运转调试记录"应符合现行国家标准《建筑给水排水及采暖工程施工质量验收规范》(GB 50242—2002)、《通风与空调工程施工质量验收规范》(GB 50243—2016)、《建筑节能工程施工质量验收规范》(GB 50411—2007)的有关规定。

施工单位填写的"设备单机试运转记录"应一式四份，并应由建设单位、监理单位、施工单位、城建档案馆各保存一份。"系统试运转调试记录"样式及填写范例见表9-37。

表 9-37　系统试运转调试记录(通用)

工程名称	××工程	编　号	×××
		试运转调试时间	××年×月×日
试运转调试项目	低区采暖系统	试运转调试部位	地下一层至十层

试运转调试内容:
低区室内采暖系统冲洗完毕应充水、加热,进行试运行和调试,通过观察、测量室温满足设计要求。

试运转调试结论:
低区采暖系统试运转调试符合设计要求及《建筑给水排水及采暖工程施工质量验收规范》(GB 50242—2002)的规定,同意进行下道工序。

签字栏	施工单位	××建筑工程公司	专业技术负责人	专业质检员	专业工长
			×××	×××	×××
	监理或建设单位	××监理公司	专业工程师		×××

(三)接地电阻测试记录

接地电阻测试主要包括设备、系统的防雷接地、保护接地、工作接地、防静电接地以及设计有要求的接地电阻测试,并应附《电气防雷接地装置隐检与平面示意图》说明。

"接地电阻测试记录"应符合现行国家标准《建筑电气工程施工质量验收规范》(GB 50303—2015)、《智能建筑工程质量验收规范》(GB 50339—2013)、《电梯工程施工质量验收规范》(GB 50310—2002)的有关规定。

施工单位填写的"接地电阻测试记录"应一式四份,并由建设单位、监理单位、施工单位、城建档案馆各保存一份。"接地电阻测试记录"样式及填写范例见表 9-38。

表 9-38　接地电阻测试记录(通用)

工程名称	××大厦		编　号	×××
			测试日期	××年×月×日
仪表型号	ZC—8	天气情况	晴	气温/℃	32

接地类型	☑防雷接地　　□计算机接地　　☑工作接地 □保护接地　　□防静电接地　　□逻辑接地 ☑重复接地　　□综合接地　　　□医疗设备接地
设计要求	□≤10Ω　　☑≤4Ω　　□≤1Ω □≤0.1 Ω

测试部位:
地下一层至十层电气系统。

测试结论:
季节系数取 1.4,按接地分 2 组进行测试,组别及实测数据分别为: 防雷接地:(1)0.27×1.4=0.378　　(2)0.27×1.4=0.378 重复接地:(1)0.27×1.4=0.378　　(2)0.27×1.4=0.378 工作接地:(1)0.27×1.4=0.378　　(2)0.26×1.4=0.364 经测试计算,符合设计要求和《建筑电气工程施工质量验收规范》(GB 50303—2015)的规定。

签字栏	施工单位			××建筑工程公司
	专业技术负责人	专业质检员	专业工长	专业测试人
	×××	×××	×××	×××
				×××
	监理或建设单位	×××	专业工程师	×××

(四)绝缘电阻测试记录

绝缘电阻测试主要包括电气设备和动力、照明线路及其他必须摇测绝缘电阻的测试，配管及管内穿线分项质量验收前和单位工程质量竣工验收前，应分别按系统回路进行测试，不得遗漏。

"绝缘电阻测试记录"应符合现行国家标准《建筑电气工程施工质量验收规范》(GB 50303—2015)、《智能建筑工程质量验收规范》(GB 50339—2013)、《电梯工程施工质量验收规范》(GB 50310—2002)的有关规定。

施工单位填写的"绝缘电阻测试记录"应一式三份，并由建设单位、监理单位、施工单位各保存一份。"绝缘电阻测试记录"样式及填写范例见表9-39。

表9-39　绝缘电阻测试记录(通用)

工程名称			××大厦工程			编　号		×××	
						测试日期		××年×月×日	
计量单位			MΩ(兆欧)			天气情况		晴	
仪表型号	ZC—7		电压		380 V	环境温度		28 ℃	
层数	箱盘编号	回路号	相间			相对零			相对地			零对地
			L_1-L_2	L_2-L_3	L_3-L_1	L_1-N	L_2-N	L_3-N	L_1-PE	L_2-PE	L_3-PE	$N-PE$
	3	×××3AL$_{3-1}$										
		支路1	230			220			220			220
		支路2		200			210			220		220
		支路3			220			230			230	220
		支路4	220			220			220			220
		支路5		230			200		210			220
		支路6			220			220			230	220

测试结论：
经测试，线路绝缘良好，符合设计要求和《建筑电气工程施工质量验收规范》(GB 50303—2015)的规定。

签字栏	施工单位			××建筑工程公司
	专业技术负责人	专业质检员	专业工长	测试人
				×××
	×××	×××	×××	×××
	监理或建设单位	×××	专业工程师	×××

二、施工试验记录及检测报告专用表格资料

施工试验记录及检测报告专用表格属于 C6 类，主要包括 85 项内容，其工程资料名称、来源及保存见表 9-40。

表 9-40　建筑与结构工程施工试验记录及检测报告

	施工试验记录及检测报告(C6 类) 工程资料名称	工程资料来源	工程资料保存			
			施工单位	监理单位	建设单位	城建档案馆
建筑与结构工程						
1	锚杆试验报告	检测单位	●	○	●	●
2	地基承载力检验报告	检测单位	●	○	●	●
3	桩基检测报告	检测单位	●	○	●	●
4	土工击实试验报告	检测单位	●	○	●	●
5	回填土试验报告(应附图)	检测单位	●	○	●	●
6	钢筋机械连接试验报告	检测单位	●	○	●	●
7	钢筋焊接连接试验报告	检测单位	●	○	●	●
8	砂浆配合比申请单、通知单	施工单位	○	○		
9	砂浆抗压强度试验报告	检测单位	●	○	●	●
10	砌筑砂浆试块强度统计、评定记录(表9-41)	施工单位	●		●	●
11	混凝土配合比申请单、通知单	施工单位	○	○		
12	混凝土抗压强度试验报告	检测单位	●	○	●	●
13	混凝土试块强度统计、评定记录(表9-42)	施工单位	●		●	●
14	混凝土抗渗试验报告	检测单位	●	○	●	●
15	砂、石、水泥放射性指标报告	施工单位	●		●	●
16	混凝土碱总量计算书	施工单位	●		●	●
17	外墙饰面砖样板粘结强度试验报告	检测单位	●	○	●	●
18	后置埋件抗拔试验报告	检测单位	●	○	●	●
19	超声波探伤报告、探伤记录	检测单位	●	○	●	●
20	钢构件射线探伤报告	检测单位	●	○	●	●
21	磁粉探伤报告	检测单位	●	○	●	●
22	高强度螺栓抗滑移系数检测报告	检测单位	●	○	●	●
23	钢结构焊接工艺评定	检测单位	○	○		
24	网架节点承载力试验报告	检测单位	●	○	●	●
25	钢结构防腐、防火涂料厚度检测报告	检测单位	●	○	●	●
26	木结构胶缝试验报告	检测单位	●	○	●	●
27	木结构构件力学性能试验报告	检测单位	●	○	●	●
28	木结构防护剂试验报告	检测单位	●	○	●	●
29	幕墙双组分硅酮结构密封胶混匀性及拉断试验报告	检测单位	●	○	●	●

	施工试验记录及检测报告(C6 类) 工程资料名称	工程资料来源	工程资料保存			
			施工单位	监理单位	建设单位	城建档案馆
30	幕墙的抗风压性能、空气渗透性能、雨水渗透性能及平面内变形性能检测报告	检测单位	●	○	●	●
31	外门窗的抗风压性能、空气渗透性能和雨水渗透性能检测报告	检测单位	●	○	●	●
32	墙体节能工程保温板材与基层粘结强度现场拉拔试验	检测单位	●	○	●	●
33	外墙保温浆料同条件养护试件试验报告	检测单位	●	○	●	●
34	结构实体混凝土强度检验记录＊	施工单位	●	○	●	●
35	结构实体钢筋保护层厚度检验记录＊	施工单位	●	○	●	●
36	围护结构现场实体检验	检测单位	●	○	●	
37	室内环境检测报告	检测单位	●	○	●	●
38	节能性能检测报告	检测单位	●	○		●
	给水排水及采暖工程					
39	灌水、满水试验记录＊(表 9-43)	施工单位	○	○	●	
40	强度严密性试验记录＊(表 9-44)	施工单位	●	○	●	●
41	通水试验记录＊(表 9-45)	施工单位	○	○	●	
42	冲洗、吹洗试验记录＊(表 9-46)	施工单位	○	○	●	
43	通球试验记录	施工单位	○	○	●	
44	补偿器安装记录	施工单位	●	○	●	
45	消火栓试射记录	施工单位	●	○	●	
46	安全附件安装检查记录	施工单位	●	○	●	
47	锅炉烘炉试验记录	施工单位	●	○		
48	锅炉煮炉试验记录	施工单位	●	○		
49	锅炉试运行记录	施工单位	●	○	●	
50	安全阀定压合格证书	检测单位	●	○	●	
51	自动喷水灭火系统联动试验记录	施工单位	●	○	●	●
	建筑电气工程					
52	电气接地装置平面示意图表	施工单位	●	○	●	●
53	电气器具通电安全检查记录	施工单位	○	○	●	
54	电气设备空载试运行记录＊(表 9-47)	施工单位	●	○	●	●
55	建筑物照明通电试运行记录	施工单位	●	○	●	●
56	大型照明灯具承载试验记录＊(表 9-48)	施工单位	●	○	●	
57	漏电开关模拟试验记录	施工单位	●	○	●	
58	大容量电气线路结点测温记录	施工单位	●	○	●	
59	低压配电电源质量测试记录	施工单位	●	○	●	

施工试验记录及检测报告(C6类) 工程资料名称		工程资料来源	工程资料保存			
			施工单位	监理单位	建设单位	城建档案馆
60	建筑物照明系统照度测试记录	施工单位	○	○	●	
智能建筑工程						
61	综合布线测试记录＊	施工单位	●	○	●	●
62	光纤损耗测试记录＊	施工单位	●	○	●	●
63	视频系统末端测试记录＊	施工单位	●	○	●	●
64	子系统检测记录＊(表9-49)	施工单位	●	○	●	●
65	系统试运行记录＊	施工单位	●	○	●	●
通风与空调工程						
66	风管漏光检测记录＊(表9-50)	施工单位	○	○	●	
67	风管漏风检测记录＊(表9-51)	施工单位	●	○	●	
68	现场组装除尘器、空调机漏风检测记录	施工单位	○	○	●	
69	各房间室内风量测量记录	施工单位	●	○	●	
70	管网风量平衡记录	施工单位	●	○	●	
71	空调系统试运转调试记录	施工单位	●	●	●	●
72	空调水系统试运转调试记录	施工单位	●	○	●	
73	制冷系统气密性试验记录	施工单位	●	○	●	
74	净化空调系统检测记录	施工单位	●	○	●	
75	防排烟系统联合试运行记录	施工单位	●	○	●	
电梯工程						
76	轿厢平层准确度测量记录	施工单位	○	○	●	
77	电梯层门安全装置检测记录	施工单位	●	○	●	
78	电梯电气安全装置检测记录	施工单位	●	○	●	
79	电梯整机功能检测记录	施工单位	●	○	●	
80	电梯主要功能检测记录	施工单位	●	○	●	
81	电梯负荷运行试验记录	施工单位	●	○	●	
82	电梯负荷运行试验曲线图表	施工单位	●	○	●	
83	电梯噪声测试记录	施工单位	○	○	○	
84	自动扶梯、自动人行道安全装置检测记录	施工单位	●	○	●	
85	自动扶梯、自动人行道整机性能、运行试验记录	施工单位	●	○	●	●

注：表中工程资料保存所对应的栏中"●"表示"归档保存"，"○"表示"过程保存"，是否归档保存可自行确定。表中注明"＊"的表，宜由施工单位和监理或建设单位共同形成。

(一)砌筑砂浆试块强度统计、评定记录

砂浆试块试压后，应将试压报告按时间先后顺序装订在一起并编号，及时登记在砂浆试块试压报告目录表中。

单位工程竣工后，应对砂浆强度进行统计评定。砂浆强度按单位工程为同一验收批，参加评定的标准养护 28 d 试块的抗压强度，基础结构工程所用砂浆如与主体结构工程的品种相同，应做一个验收批进行评定，否则，按品种、强度等级相同砌筑砂浆强度分别进行统计评定。其合格判定标准有以下三点：

(1)同品种、同强度等级砂浆各组试块的平均强度不小于 $f_{m,k}$。

(2)任意一组试块的强度不小于 $0.75f_{m,k}$。

(3)当单位工程仅有一组试块时，其强度不应低于 $f_{m,k}$。

注：$f_{m,k}$ 是砂浆(立方体)抗压强度标准值。

施工单位填写的"砌筑砂浆试块强度统计、评定记录"应一式三份，并由建设单位、施工单位、城建档案馆各保存一份。其样式及填写范例见表 9-41。

表 9-41　砌筑砂浆试块强度统计、评定记录

工程名称	××工程					编　号		×××
						强度等级		M7.5
施工单位	××建筑工程公司					养护方法		标准
统计期	××年×月×日至××年×月×日					结构部位		主体围护墙
试块组数/n	强度标准值 f_2/MPa		平均值 $f_{2,m}$/MPa		最小值 $f_{2,min}$/MPa			0.75f_2
8	7.5		11.46		9.1			5.63
每组强度值 /MPa	12.6	10.6	9.8	10.6	14.6	11	9.1	13.4
判定式	$f_{2,m} \geq f_2$				$f_{2,min} \geq 0.75f_2$			
结果	11.46>7.5				9.1>5.63			
结论：依据《砌体结构工程施工质量验收规范》(GB 50203—2011)的相关规定评定为合格。								
签字栏	批准		审核			统计		
	×××		×××			×××		
	报告日期		××年×月×日					

(二)混凝土试块强度统计、评定记录

混凝土强度检验评定应以同批内标准试件的全部强度代表值按《混凝土强度检验评定标准》(GB/T 50107—2010)进行检验评定。

"混凝土试块强度统计、评定记录"应由施工单位填写，一式三份，并应由建设单位、施工单位、城建档案馆各保存一份。其样式及填写范例见表 9-42。

247

表 9-42　混凝土试块强度统计、评定记录

工程名称	××工程			编　号		×××	
				强度等级		C30	
施工单位	××建筑工程公司			养护方法		标准	
统计期	××年×月×日至××年×月×日			结构部位		主体1～5层墙体	

试块组 n	强度标准 $f_{cu,k}$ /MPa	平均值 m_{fcu} /MPa	标准差 S_{fcu} /MPa	最小值 $f_{cu,min}$ /MPa	合格判定系数 λ_1	合格判定系数 λ_2
13	30	46.52	8.84	36.1	1.7	0.9

每组强度值 /MPa									
50.4	36.1	40.8	39.4	58	37.7	36.8	57.3	56.7	51.6
57.5	42.5	39.9							

评定界限	☑统计方法（二）			□非统计方法	
	$0.90 f_{cu,k}$	$m_{fcu}-\lambda_1 \times S_{fcu}$	$\lambda_2 \times f_{cu,k}$	$1.15 f_{cu,k}$	$0.95 f_{cu,k}$
	27	31.49	27		
判定式	$m_{fcu}-\lambda_1 \times S_{fcu}$ $\geqslant 0.90 f_{cu,k}$	$f_{cu,min} \geqslant \lambda_2 \times f_{cu,k}$	$m_{fcu} \geqslant 1.15 f_{cu,k}$	$f_{cu,min} \geqslant 0.95 f_{cu,k}$	
结果	31.49＞27	36.1＞27			

结论：该批混凝土符合《混凝土强度检验评定标准》(GB/T 50107—2010)验评标准，评定为合格。

签字栏	批准	审核	统计
	×××	×××	×××
	报告日期	××年×月×日	

（三）给水排水及采暖工程

1. 灌水、满水试验记录

施工单位填写的"灌水、满水试验记录"应一式三份，并由建设单位、监理单位、施工单位各保存一份。"灌水、满水试验记录"样式及填写范例见表9-43。

表 9-43　灌水、满水试验记录

工程名称	××工程	编　号	×××
		试验日期	××年×月×日
分项工程名称	给水管道安装	材质、规格	铸铁管，$DN150$

试验标准及要求：
排水管道在隐蔽前必须做灌水试验，其灌水高度应不低于底层卫生器具的上边缘或底层地面高度。

试验部位	灌（满）水情况	灌（满）水持续时间/min	液面检查情况	渗漏检查情况
地下一层	满水	20	未下降	无渗漏

试验结论:

试验结果符合设计要求及《建筑给水排水及采暖工程施工质量验收规范》(GB 50242—2002)的规定,同意进行下道工序。

签字栏	施工单位	××建筑工程公司	专业技术负责人	专业质检员	专业工长
			×××	×××	×××
	监理或建设单位	××监理公司	专业工程师		×××

2. 强度严密性试验记录

室内外输送各种介质的承压管道、设备在安装完毕后,进行隐蔽之前,应进行强度严密性试验。"强度严密性试验记录"应符合现行国家标准《建筑给水排水及采暖工程施工质量验收规范》(GB 50242—2002)的有关规定。施工单位填写的"强度严密性试验记录"应一式四份,并应由建设单位、监理单位、施工单位、城建档案馆各保存一份。"强度严密性试验记录"样式及填写范例见表9-44。

表9-44 强度严密性试验记录

工程名称	××工程	编 号	×××
		试验日期	××年×月×日
分项工程名称	给水管道安装	试验部位	地下室
材质、规格	镀锌衬塑钢管,DN70~DN80	压力表编号	×××

试验要求:

室内给水管道的水压试验必须符合设计要求。当设计未注明时,各种材质的给水管道系统试验压力均为工作压力的1.5倍,但不得小于0.6 MPa。检验方法:金属及复合管给水管道系统在试验压力下观测10 min,压力降不应大于0.02 MPa,然后降到工作压力进行检查,应不渗不漏。

试验记录		试验介质	
		试验压力表设置位置	
	强度试验	试验压力/MPa	1.2
		试验持续时间/min	10
		试验压力降/MPa	0.01
		渗漏情况	无渗漏
	严密性试验	试验压力/MPa	1.2
		试验持续时间/min	10
		试验压力降/MPa	0.01
		渗漏情况	无渗漏

试验结论:

试验结果符合设计要求及《建筑给水排水及采暖工程施工质量验收规范》(GB 50242—2002)的规定,同意进行下道工序。

签字栏	施工单位	××建筑工程公司	专业技术负责人	专业质检员	专业工长
			×××	×××	×××
	监理或建设单位	××监理公司	专业工程师		×××

3. 通水试验记录

"通水试验记录"应符合现行国家标准《建筑给水排水及采暖工程施工质量验收规范》(GB 50242—2002)的有关规定。室内外给水、中水及游泳池水系统、卫生洁具、地漏及地面清扫口及室内外排水系统在安装完毕后，应进行通水试验。施工单位填写的"通水试验记录"应一式三份，并应由建设单位、监理单位、施工单位各保存一份。"通水试验记录"样式及填写范例见表9-45。

表9-45 通水试验记录

工程名称	××工程	编　　号	×××
		试验日期	××年×月×日
分项工程名称	给水设备安装	试验部位	一层
试验系统简述： 　　卫生器具交工前应做满水和通水试验。试验项目为一层所有卫生器具，包括厨房洁具盆，卫生间洗面盆、浴盆、坐便器等。			
试验要求：			
试验记录： 　　供水方式：正式水源。 　　通水情况：洗面盆、浴盆逐个做满水试验，充水量超过器具溢水口，溢流畅通，满水后各连接件不渗不漏；通水试验各器具给水、排水畅通。			
试验结论： 　　试验结果符合设计要求及《建筑给水排水及采暖工程施工质量验收规范》(GB 50242—2002)的规定，同意进行下道工序。			

签字栏	施工单位	××公司	专业技术负责人	专业质检员	专业工长
			×××	×××	×××
	监理或建设单位	××监理公司	专业工程师		×××

4. 冲洗、吹洗试验记录

"冲洗、吹洗试验记录"应符合现行国家标准《建筑给水排水及采暖工程施工质量验收规范》

（GB 50242—2002）、《通风与空调工程施工质量验收规范》（GB 50243—2016）的有关规定。室内外给水、中水及游泳池水系统、采暖、空调水、消火栓、自动喷水等系统管道，以及设计有要求的管道在使用前做冲洗试验及介质为气体的管道系统做吹洗试验时，应填写冲洗、吹洗试验记录。施工单位填写的"冲洗、吹洗试验记录"应一式三份，并应由建设单位、监理单位、施工单位各保存一份。"冲洗、吹洗试验记录"样式及填写范例见表9-46。

表9-46　冲洗、吹洗试验记录

工程名称	××工程	编　　号	×××
		试验日期	××年×月×日
分项工程名称	采暖系统	试验部位	地下一层至十层
试验要求： 　　符合《建筑给水排水及采暖工程施工质量验收规范》（GB 50242—2002）的相关要求。			
试验记录： 　　采暖系统试压合格后，应对系统进行冲洗并清扫过滤器及除污器。从早上9时开始进行冲洗，以设于地下室的供水管口为冲洗起点，压力值为1.0 MPa，以采暖回水管为泄水点进行冲洗，到下午6时，排出水不含泥沙、铁屑等杂质，且水色不混浊，停止冲洗，并清扫过滤器及除污器。			
试验结论： 　　试验结果符合设计要求及《建筑给水排水及采暖工程施工质量验收规范》（GB 50242—2002）的规定，同意进行下道工序。			

签字栏	施工单位	××建筑工程公司	专业技术负责人	专业质检员	专业工长
			×××	×××	×××
	监理或建设单位	××监理公司	专业工程师		×××

（四）建筑电气工程

1. 电气设备空载试运行记录

建筑电气动力工程的空载试运行和建筑电气照明工程的负荷试运行，应按《电气装置安装工程　电气设备交接试验标准》（GB 50150—2016）规定执行；建筑电气动力工程的负荷试运行，依据电气设备及相关建筑设备的种类、特性，编制试运行方案或作业指导书，并应经施工单位审查批准、监理单位确认后执行。

"电气设备空载试运行记录"应由施工单位填写，一式四份，并由建设单位、监理单位、施工单位、城建档案馆各保存一份。其样式及填写范例见表9-47。

表 9-47 电气设备空载试运行记录

工程名称	××大厦工程		编　号	×××	
设备名称	××电动机	设备型号	动力 3#	设计编号	×××
额定电流	××A	额定电压	××V	填写日期	××年×月×日
运行时间	由 × 日 12 时 00 分开始，至 × 日 14 时 00 分结束				

<table>
<tr><td rowspan="2">运行
负荷
记录</td><td rowspan="2">运行
时间</td><td colspan="3">运行电压/V</td><td colspan="3">运行电流/A</td><td rowspan="2">温度/ ℃</td></tr>
<tr><td>$L_1-N(L_1-L_2)$</td><td>$L_2-N(L_2-L_3)$</td><td>$L_3-N(L_3-L_1)$</td><td>L_1 相</td><td>L_2 相</td><td>L_3 相</td></tr>
<tr><td>13：40</td><td>380</td><td>382</td><td>384</td><td>20</td><td>21</td><td>21.5</td><td>78</td></tr>
<tr><td>13：50</td><td>380</td><td>381</td><td>381</td><td>25</td><td>24</td><td>24.5</td><td>76</td></tr>
<tr><td>14：50</td><td>380</td><td>381</td><td>381</td><td>25</td><td>24</td><td>24.5</td><td>76</td></tr>
</table>

试运行情况记录：

　　通过 2 h 电动机空载试运行，开关无拒动和误动，线压接点和线路无过热现象，电动机运转正常，符合设计要求及《建筑电气工程施工质量验收规范》(GB 50303—2015)的规定。

签字栏	施工单位	××建筑工程公司	专业技术负责人	专业质检员	专业工长
			×××	×××	×××
	监理或建设单位	×××		专业工程师	×××

2. 大型照明灯具承载试验记录

　　大型照明灯具依据《建筑电气工程施工质量验收规范》(GB 50303—2015)中规定需进行承载试验。施工单位填写的"大型照明灯具承载试验记录"应一式三份，并由建设单位、监理单位、施工单位各保存一份。

　　"大型照明灯具承载试验记录"样式及填写范例见表 9-48。

表 9-48 大型照明灯具承载试验记录

工程名称	××大厦工程		编　号	×××
楼层部位	地下二层		试验日期	××年×月×日
灯具名称	安装部位	数量	灯具自重/kg	试验载重/kg
防尘防潮灯	水泵房	9	1.5	3
金属卤化物灯	机房	6	2.5	5
壁灯	卧室	14	1.5	2.5
花灯	门厅	10	1.5	3.4
花灯	门厅	5	1	2.5

检查结论：

　　经承载试验，灯具试验载重均大于灯具自重的 2 倍，符合设计要求和《建筑电气工程施工质量验收规范》(GB 50303—2015)的规定。

签字栏	施工单位	××工程公司	专业技术负责人	专业质检员	专业工长
			×××	×××	×××
	监理或建设单位	×××		专业工程师	×××

(五)智能建筑工程子系统检测记录

智能建筑工程子系统检测记录应符合现行国家标准《智能建筑工程质量验收规范》(GB 50339—2013)的有关规定。"智能建筑工程子系统检测记录"应由施工单位填写,并由建设单位、监理单位、施工单位、城建档案馆各保存一份。"智能建筑工程子系统检测记录"样式及填写范例见表9-49。

表 9-49　智能建筑工程子系统检测记录

系统名称	安全防范系统	子系统名称	出入口控制(门禁)系统	序号	×××	检测部位	×××
施工总承包单位		×××建筑工程有限公司				项目经理	×××
执行标准名称及编号		《智能建筑工程质量验收规范》(GB 50339—2013)					
专业承包单位		×××电子有限公司				项目经理	×××

	系统检测内容	检测规范的规定	系统检测评定记录	检测结果 合格	检测结果 不合格	备注
主控项目	可靠性					
	障碍率					
	性能检测					
	中继检测					
	接通率检测					
一般项目	故障诊断					
强制性条文	故障诊断					

检测机构的检测结论:

　　检测结果符合规范规定和设计、合同的要求,合格。

　　　　　　　　　　　　　　　　　　检测负责人:×××　　　　　　　　××年×月×日

注:1. 检测结果栏中,左列打"√"为合格,右列打"√"为不合格;

　　2. 备注栏内填写检测时出现的问题。

(六)通风与空调工程

1. 风管漏光检测记录

风管系统安装完成后，应按设计要求及规范规定进行风管漏光测试，并做记录。"风管漏光检测记录"应符合现行国家标准《通风与空调工程施工质量验收规范》(GB 50243—2016)的有关规定。

施工单位填写的"风管漏光检测记录"应一式三份，并应由建设单位、监理单位、施工单位各保存一份。其样式及填写范例见表9-50。

表 9-50　风管漏光检测记录

工程名称	××工程	编　　号	×××
工程名称	××工程	试验日期	××年×月×日
系统名称	通风系统	工作压力/Pa	低压系统
系统接缝总长度/m	100	每10 m接缝为一检测段的分段数	10
检测光源	100 W		
分段序号	实测漏光点数/个	每10 m接缝的允许漏光点数(个/10 m)	结论
1	0	1	合格
2	0	1	合格
3	0	1	合格
4	0	1	合格
5	1	1	合格
6	0	1	合格
7			
8			
合计	总漏光点数/个	每100 m接缝的允许漏光点数(个/100 m)	结论
合计	1	5	合格

检测结论：

经检测，符合设计要求及《通风与空调工程施工质量验收规范》(GB 50243—2016)的规定。

签字栏	施工单位	×××	专业技术负责人	专业质检员	专业工长
签字栏	施工单位	×××	×××	×××	×××
签字栏	监理或建设单位	×××		专业工程师	×××

2. 风管漏风检测记录

"风管漏风检测记录"应符合现行国家标准《通风与空调工程施工质量验收规范》(GB 50243—2016)的有关规定。施工单位填写的"风管漏风检测记录"应一式三份，并由建设单位、监理单位、施工单位各保存一份。其样式及填写范例见表9-51。

表 9-51　风管漏风检测记录

工程名称	××工程	编　号	×××
		试验日期	××年×月×日
系统名称	送风系统	工作压力/Pa	中压
系统总面积/m²	200	试验压力/Pa	800
试验总面积/m²	200	系统检测分段数	1 段

检测区段图示：	分段实测数值		
	序号	分段表面积/m²	试验压力/Pa	实际漏风量/(m³·h⁻¹)

检测区段图示：

1 200×500

800×700

软管

检测设备

序号	分段表面积/m²	试验压力/Pa	实际漏风量/(m³·h⁻¹)
1	200	800	250
2			
3			
4			
5			
6			
7			
8			

系统允许漏风量/(m³·m⁻²·h⁻¹)	2.71	实测系统漏风量/(m³·m⁻²·h⁻¹)	1.25

检测结论：

经检测，符合设计要求和《通风与空调工程施工质量验收规范》(GB 50243—2016)的规定。

签字栏	施工单位	×××	专业技术负责人	专业质检员	专业工长
			×××	×××	×××
	监理或建设单位	×××		专业工程师	×××

第六节　施工质量验收记录与竣工验收资料

一、施工质量验收记录

施工质量验收记录属于 C7 类，主要包括 40 项内容，其工程资料名称、来源及保存见表 9-52。

表 9-52　施工质量验收记录

施工质量验收记录（C7 类）工程资料名称		工程资料来源	工程资料保存			
			施工单位	监理单位	建设单位	城建档案馆
1	土方开挖工程检验批质量验收记录*（表 9-53）	施工单位	○	○	●	

施工质量验收记录(C7 类) 工程资料名称		工程资料来源	工程资料保存			
			施工单位	监理单位	建设单位	城建档案馆
2	分项工程质量验收记录*(表 9-54)	施工单位	●	●	●	
3	分部(子分部)工程质量验收记录**	施工单位	●	●	●	●
4	建筑节能分部工程质量验收记录**	施工单位	●	●	●	●
5	自动喷水系统验收缺陷项目划分记录**	施工单位	●	○	○	
6	程控电话交换系统分项工程质量验收记录	施工单位	●	○	●	
7	会议电视系统分项工程质量验收记录	施工单位	●	○	●	
8	卫星数字电视系统分项工程质量验收记录	施工单位	●	○	●	
9	有线电视系统分项工程质量验收记录	施工单位	●	○	●	
10	公共广播与紧急广播系统分项工程质量验收记录	施工单位	●	○	●	
11	计算机网络系统分项工程质量验收记录	施工单位	●	○	●	
12	应用软件系统分项工程质量验收记录	施工单位	●	○	●	
13	网络安全系统分项工程质量验收记录	施工单位	●	○	●	
14	空调与通风系统分项工程质量验收记录	施工单位	●	○	●	
15	变配电系统分项工程质量验收记录	施工单位	●	○	●	
16	公共照明系统分项工程质量验收记录	施工单位	●	○	●	
17	给水排水系统分项工程质量验收记录	施工单位	●	○	●	
18	热源和热交换系统分项工程质量验收记录	施工单位	●	○	●	
19	冷冻和冷却水系统分项工程质量验收记录	施工单位	●	○	●	
20	电梯和自动扶梯系统分项工程质量验收记录	施工单位	●	○	●	
21	数据通信接口分项工程质量验收记录	施工单位	●	○	●	
22	中央管理工作站及操作分站分项工程质量验收记录	施工单位	●	○	●	
23	系统实时性、可维护性、可靠性分项工程质量验收记录	施工单位	●	○	●	
24	现场设备安装及检测分项工程质量验收记录	施工单位	●	○	●	
25	火灾自动报警及消防联动系统分项工程质量验收记录	施工单位	●	○	●	
26	综合防范功能分项工程质量验收记录	施工单位	●	○	●	
27	视频安防监控系统分项工程质量验收记录	施工单位	●	○	●	

	施工质量验收记录(C7 类) 工程资料名称	工程资料来源	工程资料保存			
			施工单位	监理单位	建设单位	城建档案馆
28	入侵报警系统分项工程质量验收记录	施工单位	●	○	●	
29	出入口控制(门禁)系统分项工程质量验收记录	施工单位	●	○	●	
30	巡更管理系统分项工程质量验收记录	施工单位	●	○	●	
31	停车场(库)管理系统分项工程质量验收记录	施工单位	●	○	●	
32	安全防范综合管理系统分项工程质量验收记录	施工单位	●	○	●	
33	综合布线系统安装分项工程质量验收记录	施工单位	●	○	●	
34	综合布线系统性能检测分项工程质量验收记录	施工单位	●	○	●	
35	系统集成网络连接分项工程质量验收记录	施工单位	●	○	●	
36	系统数据集成分项工程质量验收记录	施工单位	●	○	●	
37	系统集成整体协调分项工程质量验收记录	施工单位	●	○	●	
38	系统集成综合管理及冗余功能分项工程质量验收记录	施工单位	●	○	●	
39	系统集成可维护性和安全性分项工程质量验收记录	施工单位	●	○	●	
40	电源系统分项工程质量验收记录	施工单位	●	○	●	

注：表中工程资料保存所对应的栏中"●"表示"归档保存"，"○"表示"过程保存"，是否归档保存可自行确定。表中注明"＊"的表，宜由施工单位和监理或建设单位共同形成。表中注明"＊＊"的表，宜由建设、设计、监理、施工等多方共同形成。

(一)检验批质量验收记录

检验批质量验收记录应符合现行国家标准《建筑工程施工质量验收统一标准》(GB 50300—2013)的有关规定。施工单位填写的"检验批质量验收记录"应一式三份，并应由建设单位、监理单位、施工单位各保存一份。"检验批质量验收记录"样式及填写范例见表 9-53。

表 9-53 土方开挖工程检验批质量验收记录

工程名称	××大厦				
分项工程名称	土方开挖		验收部位	基础①～⑥/Ⓑ～Ⓗ	
施工总承包单位	××建筑工程集团公司	项目经理	×××	专业工长	×××
专业承包单位	××建筑公司	项目经理	×××	施工班组长	×××
施工执行标准名称及编号	《建筑地基基础工程施工质量验收规范》(GB 50202—2002)				

施工质量验收规范的规定							施工单位检查评定记录	监理/建设单位验收记录
		允许偏差或允许值/mm						
	项目	柱基基坑基槽	挖方场地平整		管沟	地(路)面基层		
			人工	机械				
主控项目	1 标高	−50	±30	±50	−50	−50	√	经检查,标高、长度、宽度、边坡符合规范要求
	2 长度、宽度(由设计中心线向两边量)	+200 −50	+300 −100	+500 −150	+100	—	√	
	3 边坡	设计要求					1∶0.6	
一般项目	1 表面平整度	20	20	50	20	20	√	经检查,表面平整度、基底土性符合规范要求
	2 基底土性	设计要求					土性为×××,与勘察报告相符	

施工单位检查评定结果:

  经检查,工程主控项目、一般项目均符合《建筑地基基础工程施工质量验收规范》(GB 50202—2002)的规定,评定为合格。

质量检查员:×××   ××年×月×日

监理或建设单位验收结论:

  同意施工单位评定结果,验收合格。

监理工程师或建设单位项目专业技术负责人:×××
××年×月×日

(二)分项工程质量验收记录

  分项工程的验收在检验批验收的基础上进行。构成分项工程的各检验批的验收资料文件完整,并且均已验收合格,则可判定该分项工程验收合格。每一分项工程完工后,由专业监理工程师组织施工单位项目专业质量(技术)负责人等进行验收,并填写验收结论。

  "分项工程质量验收记录"应符合现行国家标准《建筑工程施工质量验收统一标准》(GB 50300—2013)的有关规定。施工单位填写的"分项工程质量验收记录"应一式三份,并由建设单位、监理单位、施工单位各保存一份。

  "分项工程质量验收记录"样式及填写范例见表9-54。

表 9-54　分项工程质量验收记录

工程名称	××大厦	结构类型	框架	检验批数	4
施工总承包单位	××建筑工程集团公司	项目经理	×××	项目技术负责人	×××
专业承包单位	××建筑公司	单位负责人	×××	项目经理	×××

序号	检验批名称及部位、区段	施工单位检查评定结果	监理或建设单位验收意见
1	地上一层框架柱①～⑨/ⓒ～ⓕ轴	✓	验收合格
2	地上二层框架柱①～⑨/ⓒ～ⓕ轴	✓	验收合格
3	地上三层框架柱①～⑨/ⓒ～ⓕ轴	✓	验收合格
4	地上四层框架柱①～⑨/ⓒ～ⓕ轴	✓	验收合格

说明：

检查结论	地上一层至四层①～⑨/ⓒ～ⓕ轴框架柱模板安装及拆除工程施工质量符合《混凝土结构工程施工质量验收规范》(GB 50204—2002)(2010 年版)的要求，模板分项工程合格。 项目专业技术负责人：××× ××年×月×日	验收结论	同意施工单位检查结论，验收合格。 监理工程师或建设单位项目专业技术负责人：××× ××年×月×日

二、竣工验收资料

竣工验收资料属于 C8 类，主要包括 9 项内容，其工程资料名称、来源及保存见表 9-55。

表 9-55　竣工验收资料

	施工验收资料(C8 类) 工程资料名称	工程资料来源	工程资料保存			
			施工单位	监理单位	建设单位	城建档案馆
1	工程竣工报告	施工单位	●	●	●	●
2	单位(子单位)工程竣工预验收报验表 * (表 9-56)	施工单位	●	●	●	
3	单位(子单位)工程质量竣工验收记录 * * (表 9-57)	施工单位	●	●	●	●
4	单位(子单位)工程质量控制资料核查记录 *(表 9-58)	施工单位	●	●	●	
5	单位(子单位)工程安全和功能检验资料核查及主要功能抽查记录 *(表 9-59)	施工单位	●	●	●	
6	单位(子单位)工程观感质量检查记录 * *(表 9-60)	施工单位	●	●	●	●
7	施工决算资料	施工单位	○	○	●	

施工验收资料(C8类) 工程资料名称		工程资料来源	工程资料保存			
			施工单位	监理单位	建设单位	城建档案馆
8	施工资料移交书	施工单位	●		●	
9	房屋建筑工程质量保修书	施工单位	●	●	●	

注：表中工程资料保存所对应的栏中"●"表示"归档保存"，"○"表示"过程保存"，是否归档保存可自行确定。表中注明"＊"的表，宜由施工单位和监理或建设单位共同形成。表中注明"＊＊"的表，宜由建设、设计、监理、施工等多方共同形成。

(一)单位(子单位)工程竣工预验收报验表

单位(子单位)工程承包单位自检符合竣工条件后，向项目监理机构提出工程竣工预验收。"单位(子单位)工程竣工预验收报验表"应符合现行国家标准《建设工程监理规范》(GB/T 50319—2013)的有关规定。

施工单位填写的"单位(子单位)工程竣工预验收报验表"应一式四份，并由建设单位、监理单位、施工单位、城建档案馆各保存一份。"单位(子单位)工程竣工预验收报验表"样式及填写范例见表 9-56。

表 9-56　单位(子单位)工程竣工预验收报验表

工程名称	××大厦工程	编　号	×××

致：　××监理公司××项目监理部　(监理单位)

我方已按施工合同要求完成　××大厦　工程，经自检合格，现将有关资料报上，请予以验收。

附件：1. 工程质量验收报告：工程竣工报告。

　　　2. 工程功能检验资料：

1)单位(子单位)工程质量竣工验收记录；

2)单位(子单位)工程质量资料核查记录；

3)单位(子单位)工程安全和功能检验资料核查及主要功能抽查记录；

4)单位(子单位)工程观感质量检查记录。

施工总承包单位(盖章)：　××建筑工程公司

项目经理(签字)：　×××

××年×月×日

审查意见：

经预验收，该工程

(1)符合/不符合我国现行法律、法规要求。

(2)符合/不符合我国现行工程建设标准。

(3)符合/不符合设计文件要求。

(4)符合/不符合施工合同要求。

综上所述，该工程预验收合格/不合格，可以/不可以组织正式验收。

监理单位(盖章)：　××监理公司××项目监理部

总监理工程师(签字、加盖执业印章)：　×××

××年×月×日

(二)单位(子单位)工程质量竣工验收记录

"单位(子单位)工程质量竣工验收记录"应符合现行国家标准《建筑工程施工质量验收统一标准》(GB 50300—2013)的有关规定。施工单位填写的"单位(子单位)工程质量竣工验收记录"应一式五份,并应由建设单位、监理单位、施工单位、设计单位、城建档案馆各保存一份。

"单位(子单位)工程质量竣工验收记录"样式及填写范例见表9-57。

表9-57 单位(子单位)工程质量竣工验收记录

工程名称	××大厦	结构类型	框架结构	层数/建筑面积	8层/5 600 m²
施工单位	××建筑工程公司	技术负责人	×××	开工日期	××年×月×日
项目经理	×××	项目技术负责人	×××	竣工日期	××年×月×日

序号	项 目	验收记录	验收结论
1	分部工程	共 9 分部,经查 9 分部 符合标准及设计要求 9 分部	经各专业分部工程验收,工程质量符合验收标准
2	质量控制资料核查	共 46 项,经审查符合要求 46 项 经核定符合规范要求 46 项	质量控制资料经核查共 46 项符合有关规范要求
3	安全和主要使用功能核查及抽查结果	共核查 26 项,符合要求 26 项 共抽查 11 项,符合要求 11 项 经返工处理不符合要求 0 项	安全和主要使用功能共核查 26 项符合要求,抽查其中 11 项使用功能均满足
4	观感质量验收	共抽查 23 项,符合要求 23 项 不符合要求 0 项	观感质量验收为好
5	综合验收结论	经对本工程综合验收,各分部分项工程符合设计要求,施工质量满足有关施工质量验收规范和标准要求,单位工程竣工验收合格	

参加验收单位	建设单位	监理单位	施工单位	设计单位
	(公章) 单位(项目)负责人: ××× ××年×月×日	(公章) 总监理工程师: ××× ××年×月×日	(公章) 单位负责人: ××× ××年×月×日	(公章) 单位(项目)负责人: ××× ××年×月×日

(三)单位(子单位)工程质量控制资料核查记录

单位(子单位)工程质量控制资料是单位工程综合验收的一项重要内容,是单位工程包含的有关分项工程中检验批主控项目、一般项目要求内容的汇总表。"单位(子单位)工程质量控制资料核查记录"应符合现行国家标准《建筑工程施工质量验收统一标准》(GB 50300—2013)的有关规定。

"单位(子单位)工程质量控制资料核查记录"应由施工单位填写,一式四份,并由建设单位、监理单位、施工单位、城建档案馆各保存一份。其样式及填写范例见表9-58。

表 9-58　单位(子单位)工程质量控制资料核查记录

工程名称		××工程		施工单位		××建筑工程公司	
序号	项目	资料名称		份数	核查意见	核查人	
1	建筑与结构	图纸会审记录、设计变更通知单、工程洽商记录(技术核定单)		22	齐全有效	合格	
2		工程定位测量、放线记录		60	齐全有效	合格	
3		原材料、设备出厂合格证书及进场检(试)验报告		214	齐全有效	合格	
4		施工试验报告及见证检测报告		177	齐全有效	合格	
5		隐蔽工程验收记录		146	齐全有效	合格	
6		施工记录		105	齐全有效	合格	×××
7		地基、基础、主体结构检验及抽样检测资料		51	齐全有效	合格	
8		分项、分部工程质量验收记录		12	/	/	
9		工程质量事故及事故调查处理资料		/	/	/	
10		新材料、新工艺施工记录		2	齐全有效	合格	
1	给水排水与供暖	图纸会审记录、设计变更通知单、工程洽商记录(技术核定单)		42	齐全有效	合格	
2		材料、设备出厂合格证书及进场检(试)验报告		8	齐全有效	合格	
3		管道、设备强度试验、严密性试验记录		32	齐全有效	合格	
4		隐蔽工程验收记录		30	齐全有效	合格	
5		系统清洗、灌水、通水、通球试验记录		31	齐全有效	合格	×××
6		施工记录		20	齐全有效	合格	
7		分项、分部工程质量验收记录		10	齐全有效	合格	
8		新技术论证、备案及施工记录		2	齐全有效	合格	
1	通风与空调	图纸会审记录、设计变更通知单、工程洽商记录(技术核定单)		5	齐全有效	合格	
2		材料、设备出厂合格证书及进场检(试)验报告		7	齐全有效	合格	
3		制冷、空调、水管道强度试验、严密性试验记录		6	齐全有效	合格	
4		隐蔽工程验收记录		14	齐全有效	合格	
5		制冷设备运行调试记录		11	齐全有效	合格	
6		通风、空调系统调试记录		7	齐全有效	合格	×××
7		施工记录		3	齐全有效	合格	
8		分项、分部工程质量验收记录		14	齐全有效	合格	
9		新技术论证、备案及施工记录		2	齐全有效	合格	
1	建筑电气	图纸会审记录、设计变更通知单、工程洽商记录(技术核定单)		8	齐全有效	合格	
2		材料、设备出厂合格证书及进场检(试)验报告		28	齐全有效	合格	
3		设备调试记录		11	齐全有效	合格	
4		接地、绝缘电阻测试记录		12	齐全有效	合格	
5		隐蔽工程验收记录		33	齐全有效	合格	×××
6		施工记录		25	齐全有效	合格	
7		分项、分部工程质量验收记录		20	齐全有效	合格	
8		新技术论证、备案及施工记录		1	齐全有效	合格	

工程名称		××工程		施工单位		××建筑工程公司		
序号	项目	资料名称			份数	核查意见	核查人	
1	智能建筑	图纸会审记录、设计变更通知单、工程洽商记录竣工图及设计说明			22	齐全有效	合格	
2		材料、设备出厂合格证书及技术文件进场检(试)验报告			10	齐全有效	合格	
3		隐蔽工程验收记录			20	齐全有效	合格	
4		施工记录			30	齐全有效	合格	
5		系统功能测定及设备调试记录			28	齐全有效	合格	×××
6		系统技术、操作和维护手册			20	齐全有效	合格	
7		系统管理、操作人员培训记录			15	齐全有效	合格	
8		系统检测报告			2	齐全有效	合格	
9		分项、分部工程质量验收记录			6	齐全有效	合格	
10		新技术论证、备案及施工记录			1	齐全有效	合格	
1	建筑节能	图纸会审记录、设计变更通知单、工程洽商记录(技术核定单)			4	齐全有效	合格	
2		材料、设备出厂合格证书及进场检(试)验报告			30	齐全有效	合格	
3		隐蔽工程验收记录			20	齐全有效	合格	
4		施工记录			20	齐全有效	合格	
5		外墙、外窗节能检验报告			4	齐全有效	合格	×××
6		设备系统节能检测报告			20	齐全有效	合格	
7		分项、分部工程质量验收记录			19	齐全有效	合格	
8		新技术论证、备案及施工记录			1	齐全有效	合格	
1	电梯	图纸会审记录、设计变更通知单、工程洽商记录(技术核定单)			2	齐全有效	合格	
2		设备出厂合格证书及开箱检验记录			1	齐全有效	合格	
3		隐蔽工程验收记录			6	齐全有效	合格	
4		施工记录			8	齐全有效	合格	
5		接地、绝缘电阻试验记录			2	齐全有效	合格	×××
6		负荷试验、安全装置检查记录			1	齐全有效	合格	
7		分项、分部工程质量验收记录			4	齐全有效	合格	
8		新技术论证、备案及施工记录			2	齐全有效	合格	

结论：

　　工程资料齐全、有效，各种施工试验、系统调试记录等符合有关规范规定，资料核查通过，同意竣工验收。

施工总承包单位项目经理：×××

××年×月×日

总监理工程师：×××

××年×月×日

(四)单位(子单位)工程安全和功能检验资料核查及主要功能抽查记录

"单位(子单位)工程安全和功能检验资料核查及主要功能抽查记录"应符合现行国家标准《建筑工程施工质量验收统一标准》(GB 50300—2013)的有关规定。"单位(子单位)工程安全和功能检验资料核查及主要功能抽查记录"应由施工单位填写,一式四份,并由建设单位、监理单位、施工单位、城建档案馆各保存一份。

"单位(子单位)工程安全和功能检验资料核查及主要功能抽查记录"样式及填写范例见表 9-59。

表 9-59 单位(子单位)工程安全和功能检验资料核查及主要功能抽查记录

工程名称		××大厦	施工单位	××建设工程公司			
序号	项目	安全和功能检查项目	份数	核查意见	抽查结果	核查(抽查)人	
1	建筑与结构	地基承载力检验报告	2	完整有效	抽查1项合格	×××	
2		桩基承载力检验报告	4	完整有效			
3		混凝土强度试验报告	11	完整有效	抽查2项合格		
4		砂浆强度试验报告	3	完整有效			
5		主体结构尺寸、位置抽查记录	6	完整有效			
6		建筑垂直度、标高、全高测量记录	4	完整有效			
7		屋面淋水或蓄水试验记录	3	完整有效			
8		地下室渗漏水检测记录	14	完整有效	抽查3项合格		
9		有防水要求的地面蓄水试验记录	16	完整有效			
10		抽气(风)道检查记录	3	完整有效			
11		外窗气密性、水密性、耐风压检测报告	2	完整有效			
12		幕墙气密性、水密性、耐风压检测报告	16	完整有效			
13		建筑物沉降观测测量记录	12	完整有效			
14		节能、保温测试记录	6	完整有效			
15		室内环境检测报告	10	完整有效	抽查2项合格		
16		土壤氡气浓度检测报告	1	完整有效			
1	给水排水与供暖	给水管道通水试验记录	12	完整有效		×××	
2		暖气管道、散热器压力试验记录	3	完整有效			
3		卫生器具满水试验记录	12	完整有效	抽查2项合格		
4		消防管道、燃气管道压力试验记录	15	完整有效			
5		排水干管通球试验记录	15	完整有效			
6		锅炉试运行、安全阀及报警联运测试记录	2	完整有效			
1	通风与空调	通风、空调系统试运行记录	13	完整有效		×××	
2		风量、空调测试记录	3	完整有效			
3		空气能量回收装置测试记录	16	完整有效			
4		洁净室洁净度测试记录	5	完整有效			
5		制冷机组试运行调试记录	6	完整有效			

工程名称		××大厦	施工单位		××建设工程公司		
序号	项目	安全和功能检查项目		份数	核查意见	抽查结果	核查(抽查)人
1	建筑电气	建筑照明通电试运行记录		5	完整有效		×××
2		灯具固定装置及悬吊装置的载荷强度试验记录		10	完整有效		
3		绝缘电阻测试记录		40	完整有效		
4		剩余电流动作保护器测试记录		30	完整有效		
5		应急电源装置应急持续供电记录		5	完整有效		
6		接地电阻测试记录		8	完整有效		
7		接地故障回路阻抗测试记录		16	完整有效		
1	智能建筑	系统试运行记录		14	完整有效		×××
2		系统电源及接地检测报告		6	完整有效		
3		系统接地检测报告		6	完整有效		
1	建筑节能	外墙节能构造检查记录或热工性能检验报告		16	完整有效	抽查3项合格	×××
2		设备系统节能性能检查记录		6	完整有效		
1	电梯	电梯运行记录		4	完整有效		×××
2		电梯安全装置检测报告		4	完整有效		

结论：

资料齐全有效，抽查结果全部合格。

施工单位项目负责人：×××　　　　　　　　总监理工程师：×××

×× 年 × 月 × 日　　　　　　　　　　　××年×月×日

(五)单位(子单位)工程观感质量检查记录

工程观感质量检查是工程竣工后进行的一项重要验收工作，是对工程的一个全面检查。单位(子单位)工程观感质量检查记录应符合现行国家标准《建筑工程施工质量验收统一标准》(GB 50300—2013)的有关规定。

观感质量的验收方法和内容与分部、子分部工程的观感质量评价相同，只是分部、子分部的范围小一些而已，一些分部、子分部工程的观感质量，可能在单位工程检查时已经看不到了。

检查时对建筑的重要部位、项目及有代表性的房间、部位、设备、项目都应检查到。对其评价时，可逐点评价再综合评价。

单位工程的观感质量综合评价分为"好""一般""差"三个等级，检查的方法、程序及标准等与分部工程相同，属于综合性验收。评价为"好"或"一般"的项目由总监理工程师在"检查结论"栏内填写"验收合格"。质量评价为"差"的项目，属不合格项，应进行返修。"抽查质量状况"栏可填写具体数据。

"单位(子单位)工程观感质量检查记录"应由施工单位填写，一式四份，并由建设单位、监理单位、施工单位、城建档案馆各保存一份。其样式及填写范例见表 9-60。

表 9-60　单位(子单位)工程观感质量检查记录

工程名称		××工程	施工单位	××建筑工程公司	
序号		项　目	抽查质量状况		质量评价
1	建筑与结构	主体结构外观	共检查 20 点，好 19 点，一般 1 点，差 0 点		
2		室外墙面	共检查 20 点，好 18 点，一般 2 点，差 0 点		
3		变形缝、雨水管	共检查 20 点，好 17 点，一般 3 点，差 0 点		
4		屋面	共检查 20 点，好 19 点，一般 1 点，差 0 点		
5		室内墙面	共检查 20 点，好 18 点，一般 2 点，差		
6		室内顶棚	共检查 20 点，好 17 点，一般 3 点，差 0 点		
7		室内地面	共检查 20 点，好 16 点，一般 4 点，差 0 点		
8		楼梯、踏步、护栏	共检查 20 点，好 19 点，一般 1 点，差 0 点		
9		门窗	共检查 20 点，好 19 点，一般 1 点，差 0 点		
10		雨罩、台阶、坡道、散水	共检查 20 点，好 18 点，一般 2 点，差 0 点		
1	给水排水与供暖	管道接口、坡度、支架	共检查 20 点，好 17 点，一般 3 点，差 0 点		
2		卫生器具、支架、阀门	共检查 20 点，好 19 点，一般 1 点，差 0 点		
3		检查口、扫除口、地漏	共检查 20 点，好 17 点，一般 3 点，差 0 点		
4		散热器、支架	共检查 20 点，好 18 点，一般 2 点，差 0 点		
1	通风与空调	风管、支架	共检查 20 点，好 19 点，一般 1 点，差 0 点		
2		风口、风阀	共检查 20 点，好 19 点，一般 1 点，差 0 点		
3		风机、空调设备	共检查 20 点，好 18 点，一般 2 点，差 0 点		
4		管道、阀门、支架	共检查 20 点，好 17 点，一般 3 点，差 0 点		
5		水泵、冷却塔	共检查 20 点，好 18 点，一般 2 点，差 0 点		
6		绝热	共检查 20 点，好 19 点，一般 1 点，差 0 点		
1	建筑电气	配电箱、盘、板、接线盒	共检查 20 点，好 19 点，一般 1 点，差 0 点		
2		设备器具、开关、插座	共检查 20 点，好 18 点，一般 2 点，差 0 点		
3		防雷、接地、防火	共检查 20 点，好 17 点，一般 3 点，差 0 点		
1	智能建筑	机房设备安装及布局	共检查 20 点，好 19 点，一般 1 点，差 0 点		
2		现场设备安装	共检查 20 点，好 20 点，一般 0 点，差 0 点		

工程名称		××工程	施工单位	××建筑工程公司	
序号		项 目	抽查质量状况		质量评价
1	电	运行、平层、开关门	共检查20点，好19点，一般1点，差0点		
2		层门、信号系统	共检查20点，好18点，一般2点，差0点		
3	梯	机房	共检查20点，好18点，一般2点，差0点		
观感质量综合评价			好		

检查结论：

评价为好，观感质量验收合格。

施工单位项目负责人：××× 　　　　　　　　　　总监理工程师：×××

×× 年 × 月 × 日 　　　　　　　　　　　　×× 年 × 月 × 日

注：1. 对质量评价为差的项目应进行返修。

2. 观感质量现场检查原始记录应作为本表附件。

本章小结

施工资料是对工程项目进行过程检查、质量评定、竣工验收的收据，是工程质量的客观见证，是城市建设档案的重要组成部分，也是各类施工资料中最复杂、最重要的部分。本章主要介绍了各种施工资料表格样式及填写要求。

思考与练习

一、填空题

1. 施工组织设计应由施工单位企业技术负责人审批，报_____批准后实施。

2. 施工单位填写的施工现场质量管理检查记录应一式两份，并应由_____、_____各保存一份。

3. 分包单位资质报审是总承包单位实施分包时，提请_____对其分包单位资质审查确认的批复。

4. _____是反映建设工程项目的规模、内容、标准、功能等的文件。

5. 图纸会审应由_____、_____和_____及有关人员参加。

6. _____是由设计方提出，对原设计图纸的某个部位局部或全部进行修改的一种记录，设计单位应及时下达设计变更通知单，内容翔实，必要时应附图，并逐条注明应修改图纸的图号。

7. _____是建筑工程施工过程中一种协调业主和施工方、施工方和设计方的记录。

8. 施工现场使用预拌混凝土前应有_____和_____条件。

9. 隐蔽工程验收记录应符合国家相关标准的规定，应由_____填报，按照不同的隐检项目分类汇总整理。

10. 建筑物内凡浴室、厕所等有防水要求的房间必须有_____。

11. 通风道、烟道都应100%做_____，并做好自检记录。

12. 为保证系统的安全、正常运行，设备在安装中应进行必要的_____试验。

13. 风管系统安装完成后，应按设计要求及规范规定进行_____测试，并做记录。

二、选择题

1. (   )是对工程基本情况的简述，应包括单位工程的一般情况、构造特征、机电系统等。

    A. 工程概况表   B. 工程管理资料

    C. 工程技术资料   D. 工作总结

2. 施工日志应由项目经理部确定(   )负责填写，记录从工程开工之日起至竣工之日的全部技术质量管理和生产经营活动。

    A. 资料员   B. 施工员   C. 技术负责人   D. 专人

3. 下列(   )不属于技术交底记录。

    A. 专项施工方案技术交底

    B. 分项工程施工技术交底

    C. "四新"(新材料、新产品、新技术、新工艺)技术交底

    D. 勘察技术交底

4. 对于危险性较大的分部分项工程，施工单位应组织不少于(   )人的专家组，对专项施工方案进行论证审查。

    A. 5   B. 10   C. 15   D. 20

三、简答题

1. 什么是施工管理资料？

2. 简述施工计划的编制步骤。

3. 出厂质量证明文件及检测报告管理有哪些要求？

4. 施工资料的管理应符合哪些要求？

第十章 建筑工程资料组卷与归档管理

1. 了解工程资料收集、整理与组卷的基本规定，工程资料组卷的规定与要求；掌握卷内文件的排列、案卷的编目、案卷规格与装订。
2. 掌握建筑工程资料的验收、移交与归档。

1. 能够进行工程资料的收集、整理与组卷。
2. 能够进行工程资料的移交与归档管理。

第一节 建筑工程资料收集、整理与组卷

一、工程资料收集、整理与组卷的基本规定

(1)工程准备阶段文件和工程竣工文件应由建设单位负责收集、整理与组卷。

(2)监理资料应由监理单位负责收集、整理与组卷。

(3)施工资料应由施工单位负责收集、整理与组卷。

(4)竣工图应由建设单位负责组织，也可委托其他单位组织。

二、工程资料组卷的规定与要求

(1)工程资料组卷应遵循自然形成规律，保持卷内文件、资料内在联系。工程资料可根据数量多少组成一卷或多卷。

(2)工程准备阶段文件和工程竣工文件可按建设项目或单位工程进行组卷。

(3)监理资料应按单位工程进行组卷。

(4)施工资料应按单位工程组卷，并应符合下列规定：

1)专业承包工程形成的施工资料应由专业承包单位负责，并应单独组卷。

2)电梯应按不同型号每台电梯单独组卷。

3)室外工程应按室外建筑环境、室外安装工程单独组卷。

4)当施工资料中部分内容不能按一个单位工程分类组卷时，可按建设项目组卷。

5)施工资料目录应与其对应的施工资料一起组卷。

(5)竣工图应按专业分类组卷。

(6)工程资料组卷内容宜符合《建筑工程资料管理规程》(JGJ/T 185—2009)附录 A 中表 A.2.1 的规定。

(7)工程资料组卷应编制封面、卷内目录及备考表，其格式及填写要求可按现行国家标准《建设工程文件归档规范》(GB/T 50328—2014)的有关规定执行。

三、卷内文件的排列

(1)卷内文件应按《建设工程文件归档规范》(GB/T 50328—2014)附录 A 和附录 B 的类别和顺序排列。

(2)文字材料应按事项、专业顺序排列。同一事项的请示与批复、同一文件的印本与定稿、主体与附件不应分开，并应按批复在前、请示在后，印本在前、定稿在后，主体在前、附件在后的顺序排列。

(3)图纸应按专业排列，同专业图纸应按图号顺序排列。

(4)当案卷内既有文字材料又有图纸时，文字材料应排在前面，图纸应排在后面。

四、案卷的编目

1. 案卷页号的编写

(1)卷内文件均应按有书写内容的页面编号。每卷单独编号，页号从"1"开始。

(2)页号编写位置：单面书写的文件在右下角；双面书写的文件，正面在右下角，背面在左下角。折叠后的图纸一律在右下角。

(3)成套图纸或印刷成册的文件材料，自成一卷的，原目录可代替卷内目录，不必重新编写页码。

(4)案卷封面、卷内目录、卷内备考表不编写页号。

2. 卷内目录的编制

(1)卷内目录排列在卷内文件首页之前，其式样如图 10-1 所示。

(2)序号应以一份文件为单位编写，用阿拉伯数字从 1 依次标注。

(3)责任者应填写文件的直接形成单位或个人。有多个责任者时，应选择两个主要责任者，其余用"等"代替。

(4)文件编号应填写文件形成单位的发文号或图纸的图号，或设备、项目代号。

(5)文件题名应填写文件标题的全称。当文件无标题时，应根据内容拟写标题，拟写标题外应加"[ ]"符号。

(6)日期应填写文件的形成日期或文件的起止日期，竣工图应填写编制日期。日期中"年"应用四位数字表示，"月"和"日"应分别用两位数字表示。

(7)页次应填写文件在卷内所排的起始页号，最后一份文件应填写起止页号。

(8)备注应填写需要说明的问题。

3. 卷内备考表的编制

卷内备考表的内容包括卷内文字材料张数、图样材料张数、照片张数等，立卷单位的立卷人、审核人及接收单位的审核人。

(1)卷内备考表应排列在卷内文件的尾页之后，其式样如图10-2所示。

(2)卷内备考表应标明卷内文件的总页数、各类文件页数或照片张数及立卷单位对案卷情况的说明。

(3)立卷单位的立卷人和审核人应在卷内备考表上签名；年、月、日应按立卷、审核时间填写。

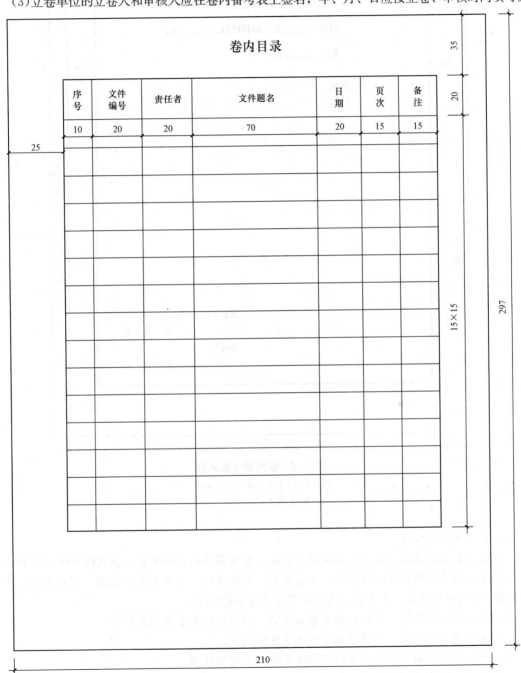

图 10-1 工程资料的卷内目录式样

注：1. 尺寸单位统一为：mm。

2. 比例 1：2。

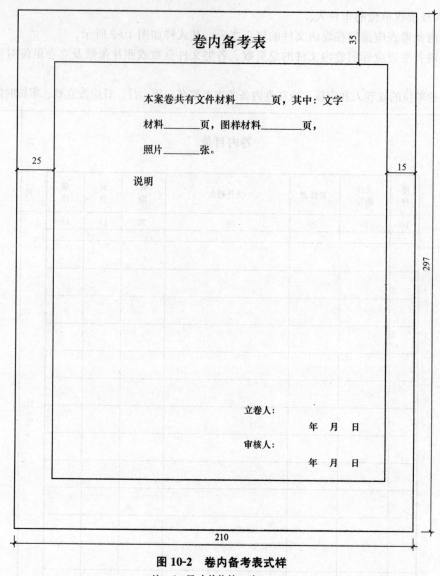

图 10-2　卷内备考表式样

注：1. 尺寸单位统一为：mm。

2. 比例 1∶2。

4. 案卷封面的编制

(1)案卷封面应印刷在卷盒、卷夹的正表面，也可采用内封面形式，其式样如图 10-3 所示。

(2)案卷封面的内容应包括档号、案卷题名、编制单位、起止日期、密级、保管期限、本案卷所属工程的案卷总量、本案卷在该工程案卷总量中的排序。

(3)档号应由分类号、项目号和案卷号组成。档号由档案保管单位填写。

(4)案卷题名应简明、准确地揭示卷内文件的内容。

(5)编制单位应填写案卷内文件的形成单位或主要责任者。

(6)起止日期应填写案卷内全部文件形成的起止日期。

(7)保管期限应根据卷内文件的保存价值在永久保管、长期保管、短期保管三种保管期限中选择划定。当同一案卷内有不同保管期限的文件时，该案卷保管期限应从长。

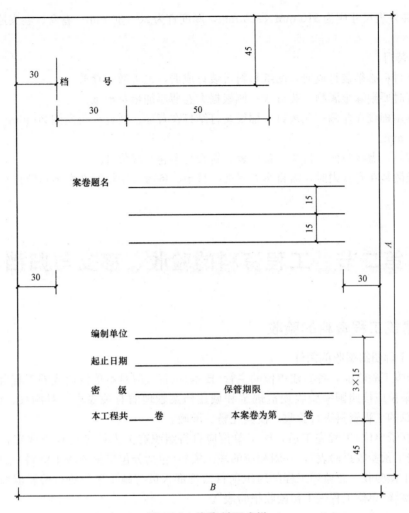

图 10-3 案卷封面式样

注：1. 卷盒、卷夹封面 $A \times B = 310 \times 220$。

2. 案卷封面 $A \times B = 297 \times 210$。

3. 尺寸单位统一为：mm，比例 1：2。

（8）密级应在绝密、机密、秘密三个级别中选择划定。当同一案卷内有不同密级的文件时，应以高密级为本卷密级。

五、案卷规格与装订

1. 案卷规格

卷内资料、封面、目录、备考表统一采用 A4 幅（297 mm×210 mm）尺寸，图纸分别采用 A0（841 mm×1 189 mm）、A1（594 mm×841 mm）、A2（420 mm×594 mm）、A3（297 mm×420 mm）、A4（297 mm×210 mm）幅面。小于 A4 幅面的资料要用 A4 白纸（297 mm×210 mm）衬托。

2. 案卷装具

案卷采用统一规格尺寸的装具。属于工程档案的文字、图纸材料一律采用城建档案馆监制的卷夹或卷盒。卷盒的外表尺寸应为 310 mm×220 mm，卷盒厚度可为 50 mm、40 mm、30 mm、

20 mm；卷夹外表尺寸应为 310 mm×220 mm，厚度宜为 20～30 mm；卷盒、卷夹应采用无酸纸制作。

3. 案卷装订

(1)文字材料必须装订成册，图纸材料可装订成册，也可散装存放。

(2)装订时要剔除金属物，装订线一侧根据案卷薄厚加垫草板纸。

(3)案卷用棉线在左侧三孔装订，棉线装订结打在背面。装订线距左侧 20 mm，上下两孔分别距中孔 80 mm。

(4)装订时，需将封面、目录、备考表、封底与案卷一起装订。

(5)图纸散装在卷盒内时，需将案卷封面、目录、备考表用棉线在左上角装订在一起。

第二节　工程资料的验收、移交与归档

一、建筑工程资料的验收

1. 建筑工程资料验收的条件

(1)工程竣工验收前，各参建单位的主管(技术)负责人应对本单位形成的工程资料进行竣工审查；建设单位应按照国家验收规范规定和城建档案管理的有关要求，对勘察、设计、监理、施工单位汇总的工程资料进行验收，使其完整、准确。

(2)单位(子单位)工程完工后，施工单位应自行组织有关人员进行检查评定，合格后填写"单位工程竣工预验收报验表"，并附相应的竣工资料(包括分包单位的竣工资料)报项目监理部，申请工程竣工预验收。总监理工程师组织项目监理部人员与施工单位进行检验验收，合格后总监理工程师签署"单位工程竣工预验收报验表"。

(3)单位工程竣工预验收通过后，应由建设单位(项目)负责人组织设计、监理、施工(含分包单位)等单位(项目)负责人进行单位(子单位)工程验收，形成"单位(子单位)工程质量竣工验收记录表"。当参加验收各方对工程验收意见不一致时，可请当地建设行政主管部门或工程质量监督机构协调处理。

(4)国家、省市重点工程项目或大型工程项目的预验收和验收会，应由城建档案馆参与验收。

(5)属于城建档案管理部门接收范围的工程档案，还应由城建档案管理部门对工程档案资料进行预验收，并出具《建设工程竣工档案预验收意见》。

(6)凡列入城建档案馆(室)档案接收范围的工程，建设单位在组织工程竣工验收前，应提请城建档案管理机构对工程档案进行预验收。建设单位未取得城建档案管理机构出具的认可文件，不得组织工程竣工验收。经城建档案馆验收不合格的，应由城建档案馆责成建设单位重新进行编制，符合要求后重新报送。

2. 建筑工程资料验收的内容

城建档案管理部门在进行工程档案预验收时，应重点验收以下内容：

(1)工程档案齐全、系统、完整，全面反映工程建设活动和工程实际状况。

(2)工程档案已整理立卷，立卷符合规范的规定。

(3)竣工图的绘制方法、图式及规格等符合专业技术要求，图面整洁，盖有竣工图章。

(4)文件的形成、来源符合实际，要求单位和个人签章的文件，其签章手续必须完备。

(5)文件材质、幅面、书写、绘图、用墨、托裱等符合要求。

(6)电子档案格式、载体等符合要求。

(7)声像档案内容、质量、格式符合要求。

3. 建筑工程竣工验收的程序

建筑工程竣工验收的程序如图10-4所示。

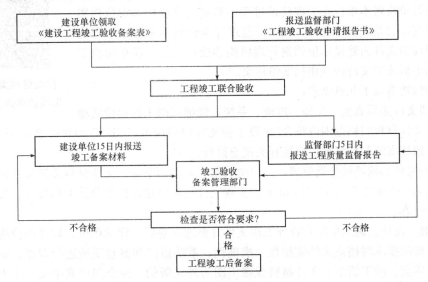

图10-4　建筑工程竣工验收程序

二、建筑工程资料的移交

工程项目实行总承包的，总包单位负责收集、汇总各分包单位形成的工程档案，并应及时向建设单位移交；各分包单位应将本单位形成的工程文件整理、立卷后及时交总包单位。工程项目由几个单位承包的，各承包单位负责收集、整理、立卷其承包项目的工程文件，并应及时向建设单位移交。

(1)监理单位应向建设单位移交监理资料；施工单位应向建设单位移交施工资料，实行施工总承包的，各专业承包单位应向施工总承包单位移交施工资料。

(2)列入城建档案馆接收范围的工程，建设单位在工程竣工验收后3个月内必须向城建档案管理机构移交一套符合规定的工程档案资料。应优先考虑将工程资料中的原件移交给城建档案管理机构，当原件同时有正本和副本时，宜将副本移交给城建档案管理机构，而将正本原件留在建设单位归档保存。若推迟报送日期，应在规定报送时间内向城建档案管理机构申请延期报送，并说明延期报送的原因，经同意后方可办理延期报送手续。停建、缓建工程的档案，暂由建设单位保管。改建、扩建和维修工程，建设单位应当组织设计、施工单位对变化部位据实编制新的工程档案，并在工程验收后3个月内向城建档案管理机构移交。

(3)工程资料移交时应及时办理相关移交手续，填写工程资料移交目录、移交书。在移交时，接收单位应按移交目录对移交的资料内容进行核对，无误后双方应在移交书上签字盖章。

三、建筑工程文件的归档

建筑工程文件归档是指工程文件形成单位即建设、勘察、设计、施工、监理等单位完成其工作任务后，将工程建设过程中形成的文件整理、立卷后，按规定移交档案管理机构。建设、勘察、设计、施工、监理等单位应将工程文件的形成和积累纳入工程建设管理的各个环节和有关人员的职责范围。

对建筑工程而言，归档有3个层次的含义：一是建设、勘察、设计、施工、监理等单位将本单位在工程建设过程中形成的文件向本单位档案管理机构移交；二是勘察、设计、施工、监理等单位将本单位在工程建设过程中形成的文件向建设单位档案管理机构移交；三是建设单位将工程建设过程中形成的文件向城建档案馆移交。

向城建档案馆报送
工程档案的工程范围

文件的归档有以下几点要求：

(1)归档文件必须真实、完整、准确、系统，能够反映工程建设活动的全过程。文件材料归档范围应符合《建设工程文件归档规范》(GB/T 50328—2014)的规定，电子文件和声像档案的归档整理，应按有关规定执行。

(2)归档文件必须经过分类整理，并应组成符合要求的案卷。文件材料纸张尺寸统一使用现行国家标准 A4 幅画(297 mm×210 mm)。工程文件按城市建设档案分类大纲分类，按建设程序划分的阶段组卷。

(3)勘察、设计、施工单位在收齐工程文件并整理立卷后，建设单位、监理单位应依据城建档案管理机构的要求对档案文件完整性、准确性、系统情况和案卷质量进行审查。审查合格后向建设单位移交。竣工档案中文件材料或竣工图为外文版的，应全部译成中文，并由翻译责任者签名。

(4)工程档案一般不少于两套，一套由建设单位保管，一套(原件)移交当地城建档案馆(室)。凡设计、施工及监理单位需要向本单位归档的文件，应按国家有关规定的要求单独立卷归档。

(5)归档时间应符合下列规定：

1)根据建设程序和工程特点，归档可分阶段分期进行，也可在单位或分部工程通过竣工验收后进行。

2)勘察、设计单位应在任务完成后，施工、监理单位应在工程竣工验收前，将各自形成的有关工程档案向建设单位归档。

本章小结

本章主要介绍建筑工程资料组卷与归档管理，重点介绍建筑工程资料收集、整理与组卷的规定、要求、方法；建筑工程资料移交与归档的方法。

思考与练习

一、填空题

1.卷内文件文字材料应按_____、_____排列。

2. 当案卷内既有文字材料又有图纸时，_____应排在前面，_____应排在后面。

3. 卷内文件均应按有书写内容的页面编号。每卷单独编号，页号从_____开始。

4. 案卷封面应印刷在_____、_____的正表面，也可采用内封面形式。

5. 列入城建档案馆接收范围的工程，建设单位在工程竣工验收后_____内必须向城建档案管理机构移交一套符合规定的工程档案资料。

二、简答题

1. 工程资料收集、整理与组卷的基本规定有哪些？

2. 工程资料组卷的规定与要求有哪些？

3. 案卷页号编写位置有哪些要求？

4. 案卷装订有哪些要求？

5. 城建档案管理部门在进行工程档案预验收时，应重点验收哪些内容？

6. 文件的归档应符合哪些要求和规定？

参考文献 References

［1］危道军．建筑施工组织［M］．4 版．北京：中国建筑工业出版社，2017.

［2］蔡雪峰．建筑施工组织［M］．3 版．武汉：武汉理工大学出版社，2008.

［3］于立君，孙宝庆．建筑工程施工组织［M］．北京：高等教育出版社，2005.

［4］张迪．建筑施工组织与管理［M］．北京：水利水电出版社，2007.

［5］吕宣照．建筑施工组织［M］．2 版．北京：化学工业出版社，2013.

［6］张延瑞．建筑施工组织与进度控制［M］．北京：北京大学出版社，2012.

［7］郭庆阳．建筑施工组织［M］．2 版．北京：中国电力出版社，2014.